国家示范（骨干）高职院校重点建设专业优质核心课程系列教材

计算机组装与维护能力标准实训教程

主 编 李 腾 危光辉

副主编 段利文 李 萍 廖先琴 陈杏环 陈 竺 罗 文

中国水利水电出版社
www.waterpub.com.cn

内 容 提 要

本书立足于实际能力培养,打破以知识传授为主要特征的传统课程授课模式,转变为以能力标准为核心来组织课程内容。全书理论联系实际,一切从实效出发,实现"以能力标准为本位"的课程设计理念。

本书以企业人员需求来设计能力标准,突出了对学生职业能力的要求,从知识、技能、态度三个方面明确了当前行业、企业对计算机组装与维护人员所应具备的文化知识、专业技能和素质的标准要求。这种理论知识和技能操作相结合的能力标准设计,不仅考虑了高等职业教育对理论知识学习的要求,同时紧密融合了当今社会对人才实际需求能力的要求。

本书可作为高职高专院校计算机专业的教材以及各种计算机维护培训班的培训教程,同时也是广大计算机爱好者和用户使用与维护计算机的必备参考书,具有很高的实用价值。

图书在版编目(CIP)数据

计算机组装与维护能力标准实训教程 / 李腾,危光辉主编. -- 北京:中国水利水电出版社,2012.7(2014.9重印)
 国家示范(骨干)高职院校重点建设专业优质核心课程系列教材
 ISBN 978-7-5084-9772-3

Ⅰ.①计… Ⅱ.①李… ②危… Ⅲ.①电子计算机—组装—高等职业教育—教材②计算机维护—高等职业教育—教材 Ⅳ.①TP30

中国版本图书馆CIP数据核字(2012)第100118号

策划编辑:寇文杰　　责任编辑:李 炎　　封面设计:李 佳

书　名	国家示范(骨干)高职院校重点建设专业优质核心课程系列教材 **计算机组装与维护能力标准实训教程**
作　者	主编 李 腾 危光辉
出版发行	中国水利水电出版社 (北京市海淀区玉渊潭南路1号D座　100038) 网址:www.waterpub.com.cn E-mail:mchannel@263.net(万水) 　　　　sales@waterpub.com.cn 电话:(010)68367658(发行部)、82562819(万水)
经　售	北京科水图书销售中心(零售) 电话:(010)88383994、63202643、68545874 全国各地新华书店和相关出版物销售网点
排　版	北京万水电子信息有限公司
印　刷	三河市铭浩彩色印装有限公司
规　格	184mm×260mm　16开本　12.75印张　331千字
版　次	2012年7月第1版　2014年9月第2次印刷
印　数	3001—6000册
定　价	25.00元

凡购买我社图书,如有缺页、倒页、脱页的,本社发行部负责调换

版权所有·侵权必究

前 言

随着计算机软、硬件技术的迅猛发展和计算机应用范围的不断扩大，使用计算机的用户急剧增多，在使用计算机的过程中，由于计算机本身的质量问题、用户维护或操作不当，计算机经常会出现各种各样的问题。为了使计算机在日常使用过程中高效、稳定地工作，首先应根据需求选购一台性价比高的计算机，学会组装计算机，能熟练地掌握一些常见的软、硬件工具的使用及计算机的日常维护，并能排除常见的软、硬件故障。为此，我们特地编写了《计算机组装与维护能力标准实训教程》一书。

随着计算机技术的迅猛发展，计算机的主要部件也在不断地更新。与此同时，我国高等教育教学理念也在发生着很大的变化，高职教育正在根据高职培养目标要求来建立新的理论教学体系和实践教学体系以及学生相关能力培养体系，开发职业能力实训模块，加强学生的基本实践能力与操作技能、专业技术应用能力与专业技能、综合实践能力与综合技能的培养。为此，本书在编写的过程中立足于实际能力培养，打破以知识传授为主要特征的传统课程授课模式，转变为以能力标准为核心来组织课程内容，该书理论联系实际，一切从实效出发，实现"以能力标准为本位"的课程设计理念。

能力标准就是对学生进行质量评价的尺度，它规定了在不同行业不同岗位中的从业人员所应具备的文化知识、实践技能和思想素质的标准。学生通过对本书的学习后以具有能够胜任工作的能力为衡量标准，摒弃了学究式的繁琐理论，掌握计算机组装与维护以及计算机部件的选购。经过高校老师与行业、企业一线专家深入、细致、系统的分析，本书最终确定了以下能力标准：认知计算机系统能力；认识、选购与拆卸、安装主板的能力；认识、选购与拆卸、安装中央处理器（CPU）的能力；认识、选购与拆卸、安装内存的能力；认识、选购与拆卸、安装外存储器的能力；认识、选购与拆卸、安装显示卡的能力；认识、选购与拆卸、安装网络设备的能力；认识、选购与拆卸、安装其他硬件设备的能力；BIOS设置的能力；硬盘分区与格式化的能力；操作系统安装与维护的能力；系统故障诊断和常见故障处理的能力。这些能力标准是以企业人员需求来进行设计的，内容突出了对学生职业能力的要求，从知识、技能、态度三个方面明确了当前行业、企业对计算机组装与维护人员所应具备的文化知识、专业技能和素质的标准要求。这种理论知识和技能操作相结合的能力标准设计，不仅考虑了高等职业教育对理论知识学习的要求，同时又紧密融合了当前社会对人才实际需求能力的要求。

本书可作为高职高专院校计算机专业的教材以及各种计算机维护培训班的培训教程，同时也是广大计算机爱好者和用户使用与维护计算机的必备参考书，具有很高的实用价值。

本书由重庆电子工程职业学院李腾、危光辉任主编，段利文、李萍、廖先琴、陈杏环、陈竺、罗文任副主编。此书的出版得到了重庆电子工程职业学院龚小勇、吴焱岷、武春岭、唐继勇、李毅、杨秀杰等老师的大力支持，在此一并表示感谢。

鉴于编者水平有限，加之时间紧凑，书中难免会有疏漏和不妥之处，恳请各位专家、同仁以及读者批评指正。

作者
2012 年 5 月

目 录

前言

能力一　认知计算机系统能力 ……………… 1
　1.1　能力简介 ……………………………… 1
　1.2　能力知识构成 ………………………… 1
　　1.2.1　计算机的发展史 ………………… 1
　　1.2.2　计算机分类 ……………………… 2
　　1.2.3　计算机的系统组成 ……………… 3
　　1.2.4　计算机的总线结构 ……………… 5
　1.3　能力技能操作 ………………………… 6
　　1.3.1　职业素养要求 …………………… 6
　　1.3.2　认知计算机系统 ………………… 6
　1.4　能力鉴定考核 ………………………… 8
　1.5　能力鉴定资源 ………………………… 8

能力二　认识、选购与拆卸、安装主板的能力 … 9
　2.1　能力简介 ……………………………… 9
　2.2　能力知识构成 ………………………… 9
　　2.2.1　常见主板的主要构成部件 ……… 9
　　2.2.2　常见主板结构规范 ……………… 17
　2.3　能力技能操作 ………………………… 20
　　2.3.1　职业素养要求 …………………… 20
　　2.3.2　选购主板 ………………………… 21
　　2.3.3　拆卸、安装主板 ………………… 22
　2.4　能力鉴定考核 ………………………… 24
　2.5　能力鉴定资源 ………………………… 24

能力三　认识、选购与拆卸、安装中央处理器的能力 … 25
　3.1　能力简介 ……………………………… 25
　3.2　能力知识构成 ………………………… 25
　　3.2.1　CPU 的发展 ……………………… 25
　　3.2.2　CPU 的工作原理 ………………… 30
　　3.2.3　CPU 的主要技术参数 …………… 31
　　3.2.4　CPU 的新技术 …………………… 33

　　3.2.5　CPU 风扇的主要技术参数 ……… 37
　3.3　能力技能操作 ………………………… 38
　　3.3.1　职业素养要求 …………………… 38
　　3.3.2　选购 CPU ………………………… 38
　　3.3.3　拆卸、安装 CPU 及其风扇 ……… 41
　3.4　能力鉴定考核 ………………………… 45
　3.5　能力鉴定资源 ………………………… 45

能力四　认识、选购与拆卸、安装内存的能力 … 46
　4.1　能力简介 ……………………………… 46
　4.2　能力知识构成 ………………………… 46
　　4.2.1　内存按工作原理分类 …………… 46
　　4.2.2　按内存的接口分类 ……………… 48
　　4.2.3　DDR 内存 ………………………… 50
　　4.2.4　内存条的组成结构 ……………… 51
　　4.2.5　内存的技术指标 ………………… 52
　4.3　能力技能操作 ………………………… 54
　　4.3.1　职业素养要求 …………………… 54
　　4.3.2　内存的选购 ……………………… 54
　　4.3.3　内存的安装 ……………………… 55
　　4.3.4　内存维护 ………………………… 55
　4.4　能力鉴定考核 ………………………… 56
　4.5　能力鉴定资源 ………………………… 56

能力五　认识、选购与拆卸、安装外存储器的能力 … 57
　5.1　能力简介 ……………………………… 57
　5.2　能力知识构成 ………………………… 57
　　5.2.1　硬盘接口 ………………………… 57
　　5.2.2　硬盘结构 ………………………… 58
　　5.2.3　硬盘分类 ………………………… 60
　　5.2.4　硬盘的工作原理 ………………… 62
　　5.2.5　硬盘的性能指标 ………………… 64

5.2.6 光盘驱动器与光盘	65
5.2.7 光盘刻录机	69
5.2.8 DVD 驱动器	70
5.2.9 移动存储器	71
5.2.10 笔记本硬盘	74
5.3 能力技能操作	75
5.3.1 职业素养要求	75
5.3.2 外存储器的选购	75
5.3.3 硬盘和光驱的安装	77
5.4 能力鉴定考核	80
5.5 能力鉴定资源	80

能力六 认识、选购与拆卸、安装显示设备的能力

6.1 能力简介	81
6.2 能力知识构成	81
6.2.1 显卡的结构	81
6.2.2 显卡的主要技术指标	89
6.2.3 显卡新技术	90
6.2.4 显示器	92
6.3 能力技能操作	97
6.3.1 职业素养要求	97
6.3.2 显卡的选购	97
6.3.3 显卡与显示器的安装	98
6.3.4 显卡故障与维护	98
6.4 能力鉴定考核	99
6.5 能力鉴定资源	99

能力七 认识、选购与拆卸、安装网络设备的能力

7.1 能力简介	100
7.2 能力知识构成	100
7.2.1 网卡	100
7.2.2 传输介质	101
7.2.3 路由器	103
7.2.4 交换机	104
7.3 能力技能操作	105
7.3.1 职业素养要求	105
7.3.2 网卡的选购	105
7.3.3 路由器的选购	106
7.3.4 交换机的选购	107
7.3.5 网卡的安装与拆卸	107
7.3.6 双绞线的制作	108
7.3.7 交换机与路由器的安装	109
7.4 能力鉴定考核	110
7.5 能力鉴定资源	110

能力八 认识、选购与拆卸、安装计算机其他硬件设备的能力

8.1 能力简介	111
8.2 能力知识构成	111
8.2.1 声卡	111
8.2.2 音箱	114
8.2.3 键盘	117
8.2.4 鼠标	118
8.2.5 机箱与电源	120
8.2.6 打印机	123
8.3 能力技能操作	124
8.3.1 职业素养要求	124
8.3.2 选购声卡、音箱、键盘、鼠标、机箱、电源和打印机	125
8.3.3 拆卸及安装	128
8.4 能力鉴定考核	130
8.5 能力鉴定资源	130

能力九 BIOS 设置的能力

9.1 能力简介	131
9.2 能力知识构成	131
9.2.1 BIOS 概述	131
9.2.2 BIOS 的类型	133
9.3 能力技能操作	133
9.3.1 职业素养要求	133
9.3.2 BIOS 设置	133
9.3.3 BIOS 的升级	139
9.4 能力鉴定考核	141
9.5 能力鉴定资源	141

能力十 硬盘分区与格式化的能力

10.1 能力简介	142

10.2 能力知识构成……………………142
  10.2.1 硬盘的分区格式……………142
  10.2.2 硬盘的分区软件……………143
10.3 能力技能操作……………………143
  10.3.1 职业素养要求………………143
  10.3.2 FDISK 分区…………………143
  10.3.3 硬盘的格式化………………153
  10.3.4 PM 分区……………………153
10.4 能力鉴定考核……………………157
10.5 能力鉴定资源……………………157

能力十一 操作系统安装与维护的能力……158
11.1 能力简介…………………………158
11.2 能力知识构成……………………158
  11.2.1 Windows XP 操作系统……158
  11.2.2 Windows 7 操作系统………160
  11.2.3 Linux 操作系统……………160
11.3 能力技能操作……………………161
  11.3.1 职业素养要求………………161
  11.3.2 Windows XP 的安装………161
  11.3.3 Windows 7 的安装…………174
  11.3.4 Ubuntu Linux 系统的安装…180
  11.3.5 操作系统的维护……………181
11.4 能力鉴定考核……………………184
11.5 能力鉴定资源……………………184

能力十二 系统故障诊断和常见故障处理的能力……………………………185
12.1 能力简介…………………………185
12.2 能力知识构成……………………185
  12.2.1 维护准备……………………185
  12.2.2 维护的步骤和原则…………186
  12.2.3 系统故障的常规检测方法…188
12.3 能力技能操作……………………190
  12.3.1 职业素养要求………………190
  12.3.2 计算机系统常见故障及分析…190
  12.3.3 计算机维修案例分析………192
12.4 能力鉴定考核……………………196
12.5 能力鉴定资源……………………196

参考文献……………………………………197

能力一
认知计算机系统能力

1.1 能力简介

此能力为认知计算机系统，学习完此能力后学习者了解了计算机的发展史，掌握计算机系统的组成，包括计算机的硬件组成与软件组成，知道（了解）计算机的基本工作原理，具有能够说（列举）出计算机的硬件组成，并形成计算机硬件清单文档的能力。

1.2 能力知识构成

1.2.1 计算机的发展史

世界上第一台电子数字式计算机 ENIAC 于 1946 年 2 月 15 日在美国宾夕法尼亚大学正式投入运行。自它以后，计算机发展极为迅速，更新换代非常快，人类科技史上还没有哪一个学科的发展速度可以与电子计算机的发展速度相提并论。人们根据计算机的性能和当时的硬件技术状况，将计算机的发展分成几个阶段。

1. 第一阶段：电子管计算机（1946~1957 年）

电子管计算机的逻辑元件采用电子管，主存储器采用汞延迟线、磁鼓、磁芯；外存储器采用磁带；没有系统软件，只能使用机器语言和汇编语言编程。其特点是体积大、耗电大、可靠性差、价格昂贵、维修困难。

这一代计算机主要用于科学计算，典型机器有 ENIAC。

2. 第二阶段：晶体管计算机（1958~1964 年）

晶体管计算机的逻辑元件采用晶体管，与电子管计算机相比，晶体管计算机体积减小，耗电减小，可靠性提高，成本下降，运算速度提高。晶体管计算机的主存储器采用磁芯，外存储器已开始使用磁盘。其软件有了很大的发展，有了高级语言及其编译程序，还有了以批处理为主的操作系统。

这一代计算机不仅用于科学计算机，还用于数据处理和事务处理，并开始用于工业控制。

典型机器有 IBM 7090。

3. 第三阶段：中小规模集成电路计算机（1965～1970年）

采用中小规模集成电路作为各种逻辑部件的计算机，体积更小，质量更轻，耗电更省，寿命更长，成本更低，运算速度有了更大的提高。其主存储器采用半导体存储器，外存使用磁盘，有了结构化的程序设计语言、操作系统和诊断程序。

这一代计算机不仅用于科学计算，还用于企业管理、自动控制、辅助设计和辅助制造等领域。典型机器有IBM 360。

4. 第四阶段：大规模、超大规模集成电路计算机（1971年～至今）

采用大规模、超大规模集成电路作为基本逻辑部件，使计算机体积、质量、成本均大幅度降低，出现了微型机；作为主存储器的半导体主存储器，其集成度越来越高，容量越来越大；外存储器除了广泛使用软、硬盘外，还使用光盘等；各种使用方便的输入输出设备相继出现；软件产业高度发达，各种应用软件层出不穷，极大地方便了用户；计算机技术与通信技术相结合，计算机网络把世界紧密地联系在一起；多媒体技术迅速崛起。

5. 第五阶段：新一代计算机（人工智能）

计算机应用目前已经涉及人类生活和国民经济的各个领域。目前我们使用的各类计算机均为第四代和第五代计算机。

1.2.2　计算机分类

计算机的分类方式很多，大致有以下几种分类方式：

1. 按信息的表示形式和处理方式分

计算机可分为数字计算机、模拟计算机和数字模拟计算机。

数字计算机的特点是采用二进制运算，精度高，便于存储信息。主要用于科学计算、数据处理、过程控制、辅助设计等。

模拟计算机的特点是其运算采用电子线路，运算速度极快，但精度不高，不便于存储信息，使用不方便。主要用于实时控制（军事）。

数字模拟计算机综合了二者的优点，但其设计困难，造价昂贵。一般所说的计算机均指数字计算机。

2. 按计算机的用途分

计算机可分为通用计算机和专用计算机。通用计算机的功能齐全；专用计算机是专为某些特定问题设计的，其功能单一，但可靠性高，成本低，结构简单。专用计算机通常用于银行系统、商业系统、军事系统。一般所说的计算机均指通用计算机。

3. 按计算机的规模分

计算机又可分为巨型机、大型机、中型机、小型机、工作站、微型机。

巨型机：又称为超级计算机，具有计算速度快、内存容量巨大的特点。主要应用于气象、能源等领域。

大中型机：一般具有很高的速度，其主机与附属设备通常由若干个机柜或工作台组成。

小型机：小型机具有规模小、结构简单、硬件成本低和软件易开发的特点。

工作站：工作站是20世纪80年代兴起的面向工程技术人员的计算机系统。非常适用于高档图像处理、地球物理、电影动画和高级工业设计。

微型机：微型计算机又称为个人计算机（PC），一般是台式机，但也有便携式微型计算机。由于具有体积小、价格低、功能全、可靠性高等特点，而受到广大用户欢迎。

1.2.3 计算机的系统组成

计算机系统由硬件系统和软件系统两部分组成，如图 1-1 所示。

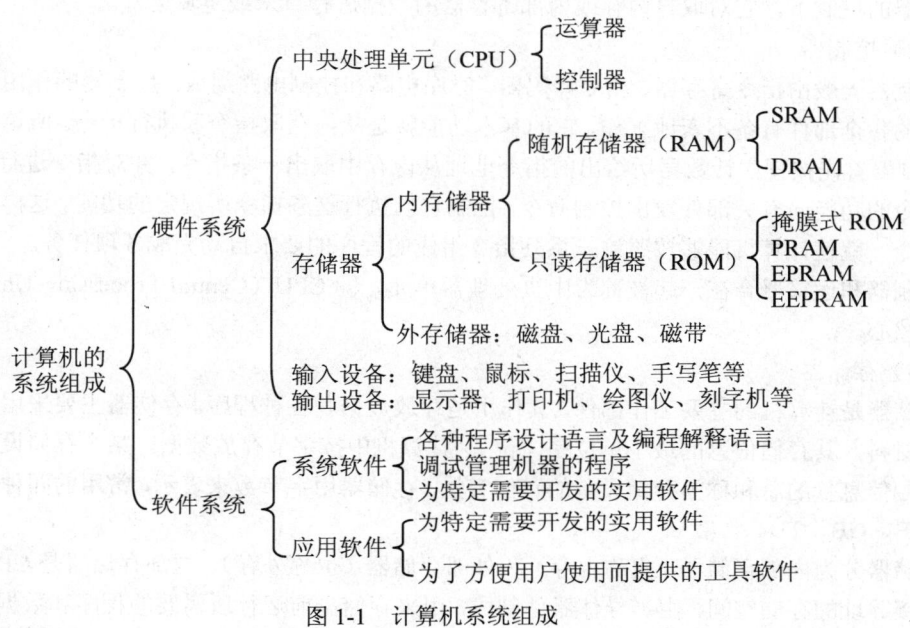

图 1-1　计算机系统组成

1. 硬件系统

硬件也称"硬设备"，是指计算机的各种看得见、摸得着的物质实体，是计算机系统的物质基础。

计算机的硬件体系结构是以美籍匈牙利数学家冯·诺依曼的名字命名的，他提出了重要的设计思想：计算机应有五个基本组成部分：运算器、控制器、存储器、输入设备和输出设备；采用存储程序的方式，程序和数据存放在同一个存储器中；指令在存储器中按执行顺序存放，由指令计数器指明要执行的指令所在的单元地址，一般按顺序递增，但可按顺序结果或外界条件改变；机器以运算器为中心，输入/输出设备与存储器间的数据传递都通过运算器。

几年来，虽然现在的计算机系统从性能指标、运算速度、工作方式、应用领域和价格等方面与最初的计算机有很大的差异，但基本结构没有变，都属于冯·诺依曼计算机，其结构如图 1-2 所示，图中的实线为数据流，虚线为控制流。

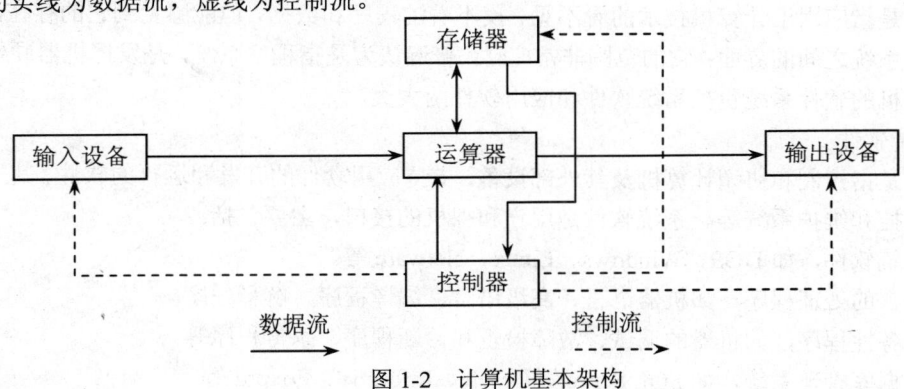

图 1-2　计算机基本架构

（1）运算器

运算器也称为算术逻辑单元 ALU（Arithmetic Logic Unit）。它的功能就是算数运算和逻辑运算。算数运算就是指加、减、乘、除。而逻辑运算就是指"与"、"或"、"非"、"比较"、"移位"等操作。在控制器的控制下，它对取自内存或内部寄存器的数据进行算术或逻辑运算。

（2）控制器

控制器一般由指令寄存器、指令译码器、时序电路和控制电路组成。控制器的作用是控制整个计算机的各个部件有条不紊地工作，它的基本功能就是从内存取指令和执行指令。所谓执行指令就是，控制器首先按程序计数器所给出的指令地址从内存中取出一条指令，并对指令进行分析，然后根据指令的功能向有关部件发出控制命令，控制它们执行这条指令所规定的功能。这样逐一执行一系列指令，就使计算机能够按照这一系列指令组成的程序的要求自动完成各项任务。

控制器和运算器合在一起被称为中央处理器单元，即 CPU（Central Processing Unit）。它是计算机的核心。

（3）存储器

存储器是计算机的主要工作部件，其作用是存放数据和各种程序。存储器主要采用半导体器件和磁性材料，其存储信息的最小单位是"位"。计算机中按字节存放数据。某个存储设备所能容纳的二进制信息量的总和称为存储设备的存储容量。存储器用字节数来表示，常用的四种度量单位有 KB、MB、GB、TB。

存储器分为内部存储器（也称内存）和外部存储器（也称外存）。内部存储器是 CPU 能根据地址线直接寻址的存储空间，由半导体器件制成，用来存储当前运行所需要的程序和数据。外部存储器用于存放一些暂时不用而又需长时间保存的程序和数据。当需要执行外存的程序或处理外存中的数据时，必须通过 CPU 输入/输出指令，将其调入内存中才能被 CPU 执行处理。内存存取速度快，但容量小，价格较贵；外存响应速度相对较慢，但容量大，价格较便宜。

（4）输入设备

输入设备是用来接受用户输入的原始数据和程序，并将它变成计算机能够识别的形式（二进制数）存放到内存中。常用的输入设备有键盘、鼠标、扫描仪、光笔、数字化仪等。

（5）输出设备

输出设备是用于将存放在内存中由计算机处理的结果转变成人们所能接受的形式。常用的输出设备有显示器、打印机、绘图仪等。

2. 软件系统

所谓软件是指应用于计算机技术的看不见、摸不着的程序和数据，但能感觉到它的存在，是介于用户和硬件系统之间的界面；它的范围非常广泛，普遍认为是指程序系统，是发挥机器硬件功能的关键。计算机的软件系统包括系统软件和应用软件两大类。

（1）系统软件

系统软件是指控制和协调计算机及其外部设备，支持应用软件的开发和运行的软件。其主要功能是调度、监控和维护系统等。系统软件是用户和裸机的接口，主要包括：

①操作系统软件，如 DOS、Windows、Linux、Netware 等。

②各种语言的处理程序，如机器语言、高级语言、编译程序、解释程序。

③各种服务性程序，如机器的调试、故障检查和诊断程序、杀毒程序等。

④各种数据库管理系统，如 SQL Server、Oracle、Informix、Foxpro 等。

（2）应用软件

应用软件是用户为解决各种实际问题而编制的计算机应用程序及其有关资料。应用软件一般有两类：一类是为了特定需要开发的实用软件，如财务管理软件、税务管理软件、工业控制软件、辅助教育软件等；另一类是为了方便用户使用而提供的一种工具软件，如文字处理软件包（如 WPS、Office）、图像处理软件包（如 Photoshop）、动画处理软件（如 3DS Max）等。

3. 软件系统和硬件系统的关系

硬件是计算机建立和依托的基础，软件是计算机系统的灵魂。只有硬件的计算机，又称为"裸机"，用户不能直接使用，无法进行正常的工作。要让计算机工作，必须给计算机安装"大脑"——操作系统。只有在操作系统的控制下，才能调入应用程序，接受和处理命令、数据，也只有在它的控制下，才能完成将程序的运算结果向输出设备输出。操作系统其实也是一个程序，它总管计算机系统的软、硬件设备与外部设备的数据交换。所以，把计算机系统当作一个整体来看，它既包含硬件，也包括软件，两者不可分割，硬件和软件相互结合才能充分发挥计算机系统的功能。具备了硬件和操作系统的计算机，才是一台名副其实的计算机。

1.2.4 计算机的总线结构

一座城市是由各个行政单位、企事业单位、学校、医院、公共交通等部门组合而成，而一个计算机系统就像一座城市，是由 CPU、各种存储器、各种控制器及输入/输出（I/O）设备构成的。在这些部件之间，数据是通过总线传输的。总线就像城市中的公共汽车，所以，总线叫 Bus，负责传递所有的信息。总线按照功能的不同可分为：地址总线、数据总线和控制总线，总线结构如图 1-3 所示，在图中，各部件之间的联系是通过两股信息流实现的。两股信息流为数据流和控制流。

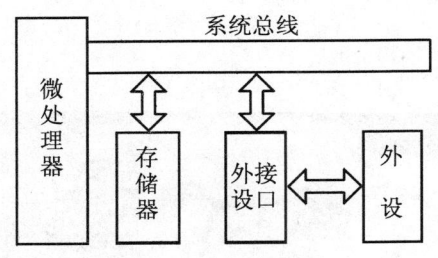

图 1-3 总线结构图

总线是各部件之间的信息交换渠道。计算机借助于总线，在各系统部件之间传递地址、数据、控制信号等信息；使整个计算机系统有条不紊地工作。

采用总线结构形式的优点：

（1）可以减少机器中的信息传送线的根数，从而简化了系统结构，提高了机器的可靠性。

（2）可以方便地对存储器芯片及 I/O 接口芯片进行扩充。

总线的工作方式：分时传送操作。

根据所传送信息的内容与作用不同，可将总线分为三类：

（1）传送信息（指令或数据）的数据总线 DB。

（2）指示欲传信息的来源或目的地址的地址总线 AB。

（3）管理总线上活动的控制总线 CB。

三种总线中，CPU 通过地址总线输出地址码来选择某一存储器单元或某一称为 I/O 端口的寄存器；数据总线用于 CPU 和存储器或 I/O 接口之间传送数据；控制总线用来传送自 CPU 发出的或送到 CPU 的控制信息与状态信息。

1.3 能力技能操作

1.3.1 职业素养要求

（1）严禁带电操作，观察硬件时一定要把 220V 的电源线插头拔掉。
（2）爱护计算机的各个部件，轻拿轻放，切忌鲁莽操作，尤其是硬盘不能碰撞或者跌落。
（3）积极自主学习和扩展知识面的能力。

1.3.2 认知计算机系统

开启一台完整的计算机，注意观察计算机都是由哪些部件组成，以及计算机的基本运行过程是如何进行工作的，分析计算机系统的组成部分。

1. 主机

主机是整个计算机系统的"总管"，从外观上看，也就是计算机的主机箱，计算机的核心部件都安装在主机箱内。在主机箱内除了有主板上的 CPU、内存，还有插在主板扩展槽上的显示卡、声卡、网卡等各种接口卡，以及电源、硬盘、软驱、光驱等硬件设备。通过主机箱，将各个部件连接起来，同时主机箱也对主板、CPU、显示卡、内存、硬盘等计算机的重要设备起保护作用。

主机以外的设备，如显示器、键盘、鼠标、音箱、打印机等，都是外部设备，通过设备后面的电缆线与主机相连。

主机内部结构如图 1-4 所示。

图 1-4 主机内部结构图

2. 显示器

显示器是输出设备，计算机内的图片、文字、影像等信息，都是通过显示器呈现在用户眼前的，而用户也正是通过显示器显示的信息操作计算机的。

3. 键盘和鼠标

键盘是计算机重要的输入设备，用来输入字母、数字、符号，实现控制功能。键盘上面的按键分别代表不同的含义，操作计算机时无论打字还是玩游戏，都可以通过键盘来完成。

鼠标是操作计算机时使用最频繁的输入设备之一。它通过自身的移动，把位移信号传递给计算机，再转换成鼠标光标的坐标数据，从而达到指示位置的目的。

4. 音箱与打印机

音箱是用于输出声音的输出设备，它与声卡相连。音箱是多媒体计算机所必备的外部设备之一，目前多采用有源音箱。有源音箱是指音箱需要单独外接电源以增大输出功率。

打印机是微型计算机常用的输出设备，它的主要功能是将计算机的计算结果，用户通过计算机编写的程序文件、文本文件以及各种图形信息等内容打印在纸上。

5. CPU

CPU 即中央处理器，它是计算机中最核心的部分，负责整个计算机系统的协调、控制和程序运行，它在很大程度上决定了计算机的基本性能。CPU 采用了大规模集成电路技术把上亿个晶体管集成到一块小小的硅片上，所以也叫微处理器。从外观上看，CPU 是一个正方形的小块，正面是一个金属盖子，反面有很多针脚或者金属触点。

6. 主板

在计算机主机内部，最大的一块电路板就是主板。在主机上，最明显的是一排排的插槽，呈黑色、白色和棕色，长短不一，显示卡、内存等设备就是插在这些插槽里，从而与主板联系起来的。除此以外，还有各种元件与接口，它们将机箱内的各种设备连接起来。也就是说，主板是计算机中重要的"交通枢纽"，它的质量直接影响着计算机的稳定性。

7. 内存

内存一般指的是随机存取存储器，简称 RAM，是微型计算机的数据存储中心，主要用来存储程序及等待处理的数据，可与 CPU 直接交换数据。它由大规模半导体集成电路芯片组成，其特点是存储速度快，但容量有限，不能长期保存数据。内存的容量大小会直接影响整机系统的速度和效率。内存的结构十分简单，从外观上看，内存是一块长条形的电路板，插在主板的内存插槽中，一个内存条上安装有多个内存芯片。

8. 硬盘

硬盘是最重要的外存储器之一。从外观上看，硬盘是一个黑金属盒。它是计算机内部数据存放的仓库，计算机内所有的图片、文字、音乐、动画等都是以文件的形式存放在硬盘内的。

9. 声卡

声卡的作用是声音和音乐的回放、声音特效处理、网络电话、MIDI 的制作、语音识别及合成等。声卡已成为多媒体计算机不可缺少的部分。

声卡分为独立声卡和集成在主板上的板载声卡两种。板载声卡一般又分为板载软声卡和板载硬声卡。一般板载软声卡没有主处理芯片，只有一个 CODEC 解码芯片，通过 CPU 的运算来代替声卡主处理芯片的作用。

10. 显卡

显卡，也可以叫图形适配器，它是主机与显示器之间连接的"桥梁"，作用是控制计算机的图形输出，负责将 CPU 送来的影像数据处理成显示器能够显示的模拟信号，再送到显示屏，形成用户最终看到的图像。

11. 网卡

网卡又称网络适配器，安装在主板扩展槽中。随着网络技术的飞速发展，出现了许多种不同类型的网卡，目前主流的网卡有 10/100Mb/s 自适应网卡、100Mb/s 网卡、10/100/1000Mb/s 自适应网卡等几种。

12. 光盘

光盘也是常用的外存储器之一，光盘和光盘驱动器（简称光驱）需要配套使用。

13. 电源

电源是为整个主机提供电力的设备。电源功率的大小、电流、电压是否稳定直接影响着计算机的使用寿命，电源如果出现问题，将造成系统不稳定、无法启动，甚至烧毁计算机配件。

1.4 能力鉴定考核

考核以现场操作为主，知识测试（80%）+现场认知（20%）。

知识考核点：计算机的发展史，计算机系统的组成，计算机的硬件组成与软件组成，计算机的基本工作原理。

现场操作：能完整地指出计算机各个硬件部分，说出软件系统的构成范围，并具有列出计算机硬件清单文档的能力。

1.5 能力鉴定资源

一台完整的安装了系统软件和应用软件的计算机，分散的一套完整的计算机硬件部件。

能力二
认识、选购与拆卸、安装主板的能力

2.1 能力简介

此能力为认识、选购与拆卸、安装主板，学习完此能力后使学习者熟悉主板的组成，了解主板的分类，熟悉主板芯片组，可以选购合适可行的主板，熟悉计算机主板的拆卸方法和要领，熟悉主板的安装流程和主板的安装方法，并且能够将所提供主板的名称、型号、规格完整地记录在清单上。

2.2 能力知识构成

2.2.1 常见主板的主要构成部件

主板又叫主机板、系统板或者母板，它是安装在机箱里的最大的一块电路板，是计算机最基础也是最重要的部件之一，有决定整个系统计算能力和速度的电路。主板不但是整个计算机系统平台的载体，还担负着系统中各种信息的交流。主板的平面是一块 PCB 印刷电路板，一般采用四层板或六层板。相对而言，为节省成本，低档主板多为四层板，分为主信号层、接地层、电源层、次信号层。而六层板则增加了辅助电源层和中信号层，因此六层 PCB 的主板抗电磁干扰能力更强，主板也更稳定。

现在市场上的主板虽然品种繁多，布局不同，但其基本组成是一样的。典型的主板布局如图 2-1 所示，在电路板上面，是错落有致的电路布线、棱角分明的各个部件，如插槽、芯片、电阻、电容等，包括 CPU 插槽、BIOS 芯片、I/O 控制芯片、键盘接口、面板控制开关接口、各种扩充插槽、直流电源的供电插槽等。有的主板上还集成了音效芯片和显示芯片等。

1. 主板芯片组

主板芯片组（Chipset，简称：芯片组）是主板的灵魂和核心，是 CPU 和其他周边设备运作的桥梁。如果说中央处理器（CPU）是整个计算机系统的大脑，那么芯片组将是整个身体的心脏。对于主板而言，芯片组几乎决定了这块主板的功能，进而影响到整个计算机系统性能的发挥，芯片组是主板灵魂。芯片组性能的优劣，决定了主板性能的好坏与级别的高低。

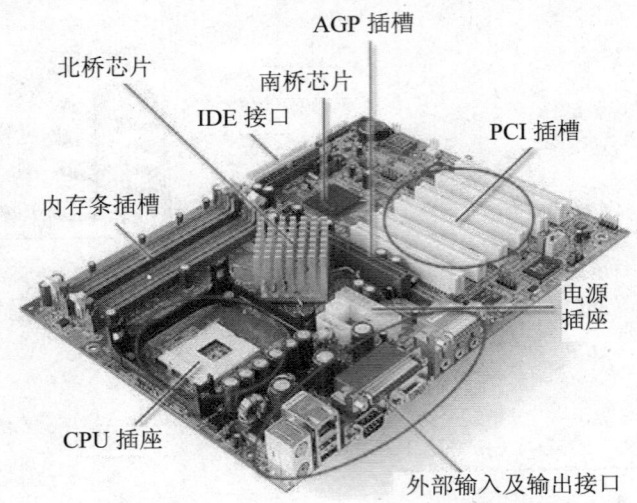

图 2-1　主板组成

主板芯片组几乎决定着主板的全部功能，其中 CPU 的类型、主板的类型、总线频率、内存类型、容量和性能、显卡插槽规格是由芯片组中的北桥芯片决定的；而扩展槽的种类与数量、扩展接口的类型和数量（如 USB 2.0/1.1、IEEE 1394、串口、并口、笔记本电脑的 VGA 输出接口）等，是由芯片组的南桥芯片决定的。还有些芯片组由于纳入了 3D 加速显示（集成显示芯片）、AC97 声音解码等功能，还决定着计算机系统的显示性能和音频播放性能等。现在的芯片组，是由过去 286 时代的所谓超大规模集成电路——门阵列扩展芯片演变而来的。芯片组的分类，按用途可分为服务器/工作站、台式机、笔记本电脑等类型，按芯片数量可分为芯片组、标准的南、北桥芯片组和多芯片芯片组（主要用于高档服务器/工作站），按整合程度的高低，还可分为整合型芯片组和非整合型芯片组等。

按照在主板上的排列位置的不同，芯片通常分为南桥芯片（如图 2-2 所示）和北桥芯片（如图 2-3 所示），如 Intel 的 845GE 芯片组由 82845GMCH 北桥芯片和 ICH4（FW82801DB）南桥芯片组成；而 VIA KT400 芯片组则由 KT400 北桥芯片和 VT8235 等南桥芯片组成（也有单芯片的产品，如 SIS630/730 等）。北桥芯片起着主导性的作用，也称为主桥。北桥芯片是 CPU 与外部设备之间联系的纽带，负责提供对 CPU 的类型和主频、内存的类型和最大容量、ISA/PCI/AGP 插槽、ECC 纠错等的支持，通常在主板上靠近 CPU 插槽的位置，由于此类芯片的发热量较高，所以在此芯片上装有散热片。

南桥芯片主要用来与 I/O 设备及 ISA 设备相连，并负责管理中断及 DMA 通道，让设备工作得更顺畅，其提供对 KBC（键盘控制器）、RTC（实时时钟控制器）、USB（通用串行总线）、Ultra DMA/33(66) EIDE 数据传输方式和 ACPI（高级能源控制管理）等的支持，在靠近 PCI 插槽的位置。

2. CPU 插座

主板上最醒目的接口便是 CPU 插座。它是用于连接 CPU 的专用插座。CPU 只有正确安装在 CPU 插座上，才可以正常工作。针对不同的 CPU，可以分为 Socket 插座和 Slot 插座。

（1）Socket 插座

Socket 插座是一个长方形插座，插座上分布着数量不等的针脚孔或金属触点，它是目前最流行的 CPU 接口。常见的有支持 AMD Athlon64 系列 CPU 的 Socket AM3（938 个针脚孔），如图 2-4 所示。支持 Intel Pentium E、Intel Pentium D、CeleronD、Core2 系列 CPU 的 Socket 775 插座（775 个金属触点），如图 2-5 所示。CPU 接口类型不同，插座结构也就不同。

图 2-2　NH82801FBM/SL89K 南桥芯片

图 2-3　AMD 785G 北桥芯片

图 2-4　Socket AM3 插座

图 2-5　Socket 755 插座

（2）Slot 插槽

安装 Slot 架构的 CPU 主板上要提供相应的 Slot 架构插槽。Slot 插槽如图 2-6 所示。

图 2-6　Slot 插槽

3．内存插槽

内存插槽是用来安装内存的地方。按照内存条与内存插槽的连接情况，内存插槽分为 SIMM 和 DIMM 两种。目前 SIMM 已经被淘汰。

采用 DIMM 的内存条有 SDRAM、RDRAM、DDR SDRAM、DDR2 SDRAM、DDR3 SDRAM 几种。需要说明的是不同的内存插槽的引脚、电压、性能、功能都是不尽相同的，不同的内存在不

11

同的内存插槽上不能互换使用。对于168线的SDRAM内存和184线的DDR SDRAM 内存，其主要外观区别在于SDRAM内存金手指上有两个缺口，而DDR SDRAM内存只有一个。DDR内存插槽如图2-7所示。

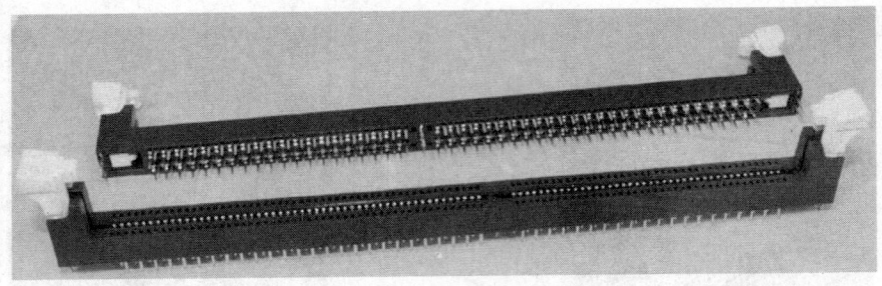

图2-7　DDR内存插槽

DDR2、DDR3采用240Pin接口，内存插槽只有一个缺口，但两者位置不同，如图2-8所示。

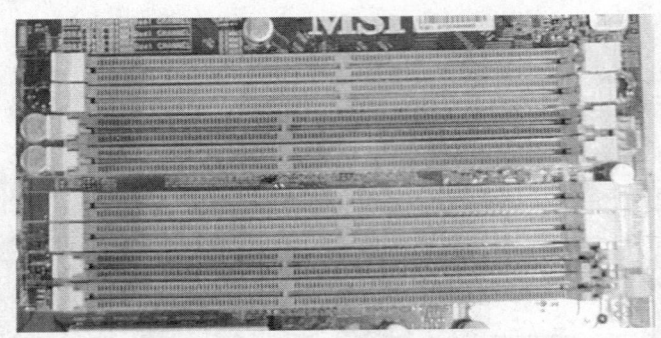

图2-8　DDR2和DDR3内存插槽

4. 总线扩展槽

总线是计算机中传输数据信号的通道。总线扩展槽是用于扩展计算机功能的插槽，用来连接各种功能插卡。用户可以根据自己的需要在扩展槽上插入各种用途的插卡，如显示卡、声卡、网卡等，以扩展微型计算机的各种功能。

主板上常见的总线扩展槽有ISA、PCI、AGP、PCI-E、AMR/CNR等。ISA扩展槽现在基本被淘汰了。

（1）PCI扩展槽

PCI总线插槽是由Intel公司推出的一种局部总线。它定义了32位数据总线，且可扩展为64位。PCI插槽为显卡、声卡、网卡、电视卡等设备提供了连接接口，它的基本工作频率为33MHz，最大传输速率可达132MB/s，如图2-9所示。

（2）PCI-E扩展槽

PCI-E是总线和接口标准PCI-Express。PCI-E采用了目前业内流行的点对点串行连接，比起PCI以及更早期的计算机总线的共享架构，能够为每一块设备分配独享通道带宽，不需要在设备之间共享资源，不需要向整个总线请求带宽，而且可以把数据传输提高到一个很高的频率，达到PCI所不能提供的高带宽。

PCI-E的接口根据总线位宽不同而有所差异，包括X1、X2、X4、X8、X12、X16以及X32，而 X2 模式用于内部接口而非插槽模式。PCI-E 规格从 1 条通道连接到 32 条通道连接，有非常强的伸缩性，可满足不同系统设备的数据传输带宽的需求。此外，较短的 PCI-E 卡可以插入较长的 PCI-E 插槽中使用，PCI-E 接口还能够支持热插拔，这也是不小的飞跃。用于取代 AGP 接口的 PCI-E 接口带宽为 X16，能够提供 5GB/s 的带宽，远远超过 AGP 8X 2.1GB/s 的带宽。

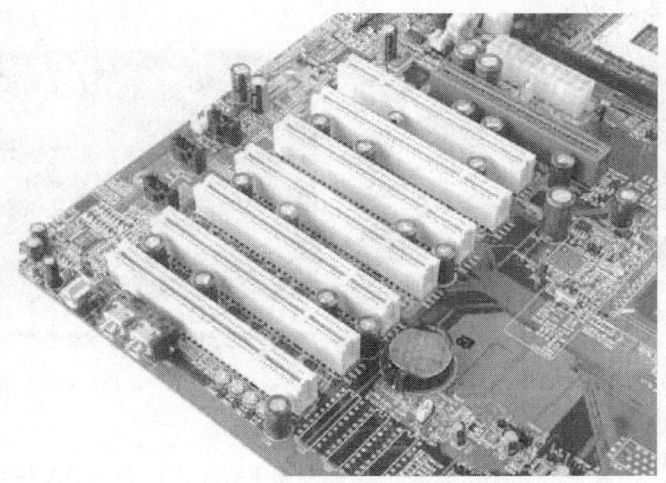

图 2-9　PCI 扩展插槽

（3）AGP 插槽

图形加速端口是专供 3D 加速卡（3D 显卡）使用的接口。它直接与主板的北桥芯片相连，且该接口让视频处理器与系统主内存直接相连，避免经过窄带宽的 PCI 总线而形成系统瓶颈，以增加 3D 图形数据传输速率，而且在显存不足的情况下还可以调用系统主内存，所以它拥有很高的传输速率，这是 PCI 总线无法与其比拟的。AGP 接口主要可分为 AGP 1X/2X/PRO/4X/8X 等类型。AGP 插槽只能插显卡，因此在主板上 AGP 接口只有一个，如图 2-10 所示。

图 2-10　AGP 总线扩展槽

（4）AMR 插槽和 CNR 插槽

AMR 是从 810 主板才开始有的，它比起 AGP 插槽短许多，如图 2-11 所示。Intel 公司开发的

AMR（Audio/MODEM Riser，声音和调制解调器界面）是一套基于 AC97（Audio CODEC97，音频系统标准）规范的开放工业标准，采用这种标准，通过附加的解码器可以实现软件音频功能和软件调制解调器功能。

CNR 是 AMR 的升级产品，从外观上看，它比 AMR 稍长一些，而且两者的针脚也不相同，所以两者不兼容，如图 2-12 所示。

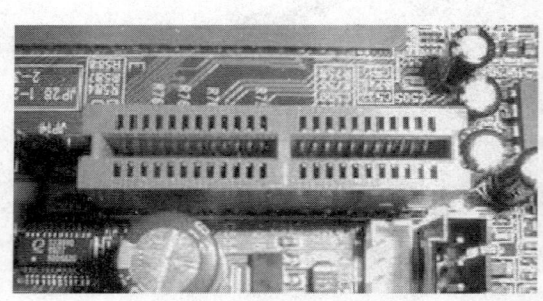

图 2-11　AMR 插槽

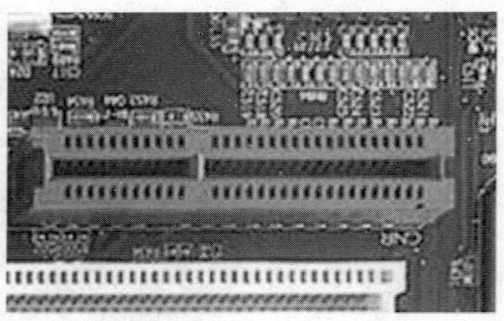

图 2-12　CNR 插槽

5. ATA 接口

ATA 接口是用来连接硬盘和光驱等设备的，它分为 PATA 接口和 SATA 接口。

PATA 接口也叫 IDE 接口（Integrated Device Electronic，集成设备电子部件），主流的 IDE 接口有 ATA33/66/100/133，ATA33 又称 Ultra DMA/33，它是一种由 Intel 公司制定的同步 DMA 协定，传统的 IDE 传输使用数据触发信号的单边来传输数据，而 Ultra DMA 在传输数据时使用数据触发信号的两边，因此它具备 33MB/s 的传输速度。IDE 接口为 40 针双排插座，使用 40 线数据线与 IDE 硬盘驱动器或光盘驱动器相连接，如图 2-13 所示。

目前，越来越多的主板和硬盘都开始支持 SATA（Serial ATA）接口，如图 2-14 所示。SATA 接口仅使用 4 针脚就能完成所有的工作，分别用于连接电源、连接电线和接收数据。

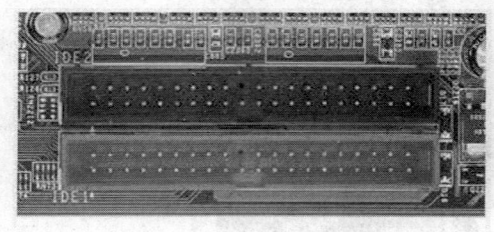

图 2-13　IDE 接口

图 2-14　SATA 接口

6. 电源插口及主板供电部分

电源插口主要有 AT 电源插口和 ATX 电源插口两种，有的主板上同时具备这两种插口。AT 插口现在已淘汰。而 20 口的 ATX 电源插口，采用了防插反设计，不会像 AT 电源插口一样因为插反而烧坏主板，如图 2-15 所示。除此之外，在电源插口附近一般还有主板的供电及稳压电路。

主板的供电及稳压电路也是主板的重要部分，它一般由电容、稳压块或三极管效应管、滤波线圈、稳压控制集成电路块等元器件组成。此外，P4 主板上一般还有一个 4 口专用 12V 电源插口。

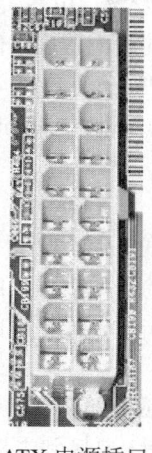
ATX 电源插口

4 口专用 12V 电源插口

图 2-15　电源插口

7. BIOS

BIOS 基本输入输出系统是一块装入了启动和自检程序的 EPROM 或 EEPROM 集成块。实际上它是被固化在计算机 ROM（只读存储器）芯片上的一组程序，为计算机提供最低级的、最直接的硬件控制与支持。除此之外，在 BIOS 芯片附近一般还有一块电池组件，它为 BIOS 提供了启动时需要的电流。

ROM BIOS 芯片是主板上唯一贴有标签的芯片，一般为双排直插式封装（DIP），上面通常印有"BIOS"字样，另外还有许多 PLCC32 封装的 BIOS。如图 2-16 所示，是双排直插式封装（DIP）BIOS 芯片；如图 2-17 所示，是 PLCC 封装的主板 BIOS 芯片。

图 2-16　DIP 封装 BIOS 芯片

图 2-17　PLCC 封装的 BIOS 芯片

早期的 BIOS 多为可重写 EPROM 芯片，上面的标签起着保护 BIOS 内容的作用，因为紫外线照射会使 EPROM 内容丢失，所以不能随便撕下。现在的 ROM BIOS 多采用 Flash ROM（快闪可擦可编程只读存储器），通过刷新程序，可以对 Flash ROM 进行重写，方便地实现 BIOS 升级。

较流行的主板 BIOS 主要有 Award BIOS、AMI BIOS、Phoenix BIOS 三种类型。Award BIOS 是由 Award Software 公司开发的 BIOS 产品,在目前的主板中使用最为广泛。Award BIOS 功能较为齐全,支持许多新硬件,目前市面上主机板都采用了这种 BIOS。AMI BIOS 是 AMI 公司出品的 BIOS 系统软件,开发于 20 世纪 80 年代中期,它对各种软、硬件的适应性好,能保证系统性能的稳定,在 20 世纪 90 年代后,AMI BIOS 应用较少。Phoenix BIOS 是 Phoenix 公司产品,Phoenix BIOS 多用于高档的原装品牌机和笔记本电脑上,其画面简洁,便于操作,现在 Phoenix 公司已和 Award 公司合并,共同推出具备两者标示的 BIOS 产品。

8. 机箱前置面板接头

机箱前置面板接头是主板用来连接机箱上的电源开关、系统复位、硬盘电源指示灯等排线的地方,如图 2-18 所示。一般来说,ATX 结构的机箱上有一个总电源的开关接线(Power SW),是两芯的插头,它和 Reset 的接头一样,按下时短路,松开时开路,按一下,计算机的总电源就被接通了,再按一下就关闭。

在主板上,插针通常标记为 Power LED,连接时注意绿色线对应于第一针,当它连接好后,计算机一打开,电源灯就亮,表示电源已经打开了。而复位接头(Reset)要接到主板上 Reset 插针上。主板上 Reset 插针的作用是:当它们短路时,计算机就重新启动。而 PC 喇叭通常为四芯插头,但实际上只用 1、4 两根线,1 线通常为红色,它是接在主板 Speaker 插针上。在连接时,注意红线对应 1 的位置。

图 2-18 机箱前置面板接头

9. 外部输入/输出接口

ATM 主板的外部接口都是统一集成在主板后半部的。现在的主板一般都符合 PC99 规范,也就是用不同的颜色表示不同的接口,以免搞错。一般键盘和鼠标都是采用 PS/2 圆口,只是键盘接口一般为蓝色,鼠标接口一般为绿色,便于区别。USB 接口为扁平状,可接 MODEM、光驱、扫描仪等 USB 接口的外设。串口可连接 MODEM 和方口鼠标等,并口一般连接打印机。主板外部接口如图 2-19 所示。

10. 板载芯片

通过使用不同的板载芯片,用户可以根据自己的需求选择产品。与独立板卡相比,采用板载芯片可以有效降低成本,提高产品的性价比。

(1)声卡控制芯片

主板集成的声卡大部分都是 AC97 声卡，全称是 Audio CODEC97，这是一个由 Intel、雅马哈等多家厂商联合研发并制定的一个音频电路系统标准。主板上集成的 AC97 声卡芯片主要可分为软声卡和硬声卡芯片两种。AC97 软声卡，只是在主板上集成了数字模拟信号转换芯片（如 ALC201、ALC650、AD1885 等），而真正的声卡被集成到北桥中，这样会加重 CPU 少许的工作负担。AC97 硬声卡，是在主板上集成了声卡芯片（如创新 CT5880、雅马哈的 744、VIN 的 Envy24PT），如图 2-20 所示，这类声卡芯片提供了独立的声音处理，最终输出模拟的声音信号。这种硬声卡芯片相对软声卡在成本上贵了一些，但对 CPU 的占用很小。

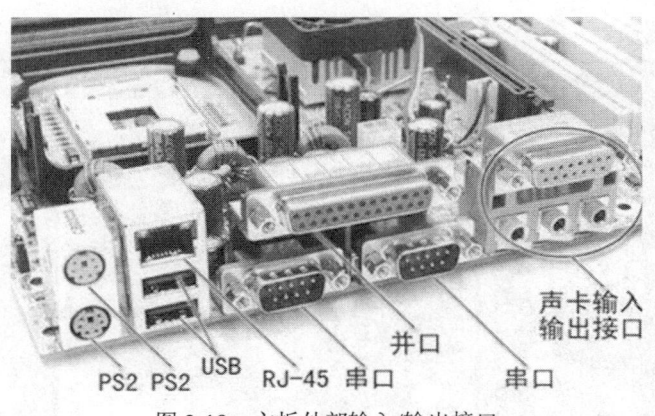

图 2-19　主板外部输入/输出接口

（2）网卡控制芯片

现在很多主板都集成了网卡，在主板上常见的整合网卡所选择的芯片主要有 Realtek 公司的 8100（8139C/8139D 芯片）系列芯片以及威盛网卡芯片等，如 Intel 的 8254EI、3COM 3C940 等。如图 2-21 所示，为主板集成网卡。

图 2-20　板载声卡芯片

图 2-21　板载网卡芯片

2.2.2　常见主板结构规范

主板的结构规范指的是主板的尺寸大小、各部件的布局形式以及电子电路所符合的工业设计标准。主板结构分为 AT、Baby-AT、ATX、Micro ATX、LPX、NLX、Flex ATX、EATX、WATX 以及 BTX 等结构。ATX 是目前市场上最常见的主板结构，扩展插槽较多，PCI 插槽数量在 4~6 个，大多数主板都采用此结构；EATX 和 WATX 则多用于服务器/工作站主板；Micro ATX 又称 Mini ATX，是 ATX 结构的简化版,就是常说的"小板",扩展插槽较少,PCI 插槽数量在 3 个或 3 个以下,多用于品牌机并配备小型机箱;而 BTX 则是 Intel 公司制定的最新一代主板结构。

1. ATX 结构规范

(1) 1995 年 1 月 Intel 公司公布了扩展 AT 主板结构规范,即 ATX(AT extended)主板标准。

(2) 1997 年 2 月推出 ATX 2.01 版(目前最新版本是 ATX 2.03 版)。

(3) 优化了软、硬盘驱动器接口位置;提高主板的兼容性和可扩充性;增强的电源管理(软件开/关机、绿色功能)。如图 2-22 所示。

图 2-22 ATX 结构

2. Micro ATX 结构规范

(1) 保持了 ATX 标准主板背板上的外设接口位置。

(2) I/O 扩展插槽减少了 3~4 个、DIMM 插槽减少了 2~3 个,从纵向减少了主板宽度(面积减小约 0.92 平方英寸),如图 2-23 所示。

(3) 集成了图形和音频处理功能。

3. Flex ATX 结构规范

(1) Flex ATX 也称为 WTX 结构,是 Intel 新研发的一种规范,引入 All-In-One(一体化设计,集成度很高,结构简单,设计合理)。

(2) 比 Micro ATX 主板面积还小 1/3 左右,且布局紧凑,如图 2-24 所示。

(3) 用于准系统之类的高整合度计算机。

图 2-23　Micro ATX 结构

图 2-24　Flex ATX 结构

4. BTX 结构

BTX 是 Intel 公司提出的新型主板架构 Balanced Technology Extended 的简称，是 ATX 结构的替代者，这类似于前几年 ATX 取代 AT 和 Baby AT 一样。革命性的改变是新的 BTX 规格能够在不牺牲性能的前提下做到最小的体积。新架构对接口、总线、设备将有新的要求。但新架构仍然提供某种程度的向后兼容，以便实现技术革命的顺利过渡。BTX 结构主板如图 2-25 所示。

图 2-25　BTX 结构

BTX 具有如下特点：
（1）支持 Low-profile，即窄板设计，系统结构将更加紧凑。
（2）针对散热和气流的运动，对主板的线路布局进行了优化设计。
（3）主板的安装将更加简便，机械性能也将经过最优化设计。

目前已经有数种 BTX 的派生版本推出，根据板型宽度的不同分为标准 BTX（325.12mm）、micro BTX（264.16mm）及 Low-profile 的 pico BTX（203.20mm），以及未来针对服务器的 Extended BTX。而且，目前流行的新总线和接口，如 PCI Express 和串行 ATA 等，也将在 BTX 架构主板中得到很好的支持。

另外，新型 BTX 主板将通过预装的 SRM（支持及保持模块）优化散热系统，对 CPU 特别有好处。散热系统在 BTX 的术语中被称为热模块。该模块包括散热器和气流通道。目前已开发的热模块有两种类型，即 Full-size 及 Low-profile。

得益于新技术的不断应用，将来的 BTX 主板还将完全取消传统的串口、并口、PS/2 等接口。

2.3　能力技能操作

2.3.1　职业素养要求

（1）严禁带电操作，观察硬件时一定要把 220V 的电源线插头拔掉。
（2）爱护计算机的各个部件，轻拿轻放，切忌鲁莽操作。
（3）对所有部件进行相应的记录。
（4）积极自主学习和扩展知识面的能力。

2.3.2 选购主板

1. 主板选购原则

主板在计算机系统中占有很重要的地位，选购主板应考虑的主要指标是速度、稳定性、兼容性、扩展能力和升级能力。

（1）实际需求和应用环境

在选购主板前应先明确实际需求、预算，选择性能价格比最高的主板，并且先确定 CPU，然后确定主板的类型。

此外还要看应用环境，环境对于选择主板尺寸、支持 CPU 性能等级及类型、需要的附加功能都会有一些影响。

（2）品牌

主板是一种将高科技、高工艺融为一体的集成产品，因此应首先考虑"品牌"。品牌决定产品的品质，有品牌的产品有一个有实力的厂商做后盾、做支持；有实力的主板厂商，从产品的设计开始，原料筛选、工艺控制、品质测试，到包装运送都要经过十分严格的把关。有品牌保证的主板，对计算机系统的稳定运行提供牢固的保障。

当前市场比较知名的主板品牌有华硕（ASUS）、技嘉（GIGABYTE）、磐正（EPOX）、微星（MSI）、升技（ABIT）、富士康（FOXCONN）、英特尔（Intel）、梅捷（SOYO）等。

（3）服务

无论选择任何档次的主板，在购买前都要认真考虑厂商的售后服务，有时用户都不清楚自己购买的主板是否有良好的售后服务，有些品牌的主板甚至连公司网址都没有标明，购买后，连最起码的 BIOS 的更新服务都没有，虽然主板的价格很低，但是一旦主板出了问题，用户只有自认倒霉。因此选择主板时就要看主板厂商能否提供完善的质保服务，包括产品售出时的质保卡，承诺产品保换时间的长短，详细的中文使用说明书以及提供的配件是否完整。

2. 主板选购注意的问题

（1）注意与 CPU 的匹配性

先确定 CPU 的型号档次，然后再根据 CPU 的性能选择配套的主板芯片组，然后选择合适芯片组的主板。

（2）注意芯片组

采用相同芯片组的主板一般来说功能、性能都差不多，因而选择主板主要就是选择芯片组。

（3）注意兼容性

对兼容性的考察有其特殊性，因为它很有可能并不是主板的品质问题。兼容性问题基本上是简单的有和没有的问题，一般通过更换其他硬件也可以解决。

（4）注意升级和扩充

购买主板的时间要考虑计算机和主板将来升级扩展的能力，尤其扩充内存和增加扩展卡最为常见，还有升级 CPU，一般主板插槽越多，扩展能力就越强，价格随之也就越贵。

（5）注意主板器件质量

主板器件质量主要包括主板是否厚实，布线是否合理，器件是否有生锈现象，芯片生产日期是否过长，做工是否精细等。

2.3.3 拆卸、安装主板

1. 拆卸主板

（1）主板与底板通常使用铜柱和塑料脚座固定，底板上的铜柱与主板上的螺孔对应。

（2）松开固定主板的螺丝。

（3）将主板从固定底板上取出（有的主板除了用螺丝固定外，还用塑料脚座固定，这时要用镊子或尖嘴钳逐一夹紧塑料脚座底端，轻抬主板使塑料脚座滑离主板）。

（4）从底板上拆卸主板。

2. 安装主板

机箱的整个机架有 5 英寸金属架，可以安装几个设备，比如光驱等；3 英寸固定架，是用来固定软驱、3 英寸硬盘等；电源固定架，是用来固定电源。而机箱下部那块大的铁板用来固定主板，称之为底板，上面的很多固定孔是用来上铜柱或者塑料钉来固定主板的，现在的机箱在出厂时一般就已将固定柱安装好。而机箱背部的槽口是用来固定板卡及打印口和鼠标口的，在机箱的四面还有四个塑料脚垫。不同的机箱固定主板的方法不一样，有的采用螺丝固定，稳固程度很高，但要求各个螺丝的位置必须精确。主板上一般有 5~7 个固定孔，要选择合适的孔与主板匹配，选好以后，把固定螺钉旋紧在底板上（现在的大多机箱已经安装了固定柱，而且位置都是正确的，不用再单独安装了，供学生实习用机就更不用安装了）。然后把主板小心地放在上面，注意将主板上的键盘口、鼠标口、串并口等和机箱背面挡片的孔对齐，使所有螺钉对准主板的固定孔，依次把每个螺丝安装好。总之要求主板与底板平行，决不能碰到一起，否则容易造成短路。如图 2-26 所示。

图 2-26 常见立式机箱

（1）固定主板

①将机箱平放在工作台上，先将主板放在底板上面，仔细看清主板的孔位，对应到底板的螺丝孔。

②将主板小心地放到底板上，使机箱底板上所用的固定螺丝对准主板上的固定孔，并把每个螺丝拧紧（不要太紧）固定好，如图 2-27 所示。

图 2-27　固定好的主板

（2）连接主板上的各种信号线

将面板上的各信号线插头连接到主板上各自的端口上，有+/-极性的插座要注意插入方向（一般红线为"+"），如果插反了，指示灯不亮，如图 2-28 所示。

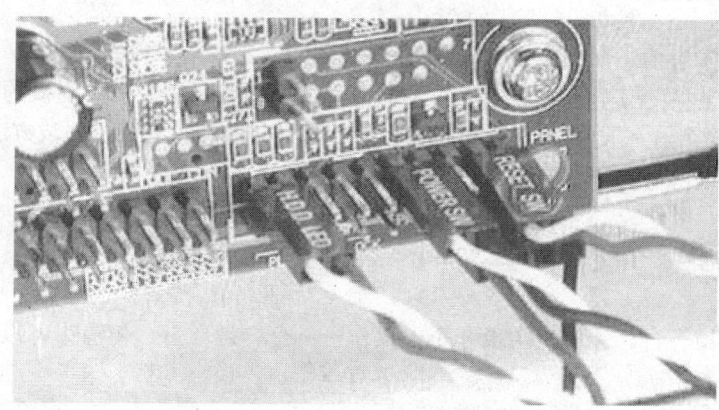

图 2-28　连接主板上的信号线

具体的信号线标识和插线顺序如图 2-29 和图 2-30 所示。

图 2-29　信号线标识图

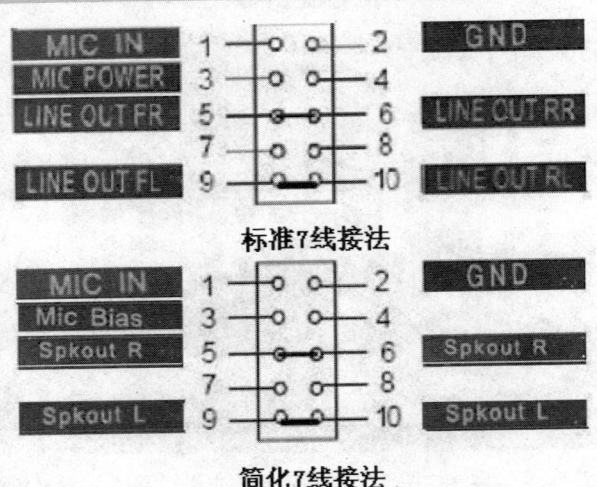

标准7线接法

简化7线接法

图 2-30 信号线插线顺序图

2.4 能力鉴定考核

考核以现场操作为主，知识测试（80%）+现场认知（20%）。

知识考核点：主板的分类，主板芯片组，如何选购合适可行的主板，主板的组成。

现场操作：计算机主板的拆卸方法和要领，主板的安装流程，主板的安装方法，记录所提供主板的名称、型号、规格等完整的清单。

2.5 能力鉴定资源

计算机主机机箱一台、计算机主板一个、操作台一个、螺丝刀、鸭嘴钳、镊子、剪刀、刷子、小盒子。

能力三
认识、选购与拆卸、安装中央处理器的能力

3.1 能力简介

此能力为认识、选购与拆卸、安装中央处理器（CPU），学习完此能力后使学习者了解 CPU 的发展，熟悉 CPU 的性能指标，理解 CPU 的接口方式，了解最新 CPU 型号，熟悉 CPU 的编号意义，能根据用户需求，选购合适可行的 CPU，掌握拆卸、安装 CPU 及其风扇的方法，具有记录有关数据的能力。

3.2 能力知识构成

3.2.1 CPU 的发展

CPU 是计算机系统的核心部件，是整个计算机系统的指挥中心，主要功能是执行系统的指令，进行逻辑运算和控制输入/输出操作指令等。CPU 的性能在很大程度上决定了计算机运行的速度和效率。

从 1971 年世界上第一款 CPU 诞生至今，Intel CPU 从 4004、8086、80286、80386、80486、Pentium、Pentium II 逐步发展到 Pentium III、Pentium 4、64 位处理器、多核处理器。按照其处理信息的字长，CPU 可分为 4 位、8 位、16 位、32 位以及 64 位处理器。生产 CPU 的两大著名厂商是 Intel 和 AMD 公司，Intel 公司在 CPU 方面一直处于绝对优势地位，这里就以 Intel 公司为主线，介绍 CPU 的发展历史。

1. 4 位、8 位处理器

1971 年，Intel 公司推出了世界上第一片微处理器 4004。它能同时处理 4 位数据，如图 3-1 所示。

1972 年，Intel 公司研制出了世界上第二代微处理器 8008，它能同时处理 8 位数据，如图 3-2 所示。1974 年陆续又研制出了 8080、8085 处理器，都属于 8 位处理器。Intel 8085 如图 3-3 所示。

图 3-1　Intel 4004　　　　图 3-2　Intel 8008　　　　图 3-3　Intel 8085

2. 16 位处理器

1978 年，Intel 公司首次生产出 16 位的微处理器，并命名为 8086，如图 3-4 所示。

1979 年，Intel 公司推出了 8088 芯片，它仍属于 16 位微处理器。8088 内部数据总线都是 16 位，外部数据总线是 8 位。1981 年 8088 芯片首次用于 IBM 的 PC 机（个人计算机）中，开创了全新的微机时代。也正是从 8088 开始，PC 机的概念开始在全世界范围内发展起来。

1982 年，Intel 推出了划时代的最新产品 80286 芯片，虽然它仍旧是 16 位结构，但时钟频率由最初的 6MHz 逐步提高到了 20MHz，如图 3-5 所示。

图 3-4　Intel 8086　　　　　　　　图 3-5　Intel 80286

3. 32 位处理器

1985 年，Intel 公司推出了 80386 芯片，它是 80x86 系列中的第一个 32 位处理器，其内部和外部数据总线都是 32 位，地址总线也是 32 位，可寻址高达 4GB 内存，除了标准的 80386 芯片，也就是以前经常说的 80386DX 外，出于不同的市场和应用考虑，Intel 公司又陆续推出了一些其他类型的 80386 芯片，如 80386SL、80386DL 等，如图 3-6 所示。

图 3-6　Intel 80386

1989 年，80486 芯片由 Intel 公司推出，频率从 25MHz 逐步提高到 33MHz、50MHz。80486 是将 80386 和数字协处理器 80387 以及一个 8KB 的高速缓存集成在一个芯片内，并且在 80x86 系列中首次采用了 RISC（精简指令集）技术，可以在一个时钟周期内执行一条指令。1990 年推出了 80486SX，它是 486 类型中的一种低价格机型，其与 80486DX 的区别在于它没有数字协处理器。80486DX2 用了时钟倍频技术，也就是说芯片内部的运行速度是外部总线运行速度的 2 倍，即芯片内部以 2 倍于系统时钟的速度运行，但仍以原有时钟速度与外界通信。80486DX2 的内部时钟频率主要有 40MHz、50MHz、66MHz 等。80486DX4 也是采用了时钟倍频技术的芯片，它允许其内部单元以 2 倍或 3 倍于外部总线的速度运行。为了支持这种提高了的内部工作频率，它的片内高速缓存扩大到 16KB。80486DX4 的时钟频率为 100MHz，如图 3-7 所示。

图 3-7　Intel 80486

Intel 公司在 1993 年推出了 32 位 80586 微处理器，命名为奔腾（Pentium），代号 P54C。奔腾家族里面的频率有 60/66/75/90/100/120/133/150/166/200，CPU 的内部频率则是从 60MHz 到 66MHz 不等。从奔腾 75 开始，CPU 的插座正是从以前的 Socket4 转换到同时支持 Socket5 和 Socket7。

1996 年底推出了多能奔腾 MMX，厂家代号 P55C。这款处理器采用 MMX 技术增强性能。MMX 技术是 Intel 公司最新发明的一项多媒体增强指令集技术，它的英文全称可以翻译为"多媒体扩展指令集"。后来的 SSE、3D NOW!等指令也是从 MMX 发展演变过来的，如图 3-8 所示。

1997 年 5 月，Intel 公司为了获得更大的内部总线带宽，首次推出了 SLOT1 接口奔腾 II，如图 3-9 所示。

图 3-8　Intel 奔腾 MMX

图 3-9　Intel 奔腾 II（SLOT1 接口）

1998 年 Intel 公司全新推出了面向低端市场，性能价格比相当高的 CPU——Celeron（赛扬处理器）。为了降低成本。从 Celeron 300a 开始，Celeron 又重投 Socket 插座的怀抱，但它不是采用奔腾 MMX 的 Socket 7，而是采用了 Socket 370 插座方式，通过 370 个针脚与主板相接，如图 3-10 所示。

图 3-10　Intel Celeron

1999 年初，Intel 公司发布了第三代的奔腾处理器——奔腾 III，更新了名为 SSE 的多媒体指令集，这个指令集在 MMX 的基础上添加了 70 多条新指令，以增强三维和浮点应用，并且可以兼容以前的所有 MMX 程序。如图 3-11 所示，分别是 Socket 370 和 SLOT1 接口的奔腾 III。

2000 年 11 月，Intel 公司发布了旗下第四代的 Pentium 处理器——Pentium 4。第一个 Pentium 4 核心为 willamette，采用全新的 Socket 423 插座，集成 256KB 的二级缓存，支持更为强大的 SSE2 指令集，多达 20 级的超标量流水线，搭配 850/845 系列芯片组，如图 3-12 所示。随后 Intel 公司陆续推出了 1.4GHz～2.0GHz 的 willamette P4 处理器，而后期的 P4 处理器均转到了针脚更多的 Socket 478 插座。在低端 CPU 方面 Intel 公司发布了第三代 Celeron 核心，代号为 tualatin，如图 3-13 所示。

能力三　认识、选购与拆卸、安装中央处理器的能力

图 3-11　Intel 奔腾 III

图 3-12　Intel P4（Socket 423 接口）

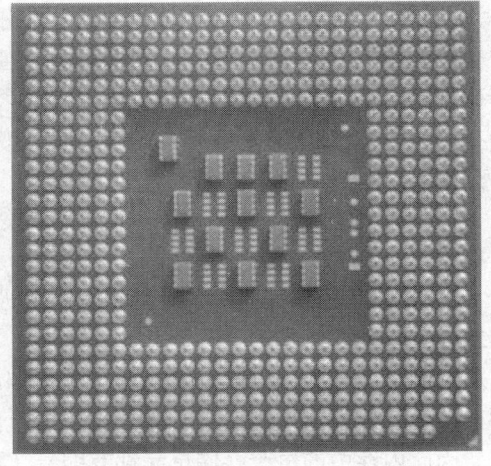

图 3-13　Intel P4（Socket 478 接口）

　　2004 年 6 月，Intel 公司推出了 LGA775 架构的 Pentium 4、CeleronD 及 Pentium 4EE 处理器。从这个时候开始，Intel 公司的 Celeron 系列处理器使用 3XX 来命名，Pentium 4 以 5XX 来命名，Pentium 4 Extreme Edition 以 7XX 来命名。

　　4. 64 位处理器

　　2003 年，AMD 公司推出了新一代 64 位微处理器——Athlon64。2004 年 2 月，Intel 公司也发布推出了支持 64 位运算的 Xeon 处理器，第一次走在了 AMD 公司后面。

　　2005 年 2 月，Intel 公司发布了桌面 64 位处理器，以 6XX 命名。Pentium 4 5XX 系列中也引入了 64 位技术，命名为 Pentium 4 5X1，以后缀 1 来代表。在 CeleronD 中，使用 LGA775 封装。

　　2005 年 4 月，Intel 公司发布了双核处理器。新的桌面双核处理器为 Pentium D（不支持超线程技术）和 Pentium Extreme Edition（支持超线程技术），采用 LGA775 封装。

　　2006 年 7 月，Intel 公司发布了新一代的全新的微架构桌面处理器——Core 2 Duo（酷睿2），

并正式宣布结束 Pentium 时代。Core 2 Duo 处理器有双核、四核之分，是现在市场主流处理器。

3.2.2　CPU 的工作原理

1. CPU 的基本构成

CPU 的内部结构可分为：控制单元、算术逻辑单元、存储单元（包括内部总线和缓冲器）三大部分。

（1）指令高速缓存。是芯片上的指令仓库，这样微处理器就不必停下来查找计算机内存中的指令。这种方式加快了处理速度。

（2）控制单元。它负责整个处理过程。根据来自译码单元的指令，它会生成控制信号，告诉算术逻辑单元（ALU）和寄存器如何运算，对什么进行运算以及怎样对结果进行处理。

（3）算术逻辑单元（ALU）。是芯片的职能部件，能够执行加、减、乘、除等各种命令。此外，它还知道如何读取逻辑命令，如或、与、非。来自控制单元的讯息将告诉算术逻辑单元应该做些什么，然后算术逻辑单元到寄存器中提取数据，以完成任务。

（4）寄存器。是算术逻辑单元（ALU）为完成控制单元请求的任务所使用的数据的小型存储区域（数据可以来自高速缓存、内存、控制单元）。

（5）预取单元。根据命令或将要执行的任务决定，何时开始从指令高速缓存或计算机内存中获取数据和指令。当指令到达时，预取单元最重要的任务是确保所有指令均按正确的排列，以发送到译码单元。

（6）数据高速缓存。存储来自译码单元专门标记的数据，以备算术逻辑单元使用，同时还准备了分配到计算机不同部分的最终结果。

（7）译码单元。是将复杂的机器语言指令解译为算术逻辑单元（ALU）和寄存器能够理解的简单格式。

（8）总线单元。是指令从计算机内存流进和流出处理器的地方。

2. CPU 的工作原理

从控制单元开始，CPU 就开始了正式工作，中间的过程是通过算术逻辑单元来进行运算处理，交到存储单元代表工作结束。首先，指令指针会通知 CPU，将要执行的指令放置在内存中的存储位置。因此内存中的每个存储单元都有编号（称为地址），可以根据这些地址把数据取出，通过地址总线送到控制单元中，指令译码器从指令寄存器 IR 中拿来指令，翻译成 CPU 可以执行的形式，然后决定完成该指令需要哪些必要的操作，它将告诉算术逻辑单元（ALU）什么时候计算，告诉指令读取器什么时候取数值，告诉指令译码器什么时候翻译指令等。

根据对指令类型的分析和特殊状态的需要，CPU 设置了六种工作周期，分别用六个触发器来表示它们的状态，任一时刻只允许一个触发器为 1，表示 CPU 所处周期状态，即指令执行过程中的某个阶段。

（1）取指周期（FC）。CPU 在 FC 中完成取指所需要的操作。每条指令都必须经历取指周期 FC，在 FC 中完成的操作是与指令操作码无关的公共操作。但 FC 结束后转向哪个周期则与本周期中取出的指令类型有关。

（2）源周期（SC）。CPU 在 SC 中完成取源操作数所需的操作。如指令需要源操作数，则进入 SC。在 SC 中根据指令寄存器 IR 的源地址信息，形成源地址，读取源操作数。

（3）目的周期（DC）。如果 CPU 需要获得目的操作数或形成目的地址，则进入 DC。在 DC

中根据 IR 中的目的地址信息进行相应操作。

（4）执行周期（EC）。CPU 在取得操作数后，则进入 EC，这也是每条指令都经历的最后一个工作阶段。在 EC 中将依据 IR 中的操作码执行相应操作，如传递、算术运算、逻辑运算、形成转移地址等。

（5）中断响应周期（IC）。CPU 除了考虑指令正常执行，还应考虑对外部中断请求的处理。CPU 在响应中断请求后，进入中断响应周期 IC。在 IC 中将直接依靠硬件进行保存断点、关中断、转到中断服务程序入口等操作，IC 结束转入取指周期，开始执行中断服务程序。

（6）DMA 传送周期（DMAC）。CPU 响应 DMA 请求后，进入 DMAC，CPU 交出系统总线的控制权，由 DMA 控制器控制系统总线，实现主存与外设之间的数据直接传送。因此对 CPU 来说，DMAC 是一个空操作周期。CPU 控制流程描述了工作周期状态变化情况。

为了简化控制器逻辑，限制在一条指令结束时判断有无 DMA 请求，将插入 DMAC；如果在一个 DMAC 结束前又提出新的 DMA 请求，则连续安排若干 DMA 传送周期。

如果没有 DMA 请求，则继续判断有无中断请求，若有则进入 IC。在 IC 中完成需要的操作后进入新的 FC，这表明进入中断服务程序。

3.2.3 CPU 的主要技术参数

1. 位、字节和字长

（1）位。二进制数系统中，每个 0 或 1 就是一位（bit），位是表示电子信号的最小单位，常用英文小写字母 b 表示。

（2）字节。一个字节（Byte）是由 8 个位所组成，可代表一个字符（A～Z）、数字（0～9）或符号（, , 、 ? ! 、 % 、 & 、 + 、 _ 、 * 、 /），是数据存储的基本单位，常用英文字母 B 表示。

$$1Byte=8bit \qquad 1KB=1024Byte$$

（3）字长。字长是指 CPU 在单位时间内能一次处理的二进制数的位数。能处理字长为 8 位数据的 CPU 通常就叫 8 位的 CPU。同样 32 位的 CPU 就能在单位时间内处理字长为 32 位的二进制数据。当前的 CPU 大都是 32 位的 CPU，但是字长的增加是 CPU 发展的一个趋势。AMD 公司已推出 64 位的 CPU——Athlon64。

2. 主频

主频也叫时钟频率，单位是 MHz 或 GHz，用来表示 CPU 的运算速度。CPU 的主频等于外频×倍频系数。很多人以为 CPU 主频指的是 CPU 运行的速度，实际上这个认识是很片面的。CPU 主频表示在 CPU 内数字脉冲信号震荡的速度，与 CPU 实际的运算能力是没有直接关系的。当然，主频和实际的运算速度是有关的，但是目前还没有一个确定的公式能够实现两者之间的数值关系，而且 CPU 的运算速度还要看 CPU 的流水线的各方面的性能指标。由于主频并不直接代表运算速度，所以在一定情况下，很可能会出现主频较高的 CPU 实际运算速度较低的现象。因此主频仅仅是 CPU 性能表现的一个方面，而不代表 CPU 的整体性能。

3. 外频

外频是 CPU 的基准频率，单位也是 MHz。外频是 CPU 与主板之间同步运行的速度，而且目前的绝大部分计算机系统中外频也是内存与主板之间的同步运行的速度，在这种方式下，可以理解为 CPU 的外频直接与内存相连通，实现两者间的同步运行状态。外频和前端总线（FSB）频率很容易被混为一谈。

4. 前端总线（FSB）频率

前端总线（FSB）频率（即总线频率）直接影响 CPU 与内存间数据交换速度。由于数据传输最大带宽取决于所有同时传输的数据的宽度和传输频率，即数据带宽=（总线频率×数据带宽）/8。外频与前端总线（FSB）频率的区分：前端总线的速度指的是数据传输的速度，外频是 CPU 与主板之间同时运行的速度。也就是说，100MHz 外频指数字脉冲信号在每秒钟震荡一千万次；而 100MHz 前端总线指的是每秒钟 CPU 可接收的数据传输量是：

$$100MHz \times 64bit \div 8Byte/bit = 800MB/s$$

5. 倍频系数

倍频系数是指 CPU 主频与外频之间的相对比例关系。在相同的外频下，倍频越高，CPU 的频率也越高。但实际上，在相同外频的前提下，高倍频的 CPU 本身意义并不大。这是因为 CPU 与系统之间数据传输速度是有限的，一味追求高倍频而得到高主频的 CPU 就会出现明显的"瓶颈"效应——CPU 从系统中得到数据的极限速度不能够满足 CPU 运算的速度。

6. 缓存

缓存是指可以进行高速数据交换的存储器，它先于内存与 CPU 交换数据，因此速度很快。L1 Cache（一级缓存）是 CPU 第一层高速缓存。内置 L1 高速缓存的容量和结构对 CPU 的性能影响较大，不过高速缓存存储器均由静态 RAM 组成，结构较复杂，在 CPU 管芯面积不能太大的情况下，L1 级高速缓存的容量不可能做得太大。一般 L1 缓存的容量通常在 32～256KB。

L2 Cache（二级缓存）是 CPU 的第二层高速缓存，分内部和外部两种芯片。内部的芯片二级缓存运行速度与主频相同，而外部的二级缓存则只有主频的一半。L2 高速缓存容量也会影响 CPU 的性能，原则是越大越好，现在家庭用 CPU 容量最大的是 512KB，而服务器和工作站用 CPU 的 L2 高速缓存更高达 1～3MB。

7. CPU 扩展指令集

CPU 扩展指令集指的是 CPU 增加的多媒体或者 3D 处理指令，这些扩展指令可以提高 CPU 处理多媒体和 3D 图形的能力。著名的有 MMX（多媒体扩展指令）、SSE（因特网数据流单指令扩展）和 3D Now!指令集。

8. CPU 内核和 I/O 工作电压

从 586 CPU 开始，CPU 的工作电压分为内核电压和 I/O 电压两种。其中内核电压的大小是根据 CPU 的生产工艺而定，一般制作工艺越小，内核工作电压越低；I/O 电压一般都在 1.6～3V。低电压能解决耗电过大和发热过高的问题。

9. 制造工艺

指在硅材料上生产 CPU 时内部各元器材的连接线宽度，一般用μm 表示。μm 值越小，制作工艺越先进，CPU 可以达到的频率越高，集成的晶体管就可以更多。目前 Intel 的 P4 和 AMD 的 XP 都已经达到了 0.13μm 的制作工艺，以后将达到 0.09μm 的制作工艺。

10. 协处理器

协处理器主要的功能是负责浮点运算。在 486 以前的 CPU 内没有内置协处理器。现在 CPU 的浮点运算（协处理器）往往对多媒体指令进行优化（如：Intel 的 Pentium MMX CPU 的 MMX 指令集和最新 Pentium 4 全新的 SSE2 指令集）。

11. 超标量流水线技术

流水线：在 CPU 中由 5～6 个不同功能的电路单元组成一条指令处理流水线，然后将一条 X86

指令分成 5~6 步后再由这些电路单元分别执行,这样就能实现在一个 CPU 时钟周期完成多条指令,因此提高 CPU 的运算速度。

超标量流水线:指某类型 CPU 内部的流水线超过通常的 5~6 步以上。

超标量:是指在一个时钟周期内 CPU 可以执行一条以上的指令。

12. 乱序执行和分支预测

乱序执行:是指 CPU 采用了允许将多条指令不按程序规定的顺序分开发送给各电路单元处理的技术。

分支:是指程序运行时需要改变的节点,分支又分为:无条件分支和有条件分支。无条件分支只需 CPU 按指令顺序执行,有条件分支必须根据处理结果再决定程序运行方向是否改变。因此需要"分支预测"技术处理的是条件分支。

3.2.4 CPU 的新技术

1. 制造工艺

制造工艺的μm 是指 IC 内电路与电路之间的距离。制造工艺的趋势是向密集度愈高的方向发展。密度愈高的 IC 电路设计,意味着在同样面积大小的 IC 中,可以拥有密度更高、功能更复杂的电路设计。现在主要的制造工艺有 180nm、130nm、90nm、65nm、45nm。最近 Intel 已经有 32nm 的制造工艺的酷睿 i3/i5 系列了。

而 AMD 公司则表示,自己的产品将会直接跳过 32nm 工艺(2010 年第三季生产了少许 32nm 产品,如 Orochi、Llano),直接进入到 28nm 的产品。

2. 指令集

(1) CISC 指令集

CISC 指令集,也称为复杂指令集,英文名是 CISC(Complex Instruction Set Computer 的缩写)。在 CISC 微处理器中,程序的各条指令是按顺序串行执行的,每条指令中的各个操作也是按顺序串行执行的。顺序执行的优点是控制简单,但计算机各部分的利用率不高,执行速度慢。其实它是 Intel 公司生产的 X86 系列(也就是 IA-32 架构)CPU 及其兼容 CPU,如 AMD、VIA 的指令集。即使是现在新型的 X86-64(也被称为 AMD 64)都是属于 CISC 的范畴。

要知道什么是指令集还要从当今的 X86 架构的 CPU 说起。X86 指令集是 Intel 公司为其第一块 16 位 CPU(i8086)专门开发的,IBM 公司 1981 年推出的世界第一台 PC 机中的 CPU——i8088(i8086 简化版)使用的也是 X86 指令,同时计算机中为提高浮点数据处理能力而增加了 X87 芯片,以后就将 X86 指令集和 X87 指令集统称为 X86 指令集。

虽然随着 CPU 技术的不断发展,Intel 公司陆续研制出更新型的 i80386、i80486 直到 Pentium II 至强、Pentium III 至强、Pentium 4 系列,最后到今天的酷睿 2 系列、至强(不包括至强 Nocona),但为了保证计算机能继续运行以往开发的各类应用程序以保护和继承丰富的软件资源,所以 Intel 公司所生产的所有 CPU 仍然继续使用 X86 指令集,所以它的 CPU 仍属于 X86 系列。由于 Intel X86 系列及其兼容 CPU(如 AMD Athlon MP)都使用 X86 指令集,所以就形成了今天庞大的 X86 系列及兼容 CPU 阵容。X86 CPU 目前主要有 Intel 的服务器 CPU 和 AMD 的服务器 CPU 两类。

(2) RISC 指令集

RISC 是英文 Reduced Instruction Set Computing 的缩写,中文意思是"精简指令集"。它是在 CISC 指令系统基础上发展起来的,有人对 CISC 进行测试表明,各种指令的使用频度相当悬殊,最常使用的是一些比较简单的指令，它们仅占指令总数的 20%，但在程序中出现的频度却占 80%。复杂的指令系统必然增加微处理器的复杂性，使处理器的研制时间长，成本高。并且复杂指令需要复杂的操作，必然会降低计算机的速度。基于上述原因，20 世纪 80 年代 RISC 型 CPU 诞生了，相对于 CISC 型 CPU，RISC 型 CPU 不仅精简了指令系统，还采用了一种叫做"超标量和超流水线结构"，大大增加了并行处理能力。RISC 指令集是高性能 CPU 的发展方向。它与传统的 CISC（复杂指令集）相对。相比而言，RISC 的指令格式统一，种类比较少，寻址方式也比复杂指令集少，当然处理速度就提高很多了。目前在中高档服务器中普遍采用这一指令系统的 CPU，特别是高档服务器全都采用 RISC 指令系统的 CPU。RISC 指令系统更加适合高档服务器的操作系统 UNIX，现在 Linux 也属于类似 UNIX 的操作系统。RISC 型 CPU 与 Intel 和 AMD 的 CPU 在软件和硬件上都不兼容。

目前，在中高档服务器采用 RISC 指令的 CPU 主要有以下几类：PowerPC 处理器、SPARC 处理器、PA-RISC 处理器、MIPS 处理器、Alpha 处理器。

3. IA-64

EPIC（Explicitly Parallel Instruction Computers，精确并行指令计算机）是否是 RISC 和 CISC 体系的继承者的争论已经有很多，单以 EPIC 体系来说，它更像 Intel 的处理器迈向 RISC 体系的重要步骤。从理论上说，EPIC 体系设计的 CPU，在相同的主机配置下，处理 Windows 的应用软件比基于 UNIX 下的应用软件要好得多。

Intel 采用 EPIC 技术的服务器 CPU 是安腾 Itanium（开发代号为 Merced）。它是 64 位处理器，也是 IA-64 系列中的第一款。微软也已开发了代号为 Windows 64 的操作系统，在软件上加以支持。在 Intel 采用了 X86 指令集之后，它又转而寻求更先进的 64 位微处理器，Intel 这样做的原因是，它想摆脱容量巨大的 X86 架构，从而引入功能强大的指令集，于是采用 EPIC 指令集的 IA-64 架构便诞生了。IA-64 在很多方面来说，都比 X86 有了长足的进步，突破了传统 IA32 架构的许多限制，在数据的处理能力，系统的稳定性、安全性、可用性、可伸缩性等方面获得了突破性的提高。

IA-64 微处理器最大的缺陷是它们缺乏与 X86 的兼容，而 Intel 为了 IA-64 处理器能够更好地运行两个时代的软件，它在 IA-64 处理器上（Itanium、Itanium2……）引入了 X86-to-IA-64 的解码器，这样就能够把 X86 指令翻译为 IA-64 指令。这个解码器并不是最有效率的解码器，也不是运行 X86 代码的最好途径（最好的途径是直接在 X86 处理器上运行 X86 代码），因此 Itanium 和 Itanium2 在运行 X86 应用程序时的性能非常糟糕。这也成为 X86-64 产生的根本原因。

4. X86-64（AMD64/EM64T）

X86-64 是 AMD 公司设计，可以在同一时间内处理 64 位的整数运算，并兼容于 X86-32 架构。其中支持 64 位逻辑寻址，同时提供转换为 32 位寻址选项；但数据操作指令默认为 32 位和 8 位，提供转换成 64 位和 16 位的选项；支持常规用途寄存器，如果是 32 位运算操作，就要将结果扩展成完整的 64 位。这样，指令中有"直接执行"和"转换执行"的区别，其指令字段是 8 位或 32 位，可以避免字段过长。

X86-64（也叫 AMD64）的产生也并非空穴来风，X86 处理器的 32 位寻址空间限制在 4GB 内存，而 IA-64 的处理器又不能兼容 X86。AMD 公司充分考虑顾客的需求，加强 X86 指令集的功能，使这套指令集可同时支持 64 位运算模式，因此 AMD 公司把它们的结构称之为 X86-64。技术上在 X86-64 架构中为了进行 64 位运算，AMD 为其引入了新增的 R8～R15 通用寄存器作为原有 X86 处理器寄存器的扩充，而在 32 位环境下并不完全使用到这些寄存器。原来的寄存器诸如 EAX、EBX

也由 32 位扩张至 64 位运算，在 SSE 单元中新加入了 8 个寄存器以提供对 SSE2 的支持。寄存器数量的增加将带来性能的提升。与此同时，为了同时支持 32 位和 64 位代码及寄存器，X86-64 架构允许处理器工作在以下两种模式：Long Mode（长模式）和 Legacy Mode（遗传模式），长模式又分为两种子模式（64 位模式和兼容模式）。该标准已经被引进到 AMD 服务器处理器的 Opteron 处理器中。

Intel 也推出了支持 64 位的 EM64T 技术，在还没被正式命名为 EM64T 之前是 IA32E，这是英特尔 64 位扩展技术的名字，用来区别 X86 指令集。Intel 的 EM64T 支持 64 位子模式，AMD 的 X86-64 技术类型，采用 64 位的线性平面寻址，加入 8 个新的通用寄存器（GPR），还增加了 8 个寄存器支持 SSE 指令。与 AMD 相类似，Intel 的 64 位技术将兼容 IA32 和 IA32E，只有在运行 64 位操作系统的时候，才会采用 IA32E。IA32E 将由 2 个子模式组成：64 位子模式和 32 位子模式，同 AMD64 一样是向下兼容的。Intel 的 EM64T 将完全兼容 AMD 的 X86-64 技术。现在 Nocona 处理器已经加入了一些 64 位技术，Intel 的 Pentium 4E 处理器也支持 64 位技术。

应该说，这两者都是兼容 X86 指令集的 64 位微处理器架构，但 EM64T 与 AMD64 还是有一些不一样的地方，AMD64 处理器中的 NX 位在 Intel 的处理器中没有提供。

5. 超流水线与超标量

在解释超流水线与超标量前，先了解流水线（Pipeline）。流水线是 Intel 首次在 486 芯片中开始使用的。流水线的工作方式就像工业生产上的装配流水线。在 CPU 中由 5～6 个不同功能的电路单元组成一条指令处理流水线，然后将一条 X86 指令分成 5～6 步后再由这些电路单元分别执行，这样就能实现在一个 CPU 时钟周期完成一条指令，因此提高 CPU 的运算速度。经典奔腾每条整数流水线都分为四级流水线，即指令预取、译码、执行、写回结果，浮点流水线又分为八级流水线。

超标量是通过内置多条流水线来同时执行多个处理器，其实质是以空间换取时间。而超流水线是细化流水，提高主频，使得在一个机器周期内完成一个甚至多个操作，其实质是以时间换取空间。例如 Pentium 4 的流水线就长达 20 级。将流水线设计的步（级）越长，其完成一条指令的速度越快，因此才能适应工作主频更高的 CPU。但是流水线过长也带来了一定的副作用，很可能会出现主频较高的 CPU 实际运算速度较低的现象，Intel 的奔腾 Pentium 4 就出现了这种情况，虽然它的主频可以高达 1.4G 以上，但其运算性能却远远比不上 AMD 1.2G 的速度甚至 Pentium III。

6. 封装形式

CPU 封装是采用特定的材料将 CPU 芯片或 CPU 模块固化在其中以防损坏的保护措施，一般必须在封装后 CPU 才能交付用户使用。CPU 的封装方式取决于 CPU 安装形式和器件集成设计，从大的分类来看通常采用 Socket 插口进行安装的 CPU 使用 PGA（栅格阵列）方式封装，而采用 Slot x 槽安装的 CPU 则全部采用 SEC（单边接插盒）的形式封装。现在还有 PLGA（Plastic Land Array）、OLGA（Organic Land Grid Array）等封装技术。由于市场竞争日益激烈，目前 CPU 封装技术的发展方向以节约成本为主。

7. 多线程

同时多线程（Simultaneous Multithreading），简称 SMT。SMT 可通过复制处理器上的结构状态，让同一个处理器上的多个线路同步执行并共享处理器的执行资源，可最大限度地实现宽发射、乱序的超标量处理，提高处理器运算部件的利用率，缓和由于数据相关或 Cache 未命中带来的访问内存延时，当没有多个线路可用时，SMT 处理器几乎和传统的宽发射超标量处理器一样。SMT 最具吸引力的是只需小规模改变处理器核心的设计,几乎不用增加额外的成本就可以显著地提升效能。多线程技术则可以为高速的运算核心准备更多的待处理数据,减少运算核心的闲置时间。这对于桌面低端系统来说无疑十分具有吸引力。Intel 从 3.06GHz Pentium 4 开始,所有处理器都将支持 SMT 技术。

8. 多核心

多核心,也指单芯片多处理器(Chip Multiprocessors,简称 CMP)。CMP 是由美国斯坦福大学提出的,其思想是将大规模并行处理器中的 SMP(对称多处理器)集成到同一芯片内,各个处理器并行执行不同的进程。与 CMP 比较,SMT 处理器结构的灵活性比较突出。但是,当半导体工艺进入 0.18μm 以后,线延时已经超过了门延迟,要求微处理器的设计通过划分许多规模更小、局部性更好的基本单元结构来进行。相比之下,Power 4 芯片和 Sun 的 MAJC 5200 芯片都采用了 CMP 结构。多核处理器可以在处理器内部共享缓存,提高缓存利用率,同时简化多处理器系统设计的复杂度。Intel 和 AMD 的新型处理器也将融入 CMP 结构。新安腾处理器开发代码为 Montecito,采用双核心设计,拥有最少 18MB 片内缓存,采取 90nm 工艺制作,它的设计绝对称得上是对当今芯片业的挑战。它的每个单独的核心都拥有独立的 L1、L2 和 L3 Cache,包含大约 10 亿支晶体管。

9. SMP

SMP(Symmetric Multi-Processing),对称多处理结构的简称,是指在一个计算机上汇集了一组处理器(多 CPU),各 CPU 之间共享内存子系统以及总线结构。在这种技术的支持下,一个服务器系统可以同时运行多个处理器,并共享内存和其他的主机资料。像双至强,也就是所说的 2 路,这是在对称处理器系统中最常见的一种(至强 MP 可以支持到 4 路,AMD Opteron 可以支持 1~8 路)。也有少数是 16 路的。但是一般来讲,SMP 结构的机器可扩展性较差,很难做到 100 个以上多处理器,常规的一般是 8~16 个,不过这对于多数的用户来说已经够用了。在高性能服务器和工作站级主板架构中最为常见,像 UNIX 服务器可支持最多 256 个 CPU 系统。

构建一套 SMP 系统的必要条件是:支持 SMP 的硬件包括主板和 CPU,支持 SMP 的系统平台,再就是支持 SMP 的应用软件。为了能够使得 SMP 系统发挥高效的性能,操作系统必须支持 SMP 系统,如 Windows NT、Linux 以及 UNIX 等 32 位操作系统。即能够进行多任务和多线程处理。多任务是指操作系统能够在同一时间让不同的 CPU 完成不同的任务;多线程是指操作系统能够使得不同的 CPU 并行地完成同一个任务。

要组建 SMP 系统,对所选的 CPU 有很高的要求,首先,CPU 内部必须内置 APIC(Advanced Programmable Interrupt Controllers)单元。Intel 多处理规范的核心就是高级可编程中断控制器(Advanced Programmable Interrupt Controllers,APICs)的使用;再次,相同的产品型号,同样类型的 CPU 核心,完全相同的运行频率;最后,尽可能保持相同的产品序列编号,因为两个生产批次的 CPU 作为双处理器运行的时候,有可能会发生一个 CPU 负担过高,而另一个负担很少的情况,无法发挥最大性能,更糟糕的是可能导致死机。

10. NUMA 技术

NUMA,即非一致访问发布共享存储技术,它是由若干通过高速专用网络连接起来的独立节点构成的系统,各个节点可以是单个的 CPU 或是 SMP 系统。在 NUMA 中,Cache 的一致性有多种解决方案,需要操作系统和特殊软件的支持。现以 Sequent 公司 NUMA 系统为例。这里有 3 个 SMP 模块用高速专用网络连起来,组成一个节点,每个节点可以有 12 个 CPU。Sequent 的系统最多可以达到 64 个 CPU 甚至 256 个 CPU。显然,这是在 SMP 的基础上,再用 NUMA 的技术加以扩展，是这两种技术的结合。

11. 乱序执行技术

乱序执行（Out-of-orderexecution），是指 CPU 允许将多条指令不按程序规定的顺序分开发送给各相应电路单元处理的技术。这样将根据各电路单元的状态和各指令能否提前执行的具体情况分析后，将能提前执行的指令立即发送给相应电路单元执行，在这期间不按规定顺序执行指令，然后重新排列单元，将各执行单元结果按指令顺序重新排列。采用乱序执行技术的目的是为了使 CPU 内部电路满负荷运转并相应提高了 CPU 的运行程序的速度。分支（Branch）指令进行运算时需要等待结果，一般无条件分支只需要按指令顺序执行，而条件分支必须根据处理后的结果，再决定是否按原先顺序进行。

12. CPU 内部的内存控制器

许多应用程序拥有更为复杂的读取模式（几乎是随机地，特别是当缓存命中不可预测的时候），并且没有有效地利用带宽。这类应用程序典型的就是业务处理器软件，即使拥有乱序执行这样的 CPU 特性，也会受内存延迟的限制。这样 CPU 必须得等到运算所需数据被装载完成才能执行指令（无论这些数据来自 CPU Cache 还是主内存系统）。当前系统的内存延迟大约是 120～150ns，而 CPU 速度则达到了 3GHz 以上，一次单独的内存请求可能会浪费 200～300 次 CPU 循环。即使在缓存命中率（Cache Hit Rate）达到 99%的情况下，CPU 也可能会花 50%的时间来等待内存请求的结束，比如因为内存延迟的缘故。

可以看到 Opteron 整合的内存控制器，它的延迟与芯片组支持双通道 DDR 内存控制器的延迟相比来说，是要低很多的。Intel 也按照计划的那样在处理器内部整合内存控制器，这样导致北桥芯片将变得不那么重要。但改变了处理器访问主存的方式，有助于提高带宽、降低内存延时和提升处理器性能。

3.2.5 CPU 风扇的主要技术参数

1. 风扇功率

风扇功率是影响风扇散热效果的一个重要条件，一般情况下，功率越大，风扇的风力越强劲，散热效果越好。

风扇的功率=12V×电流。

2. 风扇转速

转速的大小直接影响到风扇功率的大小。风扇的转速越高，它向 CPU 输送的风量就越大，冷却效果越好。

选择 CPU 风扇时，应根据 CPU 的发热量决定，最好选择转速在 3500～5200rpm 之间的风扇。

3. 风扇口径

在允许范围内，风扇口径越大，出风量也就越大，风力作用面也就越大。

4. 散热片材料

（1）散热片的作用。是扩展 CPU 表面积，从而提高 CPU 的热量散发速度。

（2）导热性能较好的材料。如黄金、银、铜、铝。

5. 散热片的形状

（1）普通的散热片。是多了几个叶片的"韭"字形。

（2）高档的散热片。使用铝模经过车床车削而成，车削后的形状呈多个齿状柱体。

6. 风扇噪声

功率越大，转速也就越快，噪声也越大。

（1）含油轴承式风扇。一般低价的风扇，噪声较小，散热效果满足要求，使用寿命不长。

（2）滚珠轴承式风扇。在中、高档产品使用，具有更好的散热效果，噪声稍大，价格略高。

3.3 能力技能操作

3.3.1 职业素养要求

（1）严禁带电操作，观察硬件时一定要把 220V 的电源线插头拔掉。

（2）爱护计算机的各个部件，轻拿轻放，切忌鲁莽操作。

（3）防止茶水、饮料洒落在 CPU 上，避免汗水滴落在 CPU 上，尤其注意有汗水的手不要接触 CPU 的接脚。

（4）积极自主学习和扩展知识面的能力。

3.3.2 选购 CPU

1. CPU 选购原则

（1）认清需求，看清定位，结合自己的应用情况和财力综合考虑，做出合理选择。CPU 没有必要一味地追求高频高能，选择什么样的 CPU 首先考虑自己的计算机用途。如果只是简单的上网，欣赏音乐，玩玩小游戏这些普通应用，那么，低端赛扬就足够了。因为在低端应用中，高端的酷睿并不会有优于赛扬的表现。如果消费者在这个时候购买昂贵的酷睿，虽然心理可以得到一定的满足，但是实际使用起来，并不会比赛扬有任何优势，那么，为了购买酷睿所付出的巨大金钱投入实际上就白白浪费掉了。

（2）货比三家。货比三家是在对产品和市场不熟悉的情况下，最行之有效的方法，而且还能进一步比较价格高低。另外当某一商家做了新的推荐后，还可以借口"再转一下"去验证一下正确性，如果推荐的新产品确实超值，这时就可以购买了。

2. CPU 选购注意问题

（1）散装 CPU 与盒装 CPU 的比较

从技术角度而言，散装和盒装 CPU 并没有本质区别，至少在质量上和性能上不存在优劣的问题，更不可能有假冒的 CPU（没有厂商能假冒如此高科技的产品），但可能出现打磨过后以低频充当高频 CPU。对于 CPU 厂商而言，其产品安装供应方式可以分两类：一类供应给品牌机厂商，另一类供应给零售市场。面向零售市场的产品大部分为盒装产品。从理论上说，盒装和散装产品在性能、稳定性以及可超频潜力方面不存在任何差距，唯一的差别就是质保。

一般而言，盒装 CPU 保修期要长一些（通常为三年），而且附带有一个质量较好的散热风扇，因此往往受到广大消费者的喜爱。然而这并不意味着散装 CPU 就没质保，只要选择信誉较好的代理商，一般都能得到为期一年的常规保修时间。事实上，CPU 并不存在保修的概念，此时的保修等于是保换，因此不必担心散装的质保水准会有任何问题。

- Intel CPU

正品的盒装 Intel CPU 一般采用 AVC 或者 Sanyo 的散热器，而零售市场的不少散热器也拥有很不错的品质，无论是噪音控制还是散热效果都不会逊色。只要 CPU 做好散热器工作，那么稳定运行肯定毫无问题，而且以目前的制作工艺，一般 CPU 是很少损坏的，多出来的两年保修期时间并没有太大诱惑力。

部分追求安心的用户可能还是更加倾向于盒装 CPU，那么就应当在选购时多加注意。真正的盒装 CPU 由 Intel 负责三年的质保，而所谓的一年质保的盒装产品全是由散装产品仿冒。略微有些遗憾的是，目前 Intel 的盒装 CPU 并没有像 AMD 那样采取十分有效的防伪措施，用户只能通过自己的仔细观察去辨别。正规盒装产品外包装的上下两个塑料壳是通过穿孔热封的方式粘合起来的，打开时非常麻烦，而假货省略了这个步骤，直接用胶布、胶水或者用订书机来固定。此外，拨打 800 电话然后对照风扇上的序列号也是检验方法之一，不过这也并非是万无一失。

- AMD CPU

AMD 的盒装 CPU 大多采用 AVC 风扇，而且提供三年质保。但是对于超频用户而言，一般不推荐购买盒装产品。退一步来讲，即便是盒装 CPU，如果在超频过程中导致 CPU 损坏，而且核心有烧毁痕迹，那么此时依旧得不到保修。在一般情况下，CPU 的损坏不外乎核心过热或者物理损伤，真正的内部故障非常罕见，因此综合性价比来看，散装产品无疑更胜一筹。此外盒装 CPU 所搭配的散热器一般是适合在不超频的状态工作，而且以后很难更换风扇。如果用户需要超频的话，那么选购盒装产品或许不是明智之举。

当然，选择盒装产品能够让人更加安心，不是每一个用户都会频繁地更换设备，此时盒装产品所提供的长时间质保以及稳定的散热器确实很具吸引力。

（2）鉴别 CPU

无论是 Intel 还是 AMD 的 CPU，盒装产品的渠道都令人十分担忧。以 Intel CPU 为例，市场上大部分盒装产品都是假冒的。所谓的假冒盒装不外乎是两种情况：散装 CPU 和原装 CPU 散热器封装在一起，或者直接使用伪劣的假冒散热器与 CPU 黏合。相对而言，后一种情况更为明显，因为现在市场上的盒装产品几乎见不到真正的原装散热器，其渠道的确令人生疑。假冒的散热器对 CPU 寿命有较大影响。AMD CPU 同样存在这样的问题。

下面以 Intel 为例，讲述鉴别真假 CPU 的一些经验。

- 看包装正面

真盒处理器包装正面的 Intel LOGO 采用了与包装盒不同的材质，并且触摸之后有明显的凸出感。包装盒整体的手感比较光滑细腻，没有粗糙感，并且大多数情况下在醒目的位置会贴有代理商的标志。在中国内地 Intel 共有四家授权的总代理，分别是联强国际、英迈国际、世平国际和神州数码，每家的标志都不相同，但是价格和售后服务则几乎一致，用户在购买的时候不必过分强调产品为哪个代理的问题。

假盒处理器包装正面的 LOGO 并没有凸出，而且颜色相对黯淡，反光部分明显为印刷上去的效果。另外假盒包装所采用的纸质要粗糙很多，触摸之后有颗粒感，而且假盒几乎不会贴有代理商的标志。

- 看产品标签

盒装处理器都会在侧面印上处理器规格参数的产品标签，真盒处理器的标签，字样清晰，没有丝毫模糊感觉；右上角的钥匙标志可以随观察角度不同而改变颜色，由"蓝"到"紫"进行颜色的变化；在左侧的激光防伪区，与产品标签为一体印刷，中间没有断开。

假盒方面，新老两种包装的产品标签并没有明显的不同，相比真盒，其字体明显要粗一些，而且模糊不清；右侧的钥匙标志部分，目前假盒和真盒的区别不大，很难通过这点来判断；而在左侧的防伪区部分，若单纯看防伪标志本身，也很难分出真假，但是如果注意看，可以明显看出假盒的为手工拼接而成。

- 看包装封口

真盒和假盒在包装封口上也有明显的不同，假盒处理器的封口标签比较光滑，而真盒的封口标签表面则明显粗糙一些，而且带有颗粒感；在字体方面，假盒要比较纤细，真盒则粗多了，而且颜色也要更鲜艳一些。

若打开包装的话，还可以通过其密封胶条来判断真假，真盒的密封胶条在撕开的过程中不会断裂，而假盒的则由于用普通胶水粘贴的原因，几乎"一撕就断"。

- 看压制点

真盒处理器的包装是由机器来完成的，而假盒则为手工，这一点的区别在包装侧面的压制圆点上可以明显地感觉到区别。真盒处理器的圆点可以看出机器压制的痕迹，除了四个连接点，其余部分处于断开状态，可以方便用户打开包装。假盒处理器方面，每个圆点都处于半断开状态，做工明显粗糙很多。

3. CPU风扇的选购要点

（1）风扇功率

风扇功率是影响风扇散热效果的一个很重要的条件，功率越大，通常风扇的风力也越强劲，散热的效果也越好。而风扇的功率与风扇的转速又是直接联系在一起的，也就是说风扇的转速越高，风扇也就越强劲有力。目前一般计算机市场上出售的风扇都是直流12V的，功率则大小不等，这其中的功率大小就需要根据CPU发热量来选择了，理论上选择功率略大的更好一些，因为这种风扇的转速要高一些。但不能片面强调高功率，需要同计算机本身的功率相匹配，如果功率过大，不但不能起到很好的冷却效果，反而可能会加重计算机的工作负荷，从而会产生恶性循环，最终缩短了CPU风扇的寿命。因此，在选择CPU风扇功率大小的时候，应该遵循够用原则。

（2）风扇口径

该性能参数对风扇的出风量也有直接的影响，它表示在允许的范围之内风扇的口径越大，那么风扇的出风量也就越大，风力效果的作用面也就越大。通常在主机箱内预留位置是安装8cm×8cm的轴流风扇，如果不在标准位置安装则没有这个限制，那么这时可以选择稍微大一点的尺寸的风扇。选择的风扇口径一定要与自己计算机机箱结构相协调，保证风扇不影响计算机其他设备的正常工作，以及保证计算机机箱中有足够的自由空间来方便拆卸其他配件。

（3）风扇转速

风扇转速与风扇的功率是密不可分的，转速的大小直接影响到风扇功率的大小。通常认为，在一定的范围内，风扇的转速越高，此时风扇不但不能起到很好的冷却效果，反而会"火上浇油"；另外，风扇在高速运转过程中，可能会产生很强的噪音，时间长了可能会缩短风扇寿命；还有，较高的运转速度需要较大的功率来提高"动力源"，而高动力源又是从主板和电源的高功率中得到的，主板和电源在超负荷功率下就会引起系统的不稳定。因此，在选择风扇转速时，应该根据CPU的发热量决定，最好选择转速在3500～5200转之间的风扇。

（4）风扇材质

由于CPU的热量是通过传导散热片，再经风扇带来的冷空气吹拂而把散热器的热量带走的，而风扇所能传导的热量快慢是由组成风扇的导热片的材质决定的,因此风扇的材料质量对热量的传导性能具有决定性的作用,为此在选择风扇时一定要注意风扇导热片的热传导性是否良好。目前导热性能比较好的材料中,效果最好的当然是黄金或白金,之所以 AOPEN 的 AX6BC 系列主板会在北桥芯片散热片上镀上黄金,一方面是显示尊贵的地位,另一方面则是有利于散热。仅次于黄金的导热金属就是铜了,铜是一种导热性能优良的金属,如果用铜来生产散热片,那么散热片的效果会非常好,但铜质地结实,加工难度较大,质量较重,而且成本也较高,所以目前很难见到使用铜来生产的散热片。再次于铜的便是铁和铝,这两种是很大众化的金属,但两者比较一下,便会发现铁有易生锈、质地坚硬、不易加工、质量重等特性,而铝却没有这些缺点,所以铝便成为生产散热片最好的材料了。

(5)风扇排风量

风扇排风量可以说是一个比较综合的指标,因此排风是衡量风扇性能的最直接因素。如果一个风扇可以达到 5000 转/分,但其扇叶如果是扁平的话,那就不会形成任何气流。所以散热风扇的排风量,扇叶的角度是决定性因素。测试一个风扇排风量的方法很容易,只要将手放在散热片附近感受一下吹出风的强度即可,通常质量好的风扇,即使在离它很远的位置,也仍然可以感到风,这就是散热效果上佳的表现。

3.3.3 拆卸、安装 CPU 及其风扇

1. 拆卸 CPU 及其风扇

(1)在拆卸风扇时,首先应将风扇两侧的压力调节杆搬起,使其朝上放置,接下来就可以拆卸卡在主板风扇支架上的 4 个扣具卡口了,如图 3-14 所示。

图 3-14 搬起压力调节杆

(2)由于扣具卡口比较牢靠,需要稍微用些力气才能将卡口打开,在拆卸过程中,首先要将扣具卡口下压,然后再向外提拉,这时候就成功地拆掉了一个固定支点,依此类推,将剩下的扣具卡口全部拆除后,就可以将风扇和散热器拿下来了,如图 3-15 所示。

(3)在拆卸了扣具后,一定要注意,应首先将风扇的电源线拔下来后再去拿下散热器,防止将风扇电源线扯断,如图 3-16 所示。

(4)在拆除了散热器后,就可以看见 CPU 了,要将它取下来也很容易。只要拉动 CPU 插槽下方的阻力杆,向主板垂直方向拉动成为垂直状态时,用食指和拇指拿住 CPU 轻轻一提就可以将

它取下了，如图 3-17 所示。

图 3-15　拆除扣具卡口

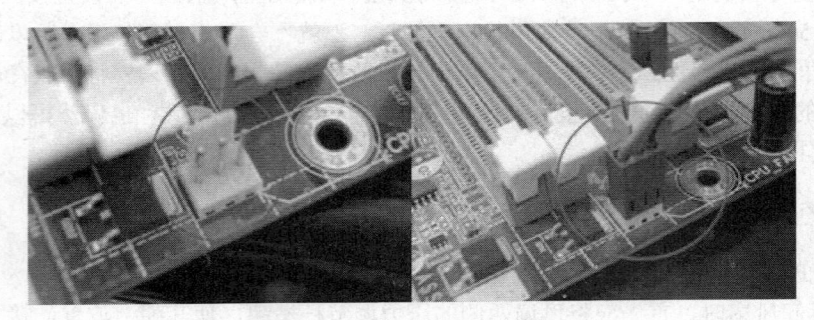

图 3-16　拔下风扇电源线

图 3-17　取下 CPU

2. 安装 CPU 及其风扇

拆卸了 CPU 后，经过清理或更换 CPU，就要对它进行还原安装了。而在安装新 CPU 时要注意不要插错 CPU。比如奔腾 4 的处理器只能插在支持它的 CPU 插槽中，如果装在支持 Athlon XP 处理器的主板上，由于接口不同，是不会安装成功的。

那么如何判断主板 CPU 插槽支持什么类型的 CPU 呢？其实在每个 CPU 插槽上都会清楚地标示出来，如插槽上标有"Socket 462"字样的主板即为支持 Athlon XP 处理器，而插槽上标示"mPGA

478B"字样的就是支持奔腾4处理器的主板了，如图3-18所示。

图3-18　支持奔腾4处理器的主板

（1）同取出CPU相似，在安装CPU时，应用食指小心地向正上方拉起阻力杆，保证阻力杆与主板呈90度的垂直状态，这样就可使CPU插槽处于开放状态。接下来，要找到插槽比较特殊的一端。仔细观察可看到在靠近阻力杆的插槽一角与其他三角不同，上面缺少针孔，同时这里也有比较明显的标识，这个设置就是为了防止CPU插错方向的防呆设计，如图3-19所示。

图3-19　防呆标志

（2）取出CPU，仔细观察CPU的底部会发现在其中一角上也没有针脚，这与主板CPU插槽缺少针孔的部分是相对应的，只要让两个没有针孔的位置对齐就可以正常安装CPU了。厂商采用这种设计的目的主要是为了防止CPU插反而烧毁，所以安装时一定要仔细观察针脚的位置，盲目地进行安装是万万不可取的，如图3-20所示。

在观察CPU针脚位置时，最好也仔细检查一下自己的CPU针脚是否有倾斜现象，如果有，应使用工具将倾斜的针脚轻轻扶正，否则安装时可能会对CPU造成物理损伤。

（3）看清楚针脚位置以后就可以把CPU安装在插槽上了。安装时用拇指和食指小心夹住CPU，然后缓慢地放到CPU插槽中，安装过程中要保证CPU始终与主板垂直，不要产生任何角度和错位，而且在安装过程中如果觉得阻力较大的话，就要拿出CPU重新安装。当CPU顺利地安插在CPU插槽中后，使用食指下拉插槽边的阻力杆至底部卡住后，CPU的安装过程就大功告成了，如图3-21所示。

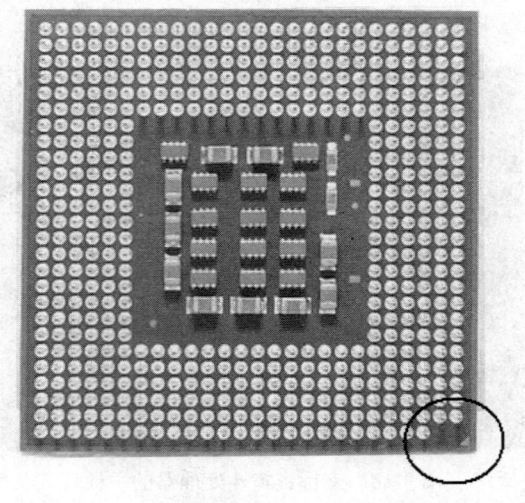

图 3-20　无针脚位置

图 3-21　安装 CPU 在插槽上

如果安装以后阻力杆难以下拉，就需要反复推动阻力杆，直到阻力杆能正常下拉到标准卡口位置后，才能完成 CPU 的安装。由于 CPU 插槽的阻力杆和压力开关都比较脆弱，安装的时候不可太过用力，操之过急。

（4）在安装了 CPU 之后，就要安装风扇了。不过在这之前应该为新 CPU 涂抹导热硅脂来达到与散热片紧密结合的目的。在涂抹时应注意不要在 CPU 上放置太多的导热硅脂，只需在 CPU 中央部分挤少量硅脂，然后用手轻轻向四周顺时针涂抹推开到整个 CPU 表面的 80%即可，如图 3-22 所示。

（5）接下来安装风扇，在安装之前应先确保 CPU 插槽附近的四个风扇支架没有松动的部分。然后将风扇两侧的压力调节杆搬起，小心地将风扇垂直轻放在四个风扇支架上，并用两手扶住中间支点轻压风扇的四周，使其与支架慢慢扣合，在听到四周边角扣具发出扣合的声音后就可以了。最后将风扇两侧的双向压力调节杆向下压至底部扣紧风扇，保证散热片与 CPU 紧密接触。在安装完风扇后，千万记得要将风扇的供电接口安装回去，如图 3-23 和图 3-24 所示。

在 CPU 及风扇的安装操作全部结束后，不要急着装上机箱盖板，应先启动计算机查看 CPU 和风扇是否运转正常，在确认无误后再关机合上机箱盖板。

认识、选购与拆卸、安装中央处理器的能力 | 能力三

图 3-22 涂抹导热硅脂

图 3-23 将风扇垂直轻放在四个风扇支架上

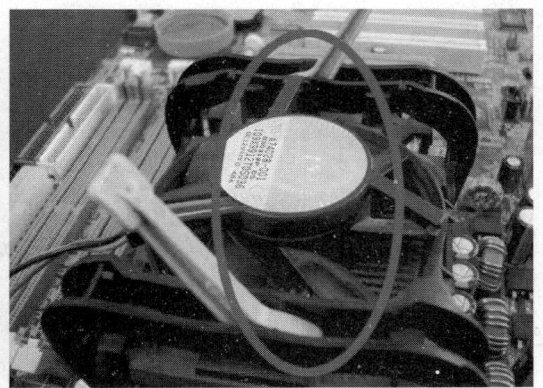

图 3-24 安装风扇

3.4 能力鉴定考核

考核以现场操作为主，知识测试（80%）+现场认知（20%）。

知识考核点：CPU 的发展，CPU 的性能指标，CPU 型号，CPU 的编号意义，CPU 的接口方式，选购 CPU 及其风扇的方法和原则。

现场操作：CPU 的拆卸方法和要领，CPU 的安装流程，CPU 的安装方法，记录所提供 CPU 的名称、型号、规格等完整的清单。

3.5 能力鉴定资源

一台完整的计算机的主机、螺丝刀、鸭嘴钳、镊子、剪刀、刷子、小盒子、硅胶。

45

能力四

认识、选购与拆卸、安装内存的能力

4.1 能力简介

此能力为实际工作应用能力，学习完此能力后，要求能了解内存分类方法、各类内存的性能指标、性能特点、工作应用场合，并具有能够正确选购内存及安装与维护内存的能力。

4.2 能力知识构成

内部存储器简称内存，它是具有数据输入和输出以及存储功能的集成电路。内存是由半导体存储器组成，用来临时存放 CPU 执行的指令或数据，内存中的数据通过高速系统总线直接提供给 CPU 处理，因此它的性能在很大程度上影响整个计算机系统的性能。

计算机开始工作时，首先将外部存储器中指定的数据（程序和文件）读入内存，然后 CPU 直接读取内存，执行其中的程序和指令，然后将中间结果暂存入内存，经多次存取反复，完成相应的任务后，将最终的结果以文件形式再保存到外存中。

内存有多种分类方式，可按以下几种方式进行分类。

4.2.1 内存按工作原理分类

内存从工作原理的角度，可分为随机存取存储器（Random Access Memory，RAM）和只读存储器（Read Only Memory，ROM）两大类，如图 4-1 所示。

1. 随机存取存储器（RAM）

RAM（Random Access Memory）即随机存取存储器。这就是平常所说的内存，它主要由 RAM 存储芯片构成，它主要包括以下四类：

（1）SRAM（Static RAM），静态 RAM。曾经是一种主要的内存，以双稳态电路形式存储数据，结构复杂，采用的硅片面积相当大，成本高，容量小，最主要的优点是速度远高于 DRAM，存取速度为 10ns 左右，因此现在主要用于高速缓存（Cache）上。Cache 存储器主要由一组 SRAM 和控制电路组成，用于解决低速主存与高速 CPU 速度不匹配的问题。

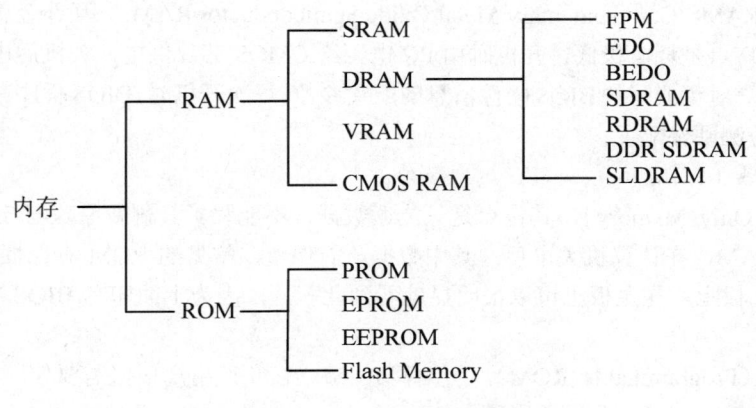

```
                    ┌── SRAM          ┌── FPM
                    │                 ├── EDO
                    │                 ├── BEDO
          ┌── RAM ──┤── DRAM ─────────┤── SDRAM
          │         │                 ├── RDRAM
          │         │                 ├── DDR SDRAM
   内存 ──┤         ├── VRAM          └── SLDRAM
          │         └── CMOS RAM
          │
          │         ┌── PROM
          └── ROM ──┤── EPROM
                    ├── EEPROM
                    └── Flash Memory
```

图 4-1　内存按工作原理分类

（2）DRAM（Dynamic RAM），动态 RAM。其结构比 SRAM 要简单得多，基本结构是 MOS 管和电容，这些电容不能长久保持它的电荷，所在 DRAM 必须定期刷新（这就是为什么叫动态的原因），刷新将占用系统时间，这是它的缺点。但是 DRAM 制造结构简单，集成度高，功耗低，生产成本低，适合制造大容量存储器，所以计算机使用的内存条大多是由 DRAM 构成。DRAM 的存取速度一般为 60ns（1ns=10^{-9}s）或 70ns，这个速度比现在的 CPU 处理数据的速度低很多。

根据 DRAM 芯片的访问方式不同，可以将 DRAM 分为以下几种：

①FPM（Fast Page Mode），快页访问方式。这种内存常用于早期的 486 或 Pentium 机中，其速度可达 70ns。

②EDO（Extended Data Output），可扩展数据输出方式。接口方式多为 72 线的 SIMM 类型，也有少数为 168 线的 DIMM 类型，常用于早期 486、Pentium 或 Pentium II 中，其速度可达 60ns。

③BEDO（Burst EDO），突发 EDO 内存。其原理和性能同 SDRAM 相似。

④SDRAM（Synchronous DRAM），同步 DRAM。以前的 DRAM 都是异步控制的，系统需要插入一些等待状态来适应异步动态存储器的需要。这里所谓"同步"，是指其工作频率与系统总线时钟频率同步工作，其速度比 EDO 内存提高了 50%。比较知名的 SDRAM 有 PC100 和 PC133 等，其读写速度可达 10ns 或 7ns，用于 Pentium II、Pentium III 计算机中。

⑤RDRAM（Rambus DRAM）。是一种高性能的 SDRAM 存储器，在 250MHz 的总线时钟两个边沿工作，可使突发数据传输率达到 500MHz。在使用这种内存时，必须插满所有内存槽，否则无法工作。Rambus 内存由 Rambus 公司开发，它授权给 NEC、Fujitsu、LG 等公司生产，在 Pentium 4 主板上支持这种内存使用。

⑥DDR（Double Data Rate），SDRAM，双数据传输率 SDRAM。在 SDRAM 的基础上，采用延时锁定环技术提供数据选通信号对数据进行精确定位，在时钟脉冲的上升沿和下降沿传输数据，在不提高时钟频率的情况下，其速度在理论上是 SDRAM 的两倍。

⑦SLDRAM（Synchronous Link DRAM），同步链路 DRAM。是由业界大公司联合制定的一个开放性标准，是一种在 DDR SDRAM 基础上发展的高速动态存储器，制造成本低，具有较高的市场竞争力。

（3）VRAM（Video RAM），视频 RAM。是一种专用于视频图像处理的显卡或图形加速卡上的 RAM，它采用双端口设计，允许 CPU 同时向视频存储器和 RAMDAC（数/模转换器）传输数据。

（4）CMOS RAM（Complementary Metal Oxide Semiconductor RAM），互补金属氧化物半导体 RAM 存储器。其特点是耗电极低，开机时由 PC 电源给 CMOS 芯片供电，关机后由主板上的电池供电，用于保存用户对可改写的 BIOS 硬件信息的配置参数。每次开机时，BIOS 程序都要访问 CMOS 存储芯片，以便检测硬件配置。

2. 只读存储器（ROM）

ROM（Read Only Memory），其特点是只能读数据，不能写。其刷新原理与 SRAM 类似，但耗电量远小于 SRAM，在计算机关电后，其中数据还能保留，常见的 ROM 存储器是 ROM BIOS 芯片，被集成在主板上，在主板上可以很明显地看到此芯片，因为上面印有 BIOS 字样。ROM 可分为以下几种：

（1）PROM（Programmable ROM），可编程 ROM。它允许用户根据需要使用专门的写 ROM 设备写入内容，但只允许写一次，使用不方便。

（2）EPROM（Erasable Programmable ROM），可擦除可编程 ROM。在这种 ROM BIOS 芯片中，有一个圆洞，在需要重写 BIOS 时，先揭掉盖住圆洞的不透明标签，用紫外线照射擦除里面的 BIOS 信息，然后重新写入新的 BIOS 信息，最后贴上标签。紫外线擦除 BIOS 信息需要花较长的时间，使用起来不太方便。

（3）EEPROM（Electrical EPROM），电可擦除可编程 ROM。相对于 EPROM 在擦除时需要较长时间而言，这种类型的 BIOS 芯片内的数据可以用电在很短时间内被擦除，然后重新写入 BIOS 代码，这是目前 BIOS 系统的主流，通常称为 Flash BIOS。采用 EEPROM 的 BIOS 芯片很容易及时升级到厂家的最新版本的 BIOS，可以充分发挥主板的最佳性能。由于 EEPROM 具有电可擦除的特点，它很容易被 1998 年爆发的 CIH 病毒改写，从而导致在开机后看不到任何信息。CIH 病毒一般在每年的 4 月 26 日这天被激活，因此需要特别留意。可以在主板上用硬件跳线禁止写 BIOS，或使用双 BIOS 芯片等来保护 BIOS 信息。

（4）Flash Memory，闪速只读存储器。这是最近几年才出现的一种 EEPROM 存储器，可以在线快速擦除和重写。它具有 ROM 的特点，又有很高的存取速度，因此在 Pentium 计算机及以后的主板上均采用 Flash ROM BIOS，这种具有在线快速擦写功能使得升级 BIOS 非常方便。

4.2.2 按内存的接口分类

在以前的计算机中，内存是被固定安装在主板上，或是采用 ISA 内存扩展卡的形式安放内存。这些形式的内存安放方式的缺点是容量小，速度慢。从 386 计算机开始，在计算机主板上就设置了专门的内存插槽，对应的内存也以一种条状块的形式独立存在，俗称"内存条"。内存条有两种接口类型：

1. SIMM 接口类型

SIMM（Single In-line Memory Module），单列直插内存模块。内存条通过其边上的镀铜引脚与内存插槽接触传送数据，这些镀铜引脚被称为"金手指"。SIMM 接口类型的内存条两面的金手指传送的数据信号是相同的，同样，主板上内存插槽中两侧的金属引脚也是相通的，这种结构的内存称为单列直插模块，意思是两侧提供的信息相同。

这种 SIMM 接口类型多用于早期的 FPM 和 EDO 内存，其引脚数（金手指数）有两种：30 线和 72 线，如图 4-2 所示。

30 线内存的数据传输位宽有 8 位和 16 位两种，72 线内存的数据传输位宽为 32 位。所谓传输位宽是指一次能传输的二进制位数的多少。

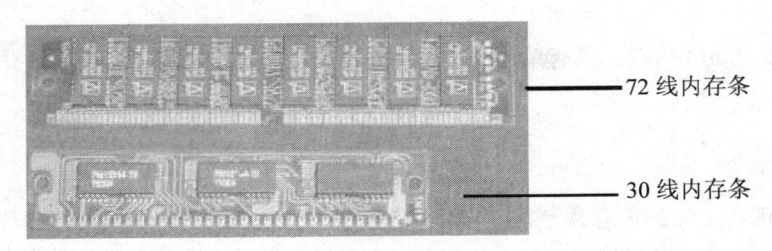

图 4-2　30 线和 72 线内存

2. DIMM 接口类型

DIMM（Double In-line Memory Module），双列直插内存模块。这种类型的内存条两边金手指所传的数据信息是不同的，主板上的内存插槽两边的引脚也是独立的。现在的计算机内存都采用 DIMM 接口类型。

采用 DIMM 接口类型的内存引脚数有 168 线、184 线和 240 线三种，如图 4-3 所示。

图 4-3　168 线、184 线和 240 线内存

SDRAM 内存常为 168 线，这种内存条两边各有 168/2=84 个金手指，其刷新速度可达 5ns，工作电压为 3.3V。

DDR SDRAM 是 184 线，额定电压 2.5V，SDRAM 内存只在时钟周期的上升沿传输数据，而 DDR SDRAM 内存是双倍速的 SDRAM，可以在时钟周期的上升沿和下降沿都传输数据，它与 SDRAM 不兼容。RDRAM 也是 184 线，也采用时钟周期的上升沿和下降沿触发数据传输，在使用

49

这种内存时要求 DIMM 内存插槽全部插满，空余的插槽要求用专用的 Rambus 终结器插满，否则无法使用。

DDR2 内存和 DDR3 内存，具有单面 120、双面 240 个引脚，是现在主流的内存。后面将专门介绍 DDR 内存。

4.2.3 DDR 内存

DDR 内存是现在主流的内存规范，其全称叫 Double Date Rate SDRAM，双倍速 SDRAM。它是在 SDRAM 的基础上发展起来的，SDRAM 在一个时钟周期的上升沿传输一次数据，而 DDR 在一个时钟周期的上升沿和下降沿各传输一次数据，因此称为双倍速 SDRAM，在总线时钟频率不变的情况下，达到 SDRAM 速度的两倍。SDRAM 的工作频率有 100MHz、133MHz、166MHz、200MHz 四种，而 DDR 采用了双倍速数据传输，在总线时钟频率相等的情况下，其工作频率对应为 200MHz、266MHz、333MHz、400MHz。

目前，市场上主流内存规格分别是：DDR（一代 DDR）、DDR2（二代 DDR）、DDR3（三代 DDR）。虽然同属于 DDR 范畴，但是它们之间并不能兼容使用。虽然 SDRAM 内存已经过时，DDR 内存也是昨日黄花，但仍有很多老机用户有升级需求。DDR 内存外观特点是芯片一般采用 TSOP II 封装，两侧边有很多金属引脚。DDR2 内存是现在的主流规格，芯片使用全新 FBGA 封装工艺，由于传统引脚被焊球所代替，因此从芯片正面是无法看到任何连接线。DDR3 内存是 DDR2 内存的升级版，现在市场上已经推出了支持 DDR3 的主板芯片组，并推出成品内存。不过 DDR3 内存短时间内还无法撼动 DDR2 内存的地位。DDR3 内存芯片同样使用了 FBGA 封装工艺，从外观上很难同 DDR2 内存区分开来。

1. DDR1 内存

DDR 内存技术是成熟的 SDRAM 技术的提升，DDR 内存芯片可由半导体制造商采用现有的生产体系，控制程序及测试设备生产，从而降低了内存芯片的成本。

DDR1 与 SDRAM 两侧的线数不同，SDRAM 为 168 线，而 DDR1 为 184 线，多出的 16 个线主要包括新的控制技术、时钟、电源等信号。

DDR1 采用 2.5V 电压，不是 SDRAM 的 3.3V 电压。

DDR1 内存只有一个引脚缺口，缺口一端 52 个引脚，另一端 40 个引脚，SDRAM 内存有两个引脚缺口。

SDRAM 的工作频率有 100MHz、133MHz、166MHz、200MHz 四种，DDR1 的工作频率有 200MHz、266MHz、333MHz、400MHz 四种。

因此，DDR1 内存不兼容 SDRAM。

2. DDR2 内存

DDR2 内存同 DDR1 内存一样，都只有一个缺口，但它们的引脚数不同，DDR2 为单面 120、双面 240 个引脚，缺口一端 64 个引脚，另一端为 56 个引脚。

工作电压与 DDR1 不同，为 1.8V。

DDR2 内存同 DDR1 内存都采用上升/下降沿触发数据传输，但 DDR2 有两倍于 DDR1 的内存预读取能力，即 DDR2 内存有 4 位的数据预读取能力，每个时钟能以 4 倍外部总线的速度读写（DDR1 为两倍），在外部总线频率仍为 133MHz、166MHz、200MHz 的情况下，DDR2 的工作频率可达 533MHz、667MHz、800MHz。

DDR2 内存是现在内存的主流产品。

3. DDR3 内存

DDR3 内存采用 0.08μm 制造工艺制造，它有与 DDR2 内存一样的引脚数，一个缺口，但缺口的一端是 72 个引脚，一端是 48 个引脚。

工作电压与 DDR1、DDR2 不同，为 1.5V。

DDR3 采用点对点的拓扑架构，以减轻地址总线与控制总线的负担，此特点是 DDR2 没有的。

DDR3 内存具有 8 位的数据预读取能力，是 DDR1 的 4 倍，DDR2 的两倍，在外部总线频率仍为 133MHz、166MHz、200MHz 的情况下，DDR3 的工作频率可达到 1066MHz、1333MHz、1600MHz。

另外，DDR3 与 DDR2 还有突发长度、寻址时序、新增的重置功能、ZQ 校准功能等区别。

DDR2 内存于 2003 年上市，DDR3 内存在 2007 年上市。

DDR、DDR2 和 DDR3 内存在缺口处的区别如图 4-4 所示。

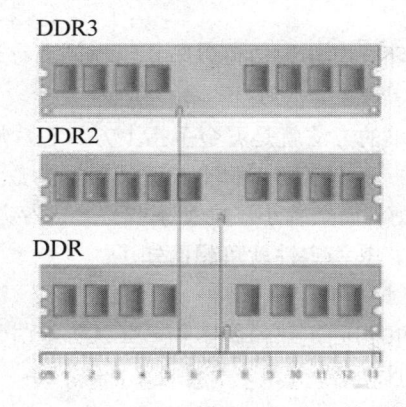

图 4-4　DDR、DDR2 和 DDR3 内存缺口的区别

4.2.4　内存条的组成结构

内存条的组成如图 4-5 所示。

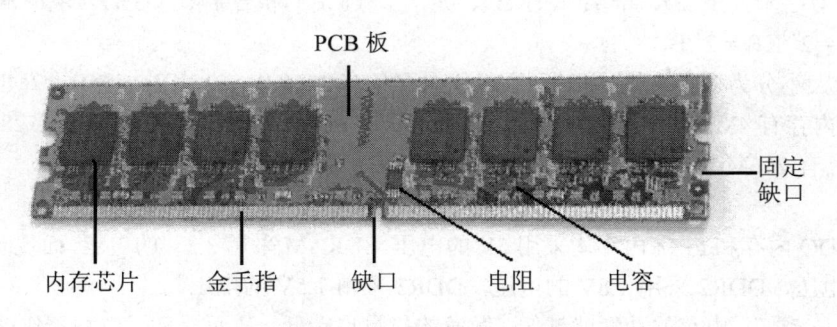

图 4-5　内存条的组成

1. PCB 板

PCB 电路板呈绿色，内部是各种金属连线，是承载内存芯片的重要部件，其重要指标就是层数多少及布线工艺。目前主流 DDR2 内存基本配置了 6 层电路板，不少高规格、高频率产品甚至使用了 8 层 PCB 电路板。建议选购 8 层 PCB 的 DDR2 内存，因为其信号抗干扰能力强，稳定性高。

高质量的原厂内存 PCB 表面线路都使用 135 度折角处理,保证了引线长度一致,局部使用蛇行布线,要符合国际电气学设计规范要求。

2. 内存芯片

内存芯片是内存条中最重要的部分,不同的颗粒会产生不同的性能。目前世界上生产内存芯片的厂商主要有:海力士、三星、奇梦达、镁光、尔必达、力晶、茂德、南亚、英飞凌等。内存芯片决定内存的性能、速度、容量等。选购时应尽量优先选择原厂芯片,因为原厂产品一般都经过了原厂较严格的检测和测试,品质有保障,不要贪图便宜而购买杂牌小厂产品及打磨内存等。

3. 金手指

数据通过金手指与主板上的内存插槽连接传输,金手指是镀金的导线,但为了降低内存成本,一般采用镀铜或镀锡来代替镀金,只有针对高性能服务器或工作站使用的内存才镀金,这些金属触点比较容易脱落或者氧化,可能会导致接触不良而引起计算机故障。

4. 缺口

各种类型的内存其缺口位置不一样,缺口可以防止错误的内存误插,也可以防止反插。

5. 电阻和电容

检验内存做工的好坏,很简单的方法就是看金手指上方和芯片周围的电阻、电容的数量。尤其是位于芯片旁边的效验电容和第一根金手指引脚上的滤波电容的数量多少。相对来说,电阻和电容越多,对于信号传输的稳定性越好,而杂牌小厂内存条或打磨内存条为了节省成本,往往把在 PCB 电路板上的电容和电阻做得很少,其稳定性就可想而知了。

6. 固定缺口

通过主板内存插槽两端的卡扣与固定缺口的紧扣,可以防止由于主机的震动,如搬动、各种风扇的振动等原因导致内存松动或脱落。

4.2.5 内存的技术指标

1. 容量

内存容量是指内存存储单元的数量的多少。内存容量的大小直接影响着计算机的整体性能。内存容量的单位有字节(Byte)、千字节(KB)、兆字节(MB)和吉字节(GB)。现在常用的是 GB,$1GB = 2^{10}MB = 2^{20}KB = 2^{30}B$。

内存容量大小分为多种规格,早期的 30 线内存有 256KB、512KB、1MB、2MB、4MB 等;72 线的 EDO 内存有 4MB、8MB、16MB 几种;168 线的 SDRAM 有 32MB、64MB、128MB、256MB 等;DDR 内存有 256MB、512MB、1GB、2GB、4GB、8GB 等。

2. 电压

以前的 EDO 内存和 FPM 内存均采用 5V 的电压,SDRAM 采用 3.3V 的电压,而现阶段的 DDR1 采用 2.5V 的电压,DDR2 采用 1.8V 的电压,DDR3 采用 1.5V 的电压。

采用的电压越低,内存的功耗就越低,散发的热量也越低,从而提高了内存工作的稳定性和进一步提升更高的频率。

3. 速度

内存速度包括两个方面的速度:内存芯片的存取速度和内存总线速度。

内存芯片存取速度即读写内存单元中的数据时所花的时间,单位为纳秒(ns)级。$1s(秒) = 10^3 ms$(毫秒)$= 10^6 \mu s$(微秒)$= 10^9 ns$(纳秒)。常见的内存芯片速度为几 ns 到几十 ns,数值越小,速度越快。

内存总线速度是指 CPU 到内存之间的总线速度，由总线工作时钟频率决定，现在的总线工作频率多为 100MHz、133MHz、200MHz 等几种，像 PC100、PC133 的内存条，就可正常工作在内存总线频率为 100MHz、133MHz 上。而 DDR1 内存，由于具有双倍速数据传输特性，其等效工作频率则为 200MHz 和 266MHz。

4. 数据传输率

数据传输率是指在存取数据时传输数据的最大值，即每秒钟可以传送多少 MB 的数据。其计算公式为：数据传输率 = 内存时钟频率×内存总线位数×倍增系数 / 8。

以目前流行的 DDR2 800 为例：它的运行频率为 200MHz，数据总线位数为 64 位，倍增系数为 4，数据传输率为 200×64×4 / 8=6.4GB/s。而 DDR3 1333，由于其倍增系数为 8，所以其数据传输率可达 10.6GB/s。

5. 内存的校验与纠错

为检验内存存取过程中是否出错，每 8 位容量配备 1 位奇偶校验位，协同主板的奇偶校验电路对存取的数据进行正确校验，但需要在内存条上另加一块校验芯片，目前大多数内存都没有加校验芯片，对系统的准确性影响也不大。

ECC（Error Check and Correct，错误检测与纠正），它是一种内存数据检验和纠错技术，ECC 是对 8 位数据用 4 位来校验和纠错。这种内存一般用于对可靠性要求很高的场合，如网络服务器。

6. 内存编码

以市场中比较知名的 Hynix（Hyundai）为例说明内存编码的含义：

如编码为：

HY5DV641622AT-36

HY XX X XX XX XX X X X X X XX

1 2 3 4 5 6 7 8 9 10 11 12

（1）HY 代表是现代的产品。

（2）内存芯片类型：57：SDRAM，5D：DDR SDRAM。

（3）工作电压：空白：5V，V：3.3V，U：2.5V。

（4）芯片容量和刷新速率：16：16Mb、4K Ref；64：64Mb、8K Ref；65：64Mb、4K Ref；128：128Mb、8K Ref；129：128Mb、4K Ref；256：256Mb、16K Ref；257：256Mb、8K Ref。

（5）代表芯片输出的数据位宽：40、80、16、32 分别代表 4 位、8 位、16 位和 32 位。

（6）Bank 数量：1、2、3 分别代表 2 个、4 个和 8 个 Bank，是 2 的幂次关系。

（7）I/O 界面：1：SSTL_3，2：SSTL_2。

（8）芯片内核版本：可以为空白或 A、B、C、D 等字母，越往后代表内核越新。

（9）代表功耗：L：低功耗芯片，空白：普通芯片。

（10）内存芯片封装形式：JC：400mil SOJ，TC：400mil TSOP-Ⅱ，TD：13mm TSOP-Ⅱ，TG：16mm TSOP-Ⅱ。

（11）工作速度：55：183MHz，5：200MHz，45：222MHz，43：233MHz，4：250MHz，33：300MHz，L：DR200，H：DR266B，K：DR266A。

4.3 能力技能操作

4.3.1 职业素养要求

（1）严禁带电操作，观察和安装内存时一定要把220V的电源线插头拔掉。
（2）爱护计算机的各个部件，轻拿轻放，切忌鲁莽操作，内存在安装时不能碰撞或者跌落。
（3）积极自主学习和扩展知识面的能力。

4.3.2 内存的选购

1. 品牌

现在一般都选购 DDR2 或 DDR3 的内存，相应的品牌生产厂商是金士顿、威刚、金邦、超胜、南亚易胜、芝奇、三星等。DDR2 内存条在 2010 年及以前占据主流选购地位，而到 2011 年后，随着计算机配置要求越来越高，DDR3 内存逐渐成为人们装机首选。

需要注意的是品牌仅仅是指内存芯片，而不是整个内存条，将内存芯片封装在电路板上制成内存条的工作是由其他厂商完成的。例如著名的美国金士顿内存只是封装其他厂商的优质内存芯片制成的，它本身并不生产内存芯片。即使采用同一品牌芯片的内存条，由于封装厂商不一，质量也会存在很大差异，这可以从电路板的工艺上看出。好的电路板，外观看上去颜色均匀，表面光滑，边缘整齐无毛边，采用六层或八层板结构的手感较重，性能比采用四层的更稳定。

2. 容量要求

根据计算机的用途来决定其大小，普通计算机一般有 2GB 或 4GB 内存，最好选单根内存条就可以达到需求。例如想用 4GB 的就直接买个 4GB，别买 2 个 2GB 的内存条，以减少故障发生点，同时为以后升级内存容量留下插槽空间。

3. 符合主板要求

不同的主板上内存插槽提供的线数不同，或允许插入的内存型号不同，现在一般有 184 线的插槽，允许插 DDR1 的内存；有 240 线插槽，用于插 DDR2/DDR3 内存，但具体是 DDR2 还是 DDR3，可通过查看主板说明书，因为它们的接口不一样，能插 DDR2 的同一插槽就不能插 DDR3 内存。

4. 速度要匹配

内存芯片的速度应与主板的速度匹配，不能低于主板运行速度，否则会降低整机性能。即使一块主板上既有 DDR2 的插槽，也有 DDR3 的插槽，由于 DDR2 和 DDR3 内存速度不同，不能同时插在一块主板上使用，否则有可能会烧坏速度更快的 DDR3 内存。

5. 真假识别

一是优劣辨别，"打磨条"就是以低档内存冒充高档内存售卖，一些厂商把低档内存芯片上的标示磨掉，重新再写上一个新标示，从而把低档产品当高档产品卖给用户，获取最大利润，这就是我们常说的"Remark"。正品的芯片表面一般都很有质感，要么有光泽或荧光感，要么就是亚光的，而打磨条芯片因为打磨的原因表面会色泽不纯，感觉比较粗糙。

二是真假辨别：品牌的正品内存 PCB 表面光洁，色泽发亮，元件焊接整齐齐全，焊点均匀而有光泽，边缘整齐而无毛边；而劣质的内存的 PCB 拿在手上的感觉份量不够，发灰，元件焊接质量粗糙，贴片电阻、电容大量漏焊，焊点七零八落，布线不整齐。

4.3.3 内存的安装

1. 内存插槽与内存条

现在 SDRAM 内存比较过时，而常用的内存条是 DDR 内存条，DDR 又分为 DDR1、DDR2、DDR3 三种内存，每种内存插槽是不能混插的，SDRAM 插槽有两个缺口，而各种 DDR 插槽虽然只有一个缺口，但缺口位置不同，因此在安装操作时，应注意内存条与内存插槽的匹配。

2. 安装方法

如果只安装一根内存条，应安装在靠近 CPU 的第一个内存条插槽 DIMM1 上，如果有多根内存，则在 DIMM2、DIMM3 上依次安装。安装时应注意插槽两端的卡扣应卡紧内存条。

3. 内存条的拆卸

用两手同时向外扳插槽两端的卡扣，即可将内存取出。

4.3.4 内存维护

内存在使用过程中，可能会出现各种问题，下面介绍一些常见的故障现象及解决方法。

1. 开机无显示

由于内存条原因造成开机无显示故障，主机扬声器一般都会长时间蜂鸣（针对 Award BIOS 而言），出现此类故障一般是因为内存条与主板内存插槽接触不良造成，只要用橡皮擦来回擦拭其金手指部位即可解决问题，还有就是内存损坏或主板内存槽有问题也会造成此类故障。

2. Windows 系统运行不稳定

经常产生非法错误，出现此类故障一般是由于内存芯片质量不良或软件原因引起，如若确定是内存条原因，则只有更换内存条。

3. Windows 注册表经常无故损坏

此类故障一般都是因为内存条有质量问题引起，很难修复，只有更换内存条。

4. 多次自动重启系统

此类故障一般是由于内存条或电源质量有问题造成，当然，系统重新启动还有可能是 CPU 散热不良或其他人为故障造成，可用排除法一步一步排除。

5. 随机性死机

此类故障一般是由于采用了几种不同芯片的内存条，由于各内存条速度不同产生一个时间差，从而导致死机，对此可以在 CMOS 设置内降低内存速度予以解决，否则，唯有使用同型号内存。还有一种可能就是内存条与主板不兼容，此类现象一般少见，另外也有可能是内存条与主板接触不良引起计算机随机性死机，此类现象倒是比较常见。

6. 运行某些软件时经常出现内存不足的提示

此现象一般是由于系统盘剩余空间不足造成，可以删除一些无用文件，多留一些空间即可，一般至少要求在 300MB 以上的系统盘空间，一般在进行磁盘分区时，可以将系统分区分得大一些。

7. 安装 Windows 进行到系统配置时产生一个非法错误

此类故障一般是由于内存条损坏造成，只有更换内存条了。

8. 内存容量不正确

内存容量升级后，自检时发现内存容量不对。这是由于主板不同种类的内存间不兼容造成的，使得不同品牌、不同型号的内存条同时插入后，有的内存计算机检测不到。解决方法是：一是可以将内存条互换插槽试一试，二是更换使用相同的内存条。

9. 内存电压问题

如果两根内存条要求的电压不同，最好不要混插，除非主板支持内存电压调节，否则可能出现系统不稳定。

4.4　能力鉴定考核

考核以现场操作为主，知识测试（30%）+现场认知（70%）。

知识考核点： 内存分类，各类内存的性能指标、性能特点、工作应用场合，选购内存。

现场操作： 要求具有正确完成内存的安装和内存的维护能力。

4.5　能力鉴定资源

一台完整的计算机的主机和外部设备、橡皮擦、螺丝刀、鸭嘴钳、镊子、刷子、小盒子。

能力五

认识、选购与拆卸、安装外存储器的能力

5.1 能力简介

此能力为实际工作应用能力，学习完此能力后，要求具有了解硬盘、光驱以及各种移动存储器的结构、功能的能力；要求能理解各种驱动器的主要参数和数据线的连接方式的能力；要求能正确安装硬盘、光驱，正确设置硬盘、光驱的相关性能参数，正确连接数据线以及正确处理各类外部驱动器故障的能力。

5.2 能力知识构成

现在主要使用的外部存储器有：硬盘、光盘、移动硬盘、U盘，使用较少的还有软盘和磁带等。磁盘存储器是以磁盘为存储介质的存储器。它是利用磁记录技术在涂有磁记录介质的旋转圆盘上进行数据存储的辅助存储器，具有存储容量大、数据传输率高、存储数据可长期保存等特点。在计算机系统中，常用于存放操作系统、程序和数据，是主存储器的扩充。发展趋势是提高存储容量，提高数据传输率，减少存取时间，并力求轻、薄、短、小。

硬盘（Hard Disk Drive，HDD）是计算机上使用坚硬的旋转盘片为基础的非易失性（Non-volatile）存储设备。它在平整的磁性表面存储和检索数字数据。信息通过离磁性表面很近的写头，由电磁流改变极性方式被电磁流写到磁盘上。信息可以通过相反的方式回读，例如磁场导致线圈中电气的改变或读头经过它的上方。早期的硬盘存储媒介是可替换的，不过现在典型的硬盘是固定的存储媒介，内部由多块盘片组成，硬盘内部的盘片在通电时转动，从而读取其上存储的信息。

5.2.1 硬盘接口

1. 数据接口

大致分为ATA（IDE）、SATA、SCSI和SAS。接口速度不是实际硬盘数据传输的速度，目前硬盘数据传输一般不会超过200MB/s。

2. 电源接口

3.5 英寸的台式机硬盘，与 ATA 配合使用的是"D 形 4 针电源接口"，俗称"大 4pin"，由 Molex 公司设计并持有专利；而 SATA 接口也有相应的 SATA 电源线。

2.5 英寸的笔记本电脑用硬盘，可直接由数据口取电，不需要额外的电源接口。在插上外接的便携式硬盘之后，由计算机外部的 USB 接口提供电力来源，而单个 USB 口供电约为 4~5V, 500mA，若移动硬盘用电需求较高，有时需接上两个 USB 口才能使用，否则，需要外接电源供电。但现今多数新型硬盘已可方便地使用单个 USB 口供电。

5.2.2 硬盘结构

1. 硬盘的外部结构

硬盘的外部结构如图 5-1 所示，在正面贴有产品标签，上面印有品牌、型号、序列号、容量、生产日期等内容。背面是控制电路板，有硬盘的主控芯片、缓存、电机控制芯片、数据线接口、硬盘跳线、电源线接口等。

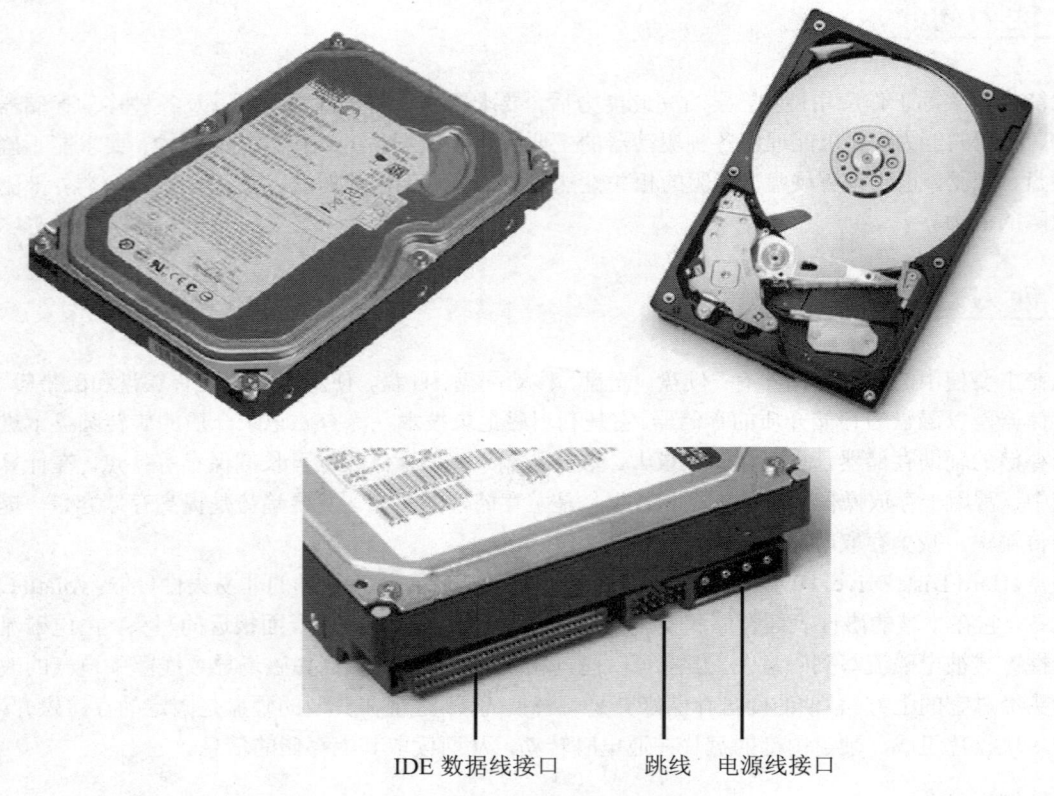

图 5-1　硬盘外部结构

2. 硬盘内部结构

硬盘内部结构如图 5-2 所示，包括空气过滤片、主轴、音圈马达、永磁铁、磁盘片、磁头、磁头臂及其他附件，其中磁头盘片组件是构成硬盘的核心，它封装在硬盘的净化腔体内。

（1）盘片：盘片是硬盘存储数据的载体，现在的盘片大都采用金属薄膜磁盘，这种金属薄膜磁盘具有更高的记录密度，以及具有高剩磁和高矫顽力的特点。

（2）主轴组件：如轴瓦和驱动电机等。随着硬盘容量的扩大和速度的提高，主轴电机的速度也在不断提升，有厂商开始采用精密机械工业的液态轴承电机技术。

图 5-2 硬盘内部结构

（3）磁头组件：由读写磁头、传动手臂、传动轴三部分构成。磁头是硬盘技术中最重要的部分，它采用非接触式头，盘结构，加电后在高速旋转的磁盘表面飞行，飞行间隙只有 0.1～0.3μm，可以获得极高的数据率。

（4）磁头驱动机构：由音圈马达、永磁铁、磁头臂组成。新型的大容量硬盘还具有高效的防震机构，高精度的轻型磁头驱动机构能够对磁头进行正确的驱动和定位，并在很短的时间内精确定位系统指定的磁道，保证数据读写的正确性。

（5）前置读写电路：用于放大电路控制磁头感应的信号，主轴电机调速，磁头驱动和伺服定位等，由于磁头读取的信号微弱，将放大电路密封在腔体内可以减少外来信号的干扰，提高操作指令的准确性。

3. 硬盘的逻辑结构

硬盘的逻辑结构图如图 5-3 所示。

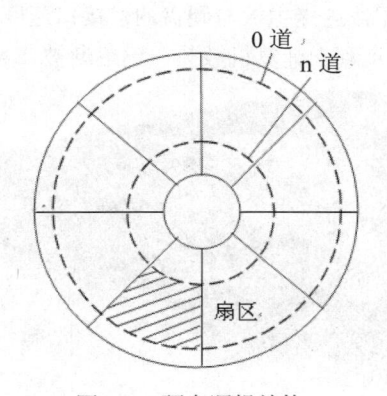

图 5-3 硬盘逻辑结构

（1）磁道（Track）

硬盘在格式化时盘片会被划成许多同心圆，这些同心圆轨迹就叫磁道，磁道从外向内依次编号，最外的磁道称为 0 道，依次为 1 道，2 道，3 道……。

（2）柱面（Cylinder）

在由多个盘片构成的盘组中，由所有同一磁道号所组成的一个圆柱，称为柱面，每个柱面的编号同磁道的编号方法一样，从外向内依次为 0 柱面，1 柱面，2 柱面……。

（3）扇区（Sector）

磁盘上的每个磁道被等分为若干个弧段，这些弧段便是硬盘的扇区（Sector）。硬盘的第一个扇区，叫做引导扇区。

（4）磁面（Side）

硬盘存储数据的磁片中，除最上的面和最下的面两个盘面没有存储数据，其余的每个盘片都有上下两个磁面，从上向下依次从 0 面开始编号，1 面，2 面，3 面……。例如某磁盘有 4 个盘片，那么共有 4×2-2=6 个数据记录面。每个磁面都有相应的读写磁头，磁面数与磁头数相等。

5.2.3 硬盘分类

硬盘分类主要是从尺寸大小和接口类型来分类。

1. 按尺寸来分

（1）8 英寸硬盘，用于早期台式计算机中，称为大脚硬盘，现已退出历史舞台，今已无厂商生产。

（2）5.25 英寸硬盘，用于早期台式计算机，已退出历史舞台，今已无厂商生产。

（3）3.5 英寸硬盘，现广泛使用于台式计算机。

（4）2.5 英寸硬盘，多用于笔记本电脑及外置硬盘中。

（5）1.8 英寸硬盘，多用于笔记本电脑及外置硬盘中。

（6）1 英寸硬盘（微型硬盘，MicroDrive），多用于数字相机（CF type II 接口）。

（7）0.85 英寸硬盘，日立独有技术，多用于日立手机等便携设备中。

2. 按接口来分

（1）IDE 接口

IDE（Integrate Drive Electronics，集成电路设备）接口是一个集中存储设备的接口，如图 5-4 所示，是用传统的 40 针并口数据线连接主板与硬盘的，接口速度最大为 133MB/s，因为并口线的抗干扰性太差，且排线占空间，不利于计算机散热，已逐渐被 SATA 所取代。

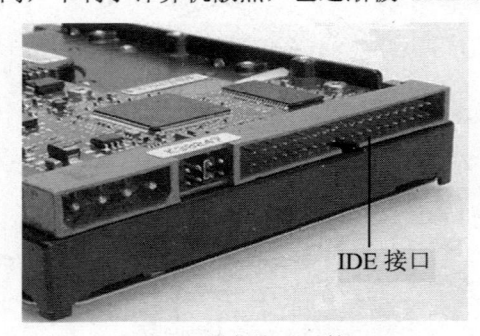

图 5-4　硬盘的 IDE 接口

IDE 接口采用 ATA（Advanced Technology Attachment）规范，由 Imprimus、西部数据和 Compaq 三家公司于 1989 年开发。ATA 作为第一个正式接口标准也被称作 IDE，是由 NCITS 提出，并且由专门为 ATA 成立的技术团体 T13 进一步改善，这个协议支持 1～2 个硬盘驱动器和 16 位接口，1996 年，提出 ATA-2 接口标准，1997 年提出 ATA-3 标准，1998 年提出 ATA/ATAPI-4。在发展过程中，ATA 加入一些新的命令来代替一些冗余命令，形成所谓的 Ultra DMA 3，以提高 ATA 传输速率（达 33MB/s）。昆腾开发了新一代 ATA/100 接口，其控制器与硬盘间以 100MB/s 的传输速率进行数据交换，并且采用了 CRC（循环冗余校验）特性，提高数据传输的稳定性和可靠性。

（2）SATA 接口

尽管 ATA/100 标准很受欢迎，但是，IBM、迈拓、希捷、西数、昆腾、Intel 等一些公司又开始开发全新的串行 ATA 接口技术，这就是所谓的 SATA 接口，如图 5-5 所示。SATA（Serial ATA）接口硬盘又叫串口硬盘，采用串行连接方式，数据采用串行传输方式。

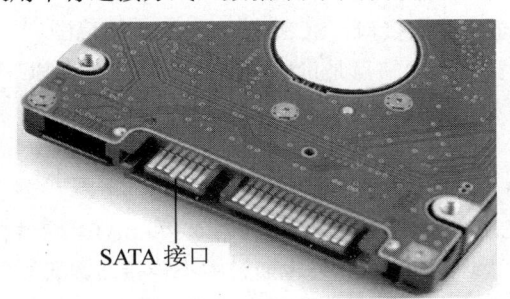

图 5-5　SATA 接口

使用串口的 ATA 接口，具备了更强的纠错能力，抗干扰性强，对数据线的长度要求比 ATA 低很多，很大程度上提高了数据传输的可靠性。串行接口还具有结构简单、支持热插拔等功能，SATA-II 的接口速度为 300MB/s，而新的 SATA-III 规格可达到 600MB/s。SATA 的数据线也比 ATA 的细得多，有利于机箱内的空气流通，整线也比较方便。

现在的微机中主要采用 SATA 接口硬盘。

（3）eSATA 接口

eSATA（External Serial ATA，扩展的 SATA），是为面向外接驱动器而制定的，为了防止误接，eSATA 的接口形状与 SATA 的接口形状不一样，如图 5-6 所示，连接线的最大长度为 2 米，支持热插拔功能。

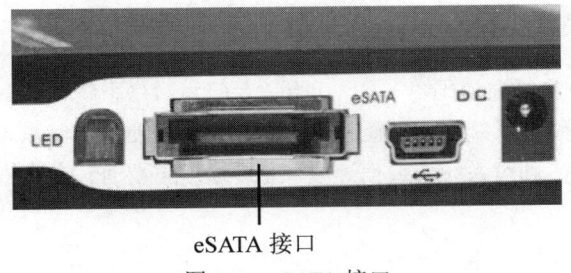

图 5-6　eSATA 接口

（4）SCSI 接口

SCSI（Small Computer System Interface，小型计算机系统接口），它是由 NOVELL 公司生产的

61

高速硬盘接口，又称硬盘协处理板。SCSI 是一种系统级接口，可以同时连接各种不同设备，如硬盘驱动器、光盘驱动器、磁带驱动器、扫描仪、打印机等，并通过命令与它们通信，最多可支持 32 个硬盘。SCSI 接口如图 5-7 所示。

图 5-7　SCSI 接口

　　SCSI 接口是同 IDE 完全不同的接口，SCSI 接口具有应用范围广，多任务，带宽大，CPU 占用率低，支持热插拔等优点。其主要缺点是价格高，需要另配一张 SCSI 接口卡才能使用，这使得它很难像 IDE 接口或 SATA 接口硬盘那样普及，SCSI 接口硬盘主要用于中、高档服务器等对硬盘性能要求较高的场合。

　　（5）SAS 接口

　　SAS（Serial Attached SCSI）是新一代的 SCSI 技术，和 SATA 硬盘相同，都是采取串行式技术以获得更高的传输速度，可达到 6Gb/s。此外也通过缩小连接线改善系统内部空间等。

　　此外，由于 SAS 硬盘可以与 SATA 硬盘共享同样的背板，因此在同一个 SAS 存储系统中，可以用 SATA 硬盘来取代部分昂贵的 SAS 硬盘，节省整体的存储成本。但 SATA 存储系统并不能衔接 SAS 硬盘，如图 5-8 所示。

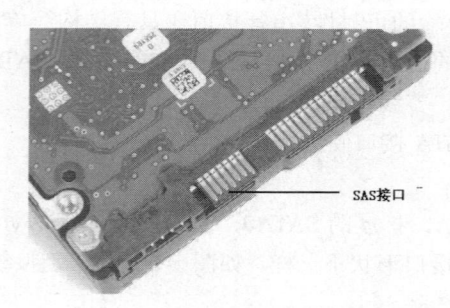

图 5-8　SAS 接口

　　（6）FC 硬盘

　　FC（Fibre Channel，光纤通道硬盘），一开始是专门为网络系统设计的，但随着存储系统对速度的需求，才逐渐应用到硬盘系统。光纤通道硬盘是为提高多硬盘存储系统的速度和灵活性才开发的，它的出现大大提高了多硬盘系统的通信速度。光纤通道主要有：支持热插拔、高速、远程连接、连接设备数量大等特点。

5.2.4　硬盘的工作原理

　　从 1968 年，IBM 公司首次提出"温彻斯特"技术的硬盘，到现在虽然大硬盘技术有了很大的发展，但仍没有脱离温彻斯特技术的框架。

1. 温彻斯特硬盘技术

现在的硬盘，无论是 IDE 接口、SCSI 接口，还是 SATA 接口或其他，都采用温彻斯特技术，温彻斯特技术硬盘具有以下特点：

（1）磁头、盘片及驱动机构密封。

（2）磁头工作时悬浮在高速转动的盘片上方，不与盘片接触。

（3）高速旋转的磁盘片表面平整光滑。

（4）磁头沿盘片径向移动。

2. 数据读写原理

硬盘的工作原理是利用特定的磁粒子的极性来记录数据。磁头在读取数据时，将磁粒子的不同极性转换成不同的电脉冲信号，再利用数据转换器将这些原始信号变成计算机可以使用的数据，写的操作正好与此相反。另外，硬盘中还有一个存储缓冲区，这是为了协调硬盘与主机在数据处理速度上的差异而设的。

硬盘驱动器加电正常工作后，利用控制电路中的单片机初始化模块进行初始化工作，此时磁头置于盘片中心位置，初始化完成后主轴电机将启动并以高速旋转，装载磁头的小车机构移动，将浮动磁头置于盘片表面的 0 道，处于等待指令的启动状态。当接口电路接收到微机系统传来的指令信号，通过前置放大控制电路，驱动音圈电机发出磁信号，根据感应阻值变化的磁头对盘片数据信息进行正确定位，并将接收后的数据信息解码，通过放大控制电路传输到接口电路，反馈给主机系统完成指令操作。在数据读取完毕后，结束硬盘操作的断电状态，在反力矩弹簧的作用下浮动磁头驻留到盘面中心。

3. 硬盘使用的注意事项

结合硬盘的工作原理，在使用硬盘时有以下的注意事项：

（1）硬盘在工作时不能突然关机

当硬盘开始工作时，一般都处于高速旋转之中，如果中途突然关闭电源，可能会导致磁头与盘片猛烈磨擦而损坏硬盘。因此最好不要突然关机，关机时一定要注意面板上的硬盘指示灯是否还在闪烁，只有当硬盘指示灯停止闪烁、硬盘结束读写后方可关闭计算机的电源开关。忽然断电会让磁头在还来不及回到着陆区的情况与盘片直接接触，可能使磁盘表面产生坏扇区。

（2）防止灰尘进入

灰尘对硬盘的损害是非常巨大的。这是因为在灰尘严重的环境下，硬盘很容易吸引空气中的灰尘颗粒，被吸引的灰尘长期积累在硬盘的内部电路、元器件上，会影响电子元器件的热量散发，使得电路板等元器件的温度上升，产生漏电而烧坏元件。因此硬盘的盘体是完全密封的，唯一可与内部相通的就是伺服口。伺服口就是硬盘的侧面上有一个孔，一般都是用铝质贴纸封住，有的甚至还用金属片包住封口的贴纸，防止它被破坏。当封口破损了，灰尘便会进入盘体，首先是硬盘的读写速度变得很慢，其次是硬盘的噪音会变得很大。这种情况下使用时间长了就会导致硬盘数据的丢失，更严重时可能导致盘片的损坏，所以要特别注意不要破坏封口。

另外灰尘也可能吸收水分，腐蚀硬盘内部的电子线路，造成一些莫名其妙的问题。所以灰尘体积虽小，但对硬盘的危害是不可低估的。因此必须保持环境卫生，减少空气中的潮湿度和含尘量。

（3）要防止温度过高

温度对硬盘的寿命也是有影响的，硬盘工作时会产生一定的热量，温度以 20～25℃为宜，温度过高或过低都会造成硬盘电路元件失灵，磁介质也会因热胀效应而造成记录错误；温度过低，空

63

气中的水分会凝结在集成电路元件上，可能造成短路。

另外，尽量不要使硬盘靠近强磁场，如音箱、喇叭、电机、电台、手机等，以免硬盘所记录的数据因磁化而损坏。在硬盘工作时不要有冲击碰撞，搬动时要小心轻放。

5.2.5 硬盘的性能指标

硬盘的性能参数有容量、磁头数、柱面数、盘片数、转速、缓存、缓冲区、S.M.A.R.T 支持、平均寻道时间、最大外部数据传输率、功耗等。下面介绍硬盘的最主要的性能指标。

1. 单碟容量

单碟容量是硬盘的重要参数之一，硬盘是由多个盘片组成，单碟容量就是指一个盘片所能存储的最大数据量。在垂直记录技术下，单碟容量从以前的 80GB 提升到 640GB，这可以提高总容量的大小，有利于降低生产成本，提高工作稳定性，加大内部数据传输率。

2. 容量

容量是指硬盘的存储空间大小，常用 GB 为单位。由于存储密度的进一步发展，硬盘容量的发展速度很快，目前主流硬盘的容量是 320GB 以上，但是日立计划推出 5TB 的 3.5 英寸硬盘，每平方英寸存储密度达到 1TB。

硬盘容量的计算：整个硬盘容量是多张单碟容量之和。其存储容量分为格式化容量和非格式化容量两种指标。格式化容量是非格式化容量的 80%。格式化容量的计算方法为：

格式化容量（B）=每扇区字节数×扇区数×柱面数×磁头数

其中：磁头数（Head）是指有多少个记录面；

柱面数（Cylinder）是指每个记录面划分有多少个磁道；

扇区数（Sector）是指每个磁道划分有多少个扇区；

每扇区字节数是指每个扇区可以存储多少个字节。

目前硬盘的容量有 36GB、40GB、45GB、60GB、75GB、80GB、120GB、150GB、160GB、200GB、250GB、300GB、320GB、400GB、500GB、640GB、750GB、808GB、1TB、1.5TB、2TB、2.5TB、3TB 等多种规格。

需要注意的是，硬盘的物理容量和接口控制以及 BIOS 寻址有关，为了进一步扩大硬盘可使用空间，现在采用逻辑方式来设置磁盘可访问空间。逻辑设置方式分为三种：Normal（普通模式）、LBA（逻辑块模式）、Large（巨大模式），如表 5-1 所示，说明了 3 种模式与 IDE 接口之间的关系。

表 5-1 3 种模式与 IDE 接口关系

模式	IDE 接口控制参数	IDE 硬盘容量
Normal	C=1024，H=16，S=63	小于 528MB
Large	C=2047，H=32，S=63	528MB～2.1GB
LBA	C=65535，H=64，S=255	528MB～136.9GB

3. 转速

硬盘的转速是指主轴马达，也就是盘片的转速，硬盘每分钟旋转的圈数，单位是 rpm（每分钟的转动数），有 3600rpm、5400rpm、5900rpm、7200rpm、10000rpm、15000rpm 等几种规格。

如今普通硬盘的转速一般有 5400rpm、7200rpm 两种，7200rpm 高转速硬盘也是现在台式机用户的首选；而对于笔记本电脑用户则是 4200rpm、5400rpm 为主，虽然已经有公司发布了 7200rpm 的笔记本电脑硬盘，但在市场中还较为少见；服务器用户对硬盘性能要求最高，服务器中使用的 SCSI 硬盘转速基本都采用 10000rpm，甚至还有 15000rpm 的，性能要超出家用产品很多。转速越高，通常数据传输速率越好，但同时噪音、耗电量和发热量也较高。

4. 缓存

缓存是硬盘与外部总线交换的场所。当磁头从硬盘的盘片上将磁记录转化为电信号时，硬盘会临时将数据保存到数据缓冲区中，当数据缓存内暂存数据完毕后，硬盘会清空缓存，然后继续下一次的缓存与清空。缓存主要有 2MB、8MB、16MB、32MB、64MB 等规格，目前大多数硬盘缓存已达到 32MB 或 64MB。

5. 平均存取时间

存取时间是指磁头从起始位置到达目标磁道位置稳定下来，并且从目标磁道上找到要读写的数据扇区所需时间。这包括寻道时间（磁头移动时间）、等待时间（所需存储器的数据扇区转到磁头下方所需的时间）。平均寻道时间为最大寻道时间和最小寻址时间之和的 1/3，平均寻道时间的单位是 ms（毫秒），有 5.2ms、8.5ms、8.9ms、12ms 等规格。平均等待时间为盘片旋转一周所需时间的一半，平均存取时间等于平均寻址时间与平均等待时间之和。

在单碟容量增大时，磁头的寻道时间和移动距离将减少，从而使平均寻道时间减少，加快硬盘的访问速度。

6. MTBF

MTBF 称为平均无故障时间，指硬盘从开始正常运行到下次出故障的时间的平均值，单位是小时，一般 MTBF 在 3 万到 4 万小时。

5.2.6 光盘驱动器与光盘

CD-ROM（Compact Disc-Read Only Memory，只读光盘驱动器，简称光驱），是利用光学原理存取信息的存储设备，具有存储容量大，速度快，兼容性强，信息可长期保存等优点，已成为重要的存储设备，现在的计算机大都配有光驱。

光驱这个概念包括了多种类型的设备，早期专指 CD-ROM，只读光盘驱动器；到现在还包括 DVD-ROM，数字只读光盘驱动器；CD-RW，光盘刻录机；DVD-RW，DVD 光盘刻录机等。

20 世纪 90 年代初，双倍速光驱的出现，使得 CD-ROM 驱动器既可以读取数据，也可以播放 VCD 影碟，光驱开始进入国内少数电脑玩家的豪华配置；到 20 世纪 90 年代后半期，随着个人计算机的普及，CD-ROM 达到了 16～40 倍速以上，并且价格大幅下降，使得光驱在一般的个人用户中迅速普及，成为多媒体计算机必不可少的设备之一。

1. CD-ROM 的结构

（1）CD-ROM 的正面

CD-ROM 光驱的前面板从左到右有耳机插孔、音量调节旋钮、紧急退盘孔、指示灯和弹出/缩进按钮，最上面为光盘托架，如图 5-16 所示。

耳机插孔：如今的光驱都自带了简单的音频解码器，因此将音乐 CD 放入光驱之后，用户可以通过光驱的解码系统来听音乐 CD，耳机插孔可以用来连接耳机。

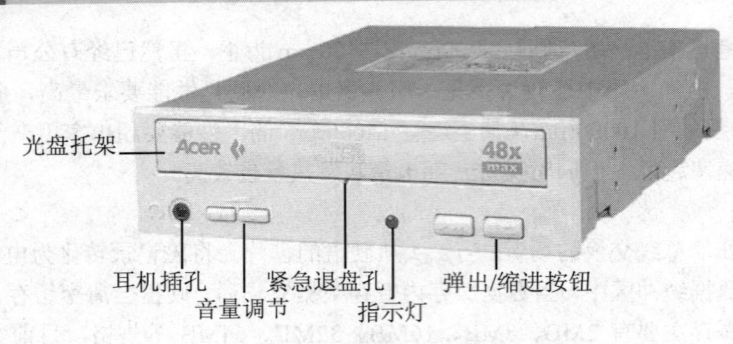

图 5-16 CD-ROM 正面图

音量调节按钮：音量调节旋钮用来调节播放声音的大小。

紧急退盘孔：在光驱无法正常弹出光盘时，可以先关闭计算机，然后用一根较细的针插入插孔来弹出托架，取出光盘。

指示灯：当 CD-ROM 光驱在读取数据时，指示灯亮，否则指示灯不亮。

弹出/缩进按钮：当需要将托盘弹出或放入光盘后使托盘弹进时需要按下此按钮。

光盘托架：光盘托架用来放置和输送光盘。

（2）CD-ROM 背面

CD-ROM 光驱的背面板从左到右依次为音频输出接口、跳线设定装置、数据线接口和电源接口，如图 5-17 所示。

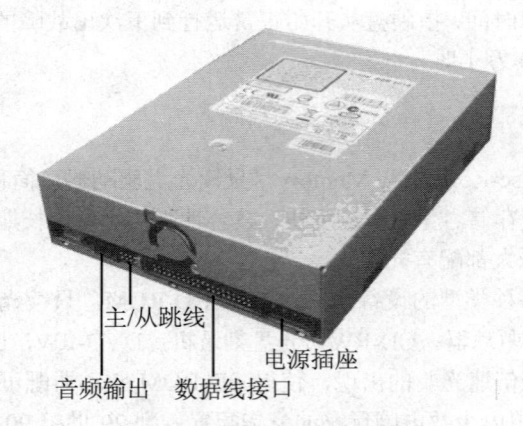

图 5-17 CD-ROM 背面图

音频输出接口：音频输出接口是一个 4 针的接口，用于连接声卡和 CD-ROM 光驱，将光盘上的音频数据通过 CPU 处理后经过声卡输出，一般很少使用。

主/从跳线：通过跳线进行主/从盘设置，如果要在主板的 IDE2 接口上连接 CD-ROM 光驱和 CD-RW 刻录机，则需要通过跳线设定把其中一个设备设定成主光驱，另一个设定成从属光驱，如果不加设置，则有可能其中一个光驱不能识别。

数据线接口：数据线接口用来与主板上的 IDE 接口相连接，通常将 40 芯的数据线一端插接在主板的 IDE 接口上，另一端插入光驱的数据线接口，用来与主机传输信号和数据。数据线的接入方法与硬盘数据线接入方法相同。

电源接口：电源线接口是一个 4 针的接口，为 CD-ROM 光驱提供需要的+5V 和+12V 直流电源。

2. CD-ROM 工作原理

CD-ROM 的数据存储是以光盘介质上的凹面和平面来区分数据代码"0"和"1"的，在光盘放入光驱后，光驱的电机带动光盘开始转动，负责读取数据的激光头射出激光光线，照射到盘面上，由于盘面有凹面和平面，而凹面和平面反射的激光强弱也是不同的，这些反射回的光线被激光头旁边的光敏元件接收，光敏元件根据反射光线的强弱将其转换成模拟的高低电平，光驱再把这样的模拟电平信号转换成数字信号存储于光驱的缓存中，计算机再通过读取光驱缓存中的数据得到光驱中的数据。

3. CD-ROM 的种类

CD-ROM 光驱可以按接口、安装位置和读取速度三种方式来分类。

（1）按接口分类

按接口可将 CD-ROM 光驱分为 IDE 接口、SCSI 接口和 USB 接口三种。

①IDE 接口：IDE 接口的 CD-ROM 光驱是目前应用最广泛的光驱，它是通过数据线直接接在主板的 IDE 接口上，和硬盘的连接方式相同。

②SCSI 接口：SCSI 接口的 CD-ROM 光驱需要配置 SCSI 接口卡，SCSI 接口卡又分为 ISA 和 PCI 两种接口，数据传输速率有 40Mb/s、80Mb/s、160Mb/s 等几种，当然，速度越快，价格越高。SCSI 接口的 CD-ROM 光驱兼容性好，接口速度快，但价格比较昂贵，主要用于工作站、服务器等高档计算机中。

③USB 接口：USB 接口的 CD-ROM 光驱使用最为方便，支持即插即用功能，安装时不需要关掉计算机电源，只要直接与 USB 接口连接，计算机就能自动识别这种光驱。USB 接口 CD-ROM 光驱使用方便、灵活，是未来光驱的发展方向。

（2）按安装位置分类

根据 CD-ROM 光驱在计算机上的安放位置可分为内置光驱和外置光驱。

①内置光驱：放置在计算机的机箱内部，占用一个驱动器的位置，是目前最常见的安装方式。

②外置光驱：放置在计算机的外部，其最大的优点是方便移动，但由于增加了防尘设计，且需自带电源，因此价格较高，在性能上与内置光驱没有区别。

（3）按读取速度分类

CD-ROM 光驱的读取速度是按倍速来计算的，单倍速为 150KB/s，如 8 倍速光驱的传输速度为 150×8=1.2MB/s，在光驱上用 8X 来表示。按这种方式可将其分为 4X、6X、8X、16X、24X、32X、40X、52X、56X，目前 CD-ROM 所能达到的最大 CD 读取速度是 56 倍速。

4. CD-ROM 的性能指标

CD-ROM 光驱的性能指标有以下几项：平均数据的传输率、读盘方式、高速缓存、CPU 占用率。

（1）平均数据的传输率

平均数据的传输率是 CD-ROM 光驱最基本的性能指标，它决定了光驱的数据传输率。CD-ROM 光驱的数据传输率是指 1s 能够读取的数据量，传输速率越高，读取速度就越快。单倍速标准为 150KB/s，然后将其倍速数与单倍速相乘，结果即为 CD-ROM 光驱的数据传输率。如 4 倍速光驱的数据传输率为 600KB/s。

（2）读盘方式

CD-ROM 光驱通常有 4 种读盘方式：恒定线速度 CLV、恒定角速度 CAV、区域恒定角速度 P-CAV

和区域恒定线速度 Z-CAV。

①CLV：CLV 技术的特点是线速度相等，即从盘片的内圈向外圈的移动过程中，单位时间内读取的轨道弧线长度相等，由于内、外圈半径不等，因此激光头靠近内圈时，盘片转动速度比靠近外圈时快。

随着光驱速度的大幅提升，采用这种方式的缺陷越来越明显，对于高速光驱来说，在内、外圈时的轴电机的速度变化范围非常大，致使轴电机的负载过重，使光驱耐用性大幅下降，因此该技术常用于 12 倍速以下的 CD-ROM 光驱。

②CAV：CAV 技术的特点是角速度相等，即指盘片在单位时间内，旋转的角度相同，但其数据传输率是可变的，读取光盘外圈时，数据传输率要高一些。由于不需要寻道时经常改变电机转速，因此读取性会得到大大改善。

③P-CAV：P-CAV 技术是 CAV 和 CLV 两种技术的结合，在部分区域内保持旋转速度不变。当激光头读取内圈数据时，让角速度不变，线速度增加；读取外圈数据时，角速度增加。但在实际工作中，在随机读取时，采用 CLV，一旦激光无法正常读取数据时，立即转换成 CAV，具有更大的灵动性和平滑性。

④Z-CAV：Z-CAV 技术是光驱将光盘的内圈到外圈分为多个区域，在每一个区域用稳定的 CLV 速度读取，在区域与区域间采用 CAV 方式过渡，这样做的好处是缩短了读取时间和提高读取准确率。

现在的光驱很少采用 CLV 方式，多采用 CAV 或 P-CAV 方式，对于高倍速刻录机多采用 Z-CAV 或 P-CAV 方式。

(3) 高速缓存

由于 CD-ROM 光驱的传输速度和内存不匹配，为了减少差距，因而在 CD-ROM 光驱上加入高速缓存模块，当内存读取光盘数据时，光盘光驱将数据发送到高速缓存，然后内存从高速缓存中读取这些数据。它的容量大小直接影响到光驱的运行速度，目前的 CD-ROM 光驱一般都有 256KB、512KB 以上的缓存。对相同倍速的光驱，高速缓存越大，CD-ROM 的响应速度和突发数据传输率就越大。

(4) CPU 占用率

CPU 占用率是指 CD-ROM 光驱在读取数据时占用 CPU 的时间，这是衡量光驱性能的一个重要指标。有较低的 CPU 占用率的光驱，可以将节省下来的 CPU 时间用于其他任务，从而提高整个系统的性能。在 CD-ROM 驱动器中，有三个因素影响 CPU 利用率：驱动器的速度和记录方式、驱动器缓存大小以及接口类型。

5. CD-ROM 新技术

CD-ROM 经过多年的发展，现已有以下一些新的技术：

(1) 全钢机芯：全钢是指主轴马达和机械传动组件以及附属的支撑结构均为钢制的。与塑料机芯相比，全钢机芯能够降低光盘在 10000rpm 以上高速旋转所产生的热量和震动，提高读盘能力，不易老化，寿命比塑料机芯要长得多，主要缺点是噪声比塑料机芯光驱略大。

(2) 数字伺服系统：是指通过数字信号来控制激光头组件发射功率的大小，在光盘质量好时，减小发射功率，质量较差时增大发射功率以提高纠错能力。现已被大多数 CD-ROM 驱动器采用。

(3) 人工智能纠错技术：在光驱研发过程中，将可能遇到的不良盘片按不同情况分类整理并制定相应的读盘方案，然后将这些方案存储在光驱固件中，针对不同质量的盘片，光驱可根据这些方案进行容错读盘。

（4）双动态悬浮减震系统和动态阻尼装置：在机芯和外壳接触的部位加装缓冲装置，吸收主轴电机和盘片在高速旋转时产生的震动并降低高速运行时的机械噪音，这种技术在高倍速光驱中广泛采用。

（5）手动降速：随着 CD-ROM 驱动器的速度的增加，噪声与震动会随之增加，现在有些厂家发明了降速技术，通过按光驱面板上的 Play 或 Eject 键几秒钟，主轴马达的转速将自动降低到一个较低水平，例如可以将光驱从 52 倍速降到 16 倍速或 8 倍速，这样不但降低噪声和震动，也可以提高光驱读盘能力，成为现在的热点技术之一。

5.2.7 光盘刻录机

光盘刻录机是可以对光盘进行写入的设备，分为 CD-ROM 光盘刻录机和 DVD 光盘刻录机两类。

1. CD-ROM 光盘刻录机

分为 CD-R 和 CD-RW 两种光盘刻录机。光盘刻录机和 CD-ROM 的基本原理是一样的，CD-ROM 光驱是以低能量激光束读取光盘上的信息，光盘刻录机使用强激光束写数据。另外还有多用途的 COMBO 刻录机，这是一种集 CD-R/RW 和 DVD-ROM 为一体的光驱，它既可以刻录 CD-R 或者 CD-RW 光盘，也可以读取 DVD 光盘，当然还可以当作 CD-ROM 光驱来使用。

CD-ROM 刻录机的工作原理：

（1）CD-R 的工作原理：CD-R 驱动器由高功率的激光束照射在 CD-R 光盘片的染料层，使 CD-R 光盘片的介质层产生化学反应，使得 CD-R 光盘片的介质层产生凹坑，模拟出 0、1 的差别。由于化学变化产生了光盘片质的改变，所以 CD-R 光盘片只能刻录一次而不能复原重新写入。

（2）CD-RW 的工作原理：CD-RW 驱动器与 CD-R 驱动器在技术上所不同的是，CD-RW 驱动器采用先进的相变技术，CD-RW 光盘片内部镀上一层特殊介质的薄膜，而此种薄膜的材质多为银、钢、硒或碲的结晶层。这个结晶层的特色是能呈现出结晶与非结晶的状态。在刻录数据时，高功率的激光束反射到 CD-RW 光盘片的介质层时，会产生结晶和非结晶两种状态，光盘制作的介质层可以在这两种状态中相互转换，从而达到重复擦写的目的。

2. DVD 光盘刻录机

DVD 光盘刻录机有 DVD-RAM、DVD-R/RW、DVD+R/RW 以及 DVD±R/RW 等众多 DVD 刻录机产品。

主流 DVD 刻录机是 DVD-R/RW 和 DVD+R/RW，它们与 CD-R/RW 一样是在预刻沟槽中进行刻录。不同的是，这个沟槽通过定制频率信号的调制而成为"抖动"形，被称作抖动沟槽。它的作用就是更加精确地控制马达转速，以帮助刻录机准确掌握刻录的时机，这与 CD-R/RW 刻录机的工作原理是不一样的。另外，虽然 DVD-R/RW 和 DVD+R/RW 的物理格式是一样的，但由于 DVD+R/RW 刻录机使用高频抖动技术，所用的光线反射率也有很大差别，因此这两种刻录机并不兼容。

3. 刻录机的主要技术指标

刻录机的技术指标很多，主要有以下一些技术指标：

（1）接口类型

刻录机有内置和外置两种安装形式，安装形式往往与接口类型有关，如内置刻录机只有 IDE 和

SCSI 两种接口类型。外置刻录机按其接口类型划分有并行口 IDE、SCSI 接口、USB 接口、IEEE 1394 接口以及 PCMCIA 卡。外置刻录机需要根据不同接口类型使用专用数据连线和主机连接，除并口 IDE 和 USB 外，均需通过专用卡连接。

（2）速度

刻录机的速度有写速度、复写速度和读速度三种。写速度就是在刻录软件中刻录 CD-R 的刻录速度，复写速度就是 CD-RW 的擦写速度，读速度等同于光驱的读速度。同一台刻录机的复写速度低于刻录速度。例如某一刻录机的速度为"40x12x48"，表示写速度为 40 倍速，复写速度为 12 倍速，读速度为 48 倍速。

（3）缓存容量

在光盘刻录的过程中，源数据首先送往刻录机的缓存，再由缓存供给激光头使用，随着数据从缓存送出，新的数据再不断补充进来。CD-R 刻录技术的要求是，激光头的数据流必须源源不断，一旦数据中断，刻录将停止，且不能继续从断点再刻。所以普遍采取提高速度的同时增加缓存来防止这种错误的发生，随着刻录速度的不断提高，目前刻录机的缓存大多为 8MB 或 16MB。

（4）支持盘片的最大容量

刻录机可以刻录的容量有个基本限度，早期刻录机为 650MB/74min，目前刻录机均已支持标准容量为 650MB/74min 和 700MB/80min 盘片的刻录。随着盘片制造技术的发展与人们刻录的需要，大容量 CD-R 盘便应运而生，目前市售的有 800MB/90min 和 870MB/99min 两种，俗称超长盘。

5.2.8 DVD 驱动器

1. DVD 驱动器

DVD（Digital Versatile Disc，数字通用光盘）光驱指读取 DVD 光盘的设备，可以同时兼容 CD 光盘与 DVD 光盘。DVD 光驱与 CD 光驱外观相似，如图 5-17 所示，其安装到计算机中的方法也同 CD 光驱一样。

图 5-17 DVD 光驱

DVD 盘片与普通盘片外观也没有区别，但它采用了高密度记录线等技术，DVD 容量比 CD 大得多，DVD 容量有四种：单面单层 4.7GB，单面双层 8.4GB，双面单层 9.4GB，双面双层 17GB。

DVD 光驱的速度有 2 倍速、4 倍速、8 倍速和 16 倍速，DVD 的一个倍速相当于 CD-ROM 的 9 倍速。例如，4 倍速的 DVD 光驱，在读取 DVD 时为 4 倍速，读取 VCD 时其读取速度相当于 36 倍速的 CD-ROM 光驱。

2. DVD 光驱的工作原理

DVD 光驱工作原理与 CD-ROM 光驱差不多，也是先将激光二极管发出的激光经过光学系统形成光束射向盘片，然后从盘片上反射回来的光束照射到光电接收器上，再转变成电信号。由于 DVD 必须兼容 CD 光盘，而不同的光盘所刻录的坑点和密度均不相同，当然对激光的要求也不同，这就要求 DVD 激光头在读取不同盘片时要采用不同的光功率。

3. 光盘驱动器的日常维护

各种光盘驱动器的日常维护应注意以下几个方面：

（1）轻拿轻放。由于光盘驱动器内的激光透镜和光电控制器件非常脆弱，因此要轻拿轻放，在远距离运输过程中还应注意防震。

（2）定期清洗光驱激光头。由于光驱的激光头和光盘的距离很近，因此，在开关光驱时，会带入灰尘杂质，而且不干净的光盘在高速旋转时也可能将其表面污垢附着在激光头上。长时间后，就会造成数据读取错误，因此应该经常清洗光驱激光头。

（3）注意防尘。由于灰尘进入光驱极易造成故障，因此应该注意防尘措施。

（4）防止磨损和损坏托盘。当光驱使用完后，应及时将盘片取出，以减少对光驱的磨损；由于光驱的托盘非常脆弱，因此要注意轻拿轻放盘片且不要用力压托盘，以防止意外损坏。

5.2.9 移动存储器

1. U 盘

U 盘，如图 5-18 所示，全称"USB 闪存盘"，英文名"USB Flash Disk"。它是一个 USB 接口的无需物理驱动器的微型高容量移动存储产品，可以通过 USB 接口与计算机连接，实现即插即用。U 盘的称呼最早来源于朗科公司生产的一种新型存储设备，名为"优盘"，使用 USB 接口进行连接。连到计算机的主机后，U 盘的资料可与计算机交换。而之后生产的类似技术的设备由于朗科已进行专利注册，而不能再称之为"优盘"，而改称谐音的"U 盘"。后来 U 盘这个称呼因其简单易记而广为人知，而直到现在这两者也已经通用，并对它们不再作区分，是移动存储设备之一。

图 5-18 U 盘

U 盘最大的优点就是：小巧便于携带、存储容量大、价格便宜、性能可靠。U 盘体积很小，仅大拇指般大小，重量极轻，一般在 15 克左右，特别适合随身携带，可以把它挂在胸前、吊在钥匙串上、甚至放进钱包里。现在常见 U 盘容量有 2GB、4GB、8GB、16GB、32GB、64GB 等，价格上以最常见的 4GB 为例，50 元左右就能买到。U 盘中无任何机械式装置，抗震性能极强。另外，

U 盘还具有防潮、防磁、耐高低温等特性，安全可靠性很好。

U 盘在使用时插入主机的 USB 接口即可，从 Windows Me 以后的操作系统，都支持 U 盘的即插即用功能。

U 盘至今已经历了三代的发展，从 USB 1.0/1.1，到 USB 2.0，再到 USB 3.0，表 5-1 列出了三代 USB 接口的传输速率的改进。

表 5-1 三代 USB 的速率对比

	传输速率	传输速率
USB 1.0/1.1	1.5Mbps～12Mbps	183KB/s～1.4MB/s
USB 2.0	480Mbps	57MB/s
USB 3.0	4.8Gbps	570MB/s

USB 1.0/1.1 阶段，USB 接口作为传统串口、并口的替代者，在传输速度方面分别为 Low Speed 的 1.5Mbps 和 Full Speed 的 12Mbps，虽然这个速度在当时已经相对串口和并口提高了很多，但是对于大容量数据传输来说，甚至还不如现在的宽带下载速率。

USB 2.0 相比 USB 1.0/1.1 来说，在速率上有了质的提高，不过由于 USB 2.0 的工作方式为半全工（Half Duplex）模式，因此在实际传输速率上很难达到理想的 480Mbps，通常实际速率只能稳定在 200Mbps 左右，只有在瞬间峰值才有可能达到理想状态。

USB 3.0 在速度上比 USB 2.0 有大幅度提高的一个重要原因就是其工作模式提升为全双工（Full Duplex）模式，因此在一个时钟周期内的数据传输效率会有较大幅度提高。

现在的 USB 3.0 移动硬盘系列产品包括 USB 3.0 移动硬盘、USB 3.0 闪存固态移动硬盘和 PCI Express to USB 3.0 转接卡——后者主要是为了解决目前不少计算机主机不支持 USB 3.0 标准而提供的解决方案。

2. 固态硬盘

固态硬盘（Solid State Drive、IDE Flash Disk）是用固态电子存储芯片阵列而制成的硬盘，固态硬盘的接口规范和定义、功能及使用方法与普通硬盘的相同，在产品外形和尺寸上也与普通硬盘一致。其芯片的工作温度范围很宽（-40~85℃）。目前广泛应用于军事、车载、工控、视频监控、网络监控、网络终端、电力、医疗、航空、导航设备等领域。虽然目前成本较高，但也正在逐渐普及到 DIY 市场。固态硬盘如图 5-19 所示。

图 5-19 2.5 英寸 SSD 固态硬盘

由于固态硬盘技术与传统硬盘技术不同，所以产生了不少新兴的存储器厂商。厂商只需购买 NAND 存储器，再配合适当的控制芯片，就可以制造固态硬盘了。新一代的固态硬盘普遍采用 SATA-2 接口及 SATA-3 接口。

固态硬盘与普通硬盘比较，有以下优点和缺点：

优点是：启动快、读取延迟小、碎片不影响读取时间、写入速度快、无噪音、发热量较低、不会发生机械故障、工作温度范围更大、体积小、重量轻、抗震动等。

缺点是：成本高、容量低、写入寿命有限、数据难以恢复、能耗较高等。

3. 闪存卡

闪存卡（Flash Card）是利用闪存（Flash Memory）技术达到存储电子信息的存储器，一般应用在数码相机、掌上电脑、MP3 等小型数码产品中作为存储介质，它样子小巧，有如一张卡片，所以称之为闪存卡。闪存卡如图 5-20 所示。

根据不同的生产厂商和不同的应用，闪存卡分为 SmartMedia（SM 卡）、Compact Flash（CF 卡）、MultiMediaCard（MMC 卡）、Secure Digital（SD 卡）、Memory Stick（记忆棒）、XD-Picture Card（XD 卡）和微硬盘（Microdrive）等。这些闪存卡虽然外观、规格不同，但是技术原理都是相同的。

由于闪存卡的诸多优点及闪存卡的应用领域，闪存卡已渐渐取代了传统的存储介质，成为未来存储界的主力军。在数码相机及手机等其他电子存储领域，其市场潜力巨大。

4. 磁光盘

MO（Magneto-Optical Disk，磁光盘）存储是另外一种被认为可以长期存储数据的格式，在一些欧洲国家里，它是用来进行医学镜像数据的标准格式。磁光盘和磁光盘机如图 5-21 所示。

图 5-20　闪存卡　　　　　　　　　图 5-21　磁光盘与磁光盘机

MO 是结合光学与电磁学而成的一种存储技术，能让用户在传统的 3.5 英寸或 5.25 英寸的盘片上存储从 230MB 直到 9.1GB 的数据。从理论上，MO 盘片可以进行不限次数的读写，实际运用中，改写次数也在 50 万次以上，寿命可达 30 年以上。它的性能和容量成正比，2.6GB 的 MO 速度已经非常接近硬盘了。MO 驱动器的价格较贵，但由于它的盘片容量较大，每兆的花费只有 ZIP 盘片的五分之一。目前生产 MO 驱动器的厂家主要有富士通、索尼、HP、IBM、Maxtor、Olympus、Teac、Pinnacle、Micro 等公司，而由日本富士通公司主推。接口形式分为 USB 和 SCSI 两种。

虽然 MO 现在并不是很普及而且并没有被广泛使用，但是以其良好的稳定性在未来可能有很大的市场。

5. 移动硬盘

移动硬盘（Mobile Hard Disk），顾名思义是以硬盘为存储介质，在计算机之间交换大容量数据，强调便携性的存储产品。移动硬盘如图 5-22 所示。

图 5-22 移动硬盘

移动硬盘具有以下特点：

(1) 容量大

移动硬盘可以提供相当大的存储容量，是一种较具性价比的移动存储产品。在大容量"闪盘"价格还无法被用户所接受的情况下，移动硬盘能在用户可以接受的价格范围内，提供给用户较大的存储容量和不错的方便性。市场中的移动硬盘能提供 80GB、120GB、160GB、320GB、640GB 等，最高可达 5TB 的容量，可以说是 U 盘、磁盘等闪存产品的升级版。随着技术的发展，移动硬盘将容量越来越大，体积越来越小！

(2) 体积小

移动硬盘的尺寸分为 1.8、2.5 和 3.5 英寸三种。2.5 英寸移动硬盘可以用于笔记本电脑。移动硬盘体积小，重量轻，便于携带，一般没有外置电源，移动硬盘绝大多数是 USB 接口。

(3) 传输速度高

移动硬盘大多采用USB、IEEE 1394、eSATA接口，能提供较高的数据传输速度。不过移动硬盘的数据传输速度还一定程度上受到接口速度的限制，尤其在USB 1.1接口规范的产品上，在传输较大数据量时，将考验用户的耐心。而USB 2.0、IEEE 1394、eSATA 接口就相对好很多。USB 2.0 接口传输速率是 60MB/s，IEEE 1394 接口传输速率是 50~100MB/s，而eSATA达到 1.5Gbps～3Gbps 之间。

(4) 可靠性高

数据安全一直是移动存储用户最为关心的问题，也是人们衡量该类产品性能好坏的一个重要标准。移动硬盘以高速、大容量、轻巧便捷等优点赢得许多用户的青睐，而更大的优点还在于其存储数据的安全可靠性。这类硬盘与笔记本电脑硬盘的结构类似，多采用硅氧盘片。这是一种比铝、磁更为坚固耐用的盘片材质，并且具有更大的存储量和更好的可靠性，提高了数据的完整性。

5.2.10 笔记本硬盘

笔记本硬盘是专为像笔记本电脑这样的移动设备而设计的，具有体积小、功耗低、防震等特点。如图 5-23 所示。

笔记本电脑所使用的硬盘一般是 2.5 英寸，而台式机为 3.5 英寸，笔记本电脑硬盘是笔记本电脑中为数不多的通用部件之一，基本上所有笔记本电脑硬盘都是可以通用的。

图 5-23　笔记本硬盘

笔记本电脑硬盘和台式机硬盘从产品结构和工作原理看，并没有本质的区别，笔记本硬盘最大的特点就是体积小巧，目前标准产品的直径仅为 2.5 英寸（还有 1.8 英寸甚至更小的），厚度也远低于 3.5 英寸硬盘。一般厚度仅有 8.5～12.5mm，重量在 100 克左右。笔记本电脑内部空间狭小，散热不便，且电池能量有限，再加上移动中难以避免的磕碰，对其部件的体积、功耗和坚固性等提出了很高的要求。

在转速方面，笔记本硬盘仍然是只有 5400 转的主流转速，而台式机硬盘已经达到 7200 转的主流转速，硬盘成为了绝大多数的笔记本电脑的性能瓶颈。

笔记本硬盘的接口类型有 IDE 和 SATA 两种，早期笔记本电脑的接口采用的主要是 IDE 接口的 Ultra ATA/DMA 33，后来 Ultra ATA/DMA 66/100/133 也被运用到了笔记本硬盘上，现在笔记本硬盘中也开始广泛应用 SATA 接口技术，其传输速度高达 150Mb/s。

5.3　能力技能操作

5.3.1　职业素养要求

（1）严禁带电操作，观察硬件时一定要把 220V 的电源线插头拔掉。
（2）爱护计算机的各个部件，轻拿轻放，切忌鲁莽操作，尤其是硬盘不能碰撞或者跌落。
（3）积极自主学习和扩展知识面的能力。

5.3.2　外存储器的选购

1. 硬盘的选购

硬盘是计算机中的重要部件之一，不仅价格昂贵，存储的信息更是至关重要，每个购买计算机的用户都希望选择一个性价比高、性能稳定的好硬盘。速度、容量、安全性一直是衡量硬盘的最主要的三大因素。

选购硬盘首先应该从以下几方面加以考虑：

（1）硬盘容量

硬盘的容量是非常关键的，大多数被淘汰的硬盘都是因为容量不足，不能适应日益增长的海量数据的存储。由于硬盘容量的发展也非常迅速，在现阶段一般应该购买 300GB 以上的硬盘，这当然得根据具体需求来作决定。

（2）硬盘速度

根据"木桶效应"的原则，由于硬盘的读写离不开机械运动，其速度相对于CPU、内存、显卡等的速度来说要慢得多，可以说硬盘的性能决定了计算机的最终性能。

硬盘速度的快慢主要取决于转速、缓存、平均寻道时间和接口类型，在硬盘的内部传输率，即磁头到缓存之间的速率，已成为瓶颈的情况下，仅仅改进接口类型来提高外部数据传输率对总体性能的影响不大。因此，提高硬盘的速度需要从转速、缓存大小和平均寻道时间几个方面综合考虑。

①转速。转速是影响硬盘性能最重要的因素之一，目前市场上流行的是5400rpm（每分钟转数）和7200rpm的硬盘。不宜选用低于5400rpm的产品，7200rpm或以上的应优先考虑。

②平均寻道时间。这个时间越小越好，一般要选择平均寻道时间在10ms以下的产品。

③内部数据传输率。内部数据传输率是指磁头到硬盘的高速缓存之间的数据传输速度，这可以说是影响硬盘整体速度的瓶颈，选购硬盘时需要对内部数据传输率多加关注。

④接口方式。现在常用的硬盘基本都采用的是DMA 100/133或SATA、SCSI的接口方式。要注意SCSI硬盘接口有三种，分别是50针、68针和80针。常见到硬盘型号上标有"N"、"W"、"SCA"，就是表示接口针数的。N即窄口（Narrow），50针；W即宽口（Wide），68针；SCA即单接头（Single Connector Attachment），80针。其中80针的SCSI盘一般支持热插拔。

⑤高速缓存。高速缓存的大小对硬盘速度有较大影响，当然是越大越好，不应低于2MB。

（3）尺寸

现在的硬盘大都是3.5英寸，高度为1英寸，并且都有自动定位磁头功能，关机时不必输入Pack指令。

（4）品牌

生产硬盘的厂家很多，主要有希捷、西数、迈拓、昆腾、IBM、Intel、东芝、Conner、Fujistu、NE、JTS等公司，其中前五个厂家生产的硬盘市场占有率较高，在选购时是首选品牌。

2. DVD光驱的选购

（1）品牌，市面上较常见的品牌主要有索尼、三星、LG、华硕、创新、日立、东芝等。

（2）倍速，也就是数据的传输率。一般来说，8倍速以上的DVD光驱对我们来说已是完全够用了。

（3）多格式支持，就是指该DVD光驱能支持和兼容读取多少种碟片。一般来说，一款合格的DVD光驱除了要兼容DVD-ROM、DVD-VIDEO、DVD-R、CD-ROM等常见的格式外，对于CD-R/RW、CD-I、VIDEO-CD、CD-G等都要能很好地支持，当然是能支持的格式越多越好。

（4）接口方式，DVD光驱的接口主要有IDE接口和SCSI接口两种。目前的DVD光驱有些采用的是SCSI接口。

（5）缓存，DVD光驱同CD光驱一样，缓存越大，其整体数据传输速率越快，现在主流的DVD光驱一般采用了1MB以上的缓存。

（6）区域代码问题，大家在选购的时候只要注意购买标有本区代码，也就是中国区域代码的就可以了，这在DVD光驱的面板上或说明书上一般都有明显的标记或说明。

5.3.3 硬盘和光驱的安装

1. IDE 硬盘的安装

IDE 硬盘的安装步骤如下：

（1）安装前的工具准备：数据线、跳线、螺丝刀。其中硬盘的数据线分为 40 芯和 80 芯两种，如图 5-24 所示，它们都是 40 个针插头，都可以连接 IDE 设备。所不同的是：40 芯的数据线只能实现 Ultra ATA/33 传输速率，而 80 芯的数据线比 40 芯的数据线增加了 40 条地线，这 40 条地线可以减少在高频传输时两数据线间的干扰，可以实现 Ultra ATA/66、Ultra ATA/100 和 Ultra ATA/133 的传输速度。

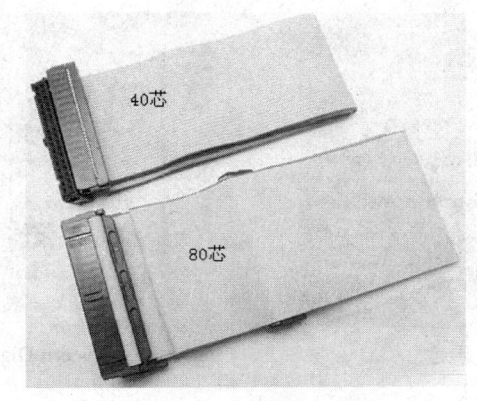

图 5-24 两种数据线

（2）设置硬盘的主从盘。一个 IDE 接口上可以接两个 IDE 设备，如果需要把两个 IDE 设备都接上，则需要将一个设为主盘（Master），另一个设为从盘（Slave）的跳线方式。IDE 硬盘在出厂时一般预设为 Master，如果只有一个硬盘，则不必改变这个设置，如果有两个硬盘，则必须将另一个设为 Slave，一般将性能好的一个设为 Master，性能差的一个设为 Slave。

如果硬盘跳线设置错误，会导致一个 IDE 通道上的两个设备冲突，不能使计算机正常引导，但不会导致硬件损伤。一般只有接在同一根 IDE 数据线的两个设备的跳线设置相同时才会引起冲突，比如都设置成主盘或都设置成从盘了。硬盘跳线还没有统一的标准，因此需要看一下主流硬盘的具体跳线说明。通常可以在硬盘的电路板上、硬盘正面或 IDE 接口旁边上找到跳线说明图示。

Seagate 硬盘的跳线设置图示一般可以在盘体的反面找到，短接的跳线被框上长方框，主要有四种设置方式："Master or single drive"（表示设置硬盘为主盘或该通道上只单独连接一个硬盘，即该硬盘独占一个 IDE 通道，这个通道上不能有从盘）、"Drive is slave"（表示当前硬盘为从盘）、"Master with a non-ATA compatible slave"（表示存在一个主盘，而从盘是不与 ATA 接口硬盘兼容的硬盘，这包括老式的不支持 DMA33 的硬盘或 SCSI 接口硬盘）、"Cable select"（使用数据线选择硬盘主从）、无跳线（表示当前硬盘为从盘）。

Western Digital 硬盘的跳线设置图示一般可以在盘体的正面找到，短接的跳线被框上黑色长方块，主要有三种设置方式："Slave"（表示当前硬盘为从盘）、"Master w/Slave Present"（表示当前盘为主盘，同时存在从盘）、"Single or Master"（表示设置硬盘为主盘或该通道上只单独连接一个硬盘，即该硬盘独占一个 IDE 通道，这个通道上不能有从盘）。

Maxtor 硬盘的跳线设置图示一般可以在盘体的正面找到，短接的跳线被涂上黑色，主要有三种设置方式："Master（Factory default）"（主盘）、"Slave（Jumper Parking Position）"（从盘）、"Cable Select for Master/Slave"（电缆选择）。

传统的硬盘上只有 Master、Slave、Cable Select 三种跳线，个别的硬盘组合更多一点，也还是离不开这几个概念。但 IBM 硬盘与众不同，它的跳线特别复杂，其跳线设置图示一般可以在接口上方找到，主要有四种设置方式："Device 0（Master）"（主盘）、"Device 1（Slave）"（从盘）、"Cable Select"（电缆选择）、"Forcing DEV 1 Present"（即设备 0 强制设备 1 存在，如果从盘比较旧，不能告之系统总线自己的存在，就应该将主盘设置为本跳线）。

具体的硬盘跳线设置方法如图 5-25 所示。

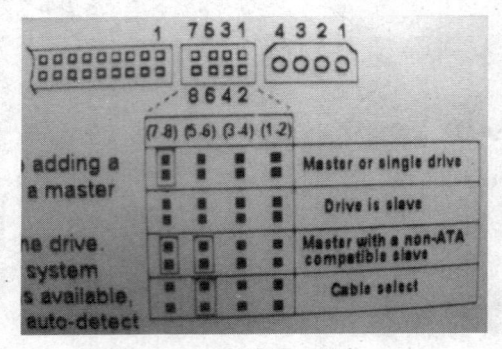

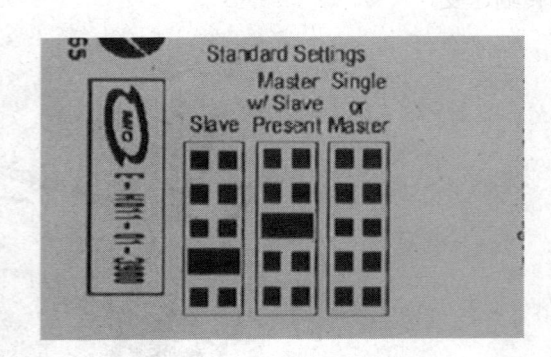

Seagate（希捷）硬盘　　　　　　　　　　　Western Digital（西数）硬盘

Maxtor（迈拓）硬盘　　　　　　　　　　　IBM 硬盘

图 5-25　硬盘跳线设置

（3）将硬盘固定在机箱支架上。在机箱里找到安装硬盘的位置，如图 5-26 所示，用螺钉固定在托架上，一般硬盘在安装好后正常使用时应水平摆放。

（4）安装硬盘电源线和数据线。将机箱电源上的 D 型 4 针电源线（如图 5-27 所示）以及 40/80 针的数据线接在如图 5-28 所指定的位置。

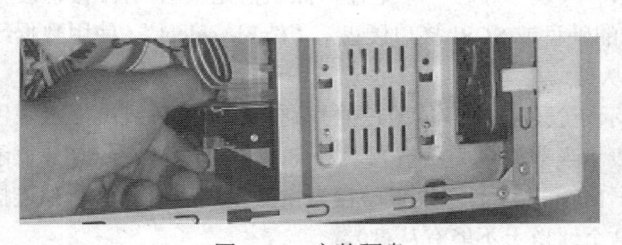

图 5-26　安装硬盘　　　　　　　　　　　图 5-27　D 型 4 针电源线

（5）将数据线与主板 IDE 接口相连。一般主板都有两个 IDE 插槽，标示为 IDE1 和 IDE2，如图 5-29 所示。在连接数据线时，只需将数据线上凸起和 IDE 插槽上的缺口对应插入，便可正确连接 IDE 数据线。

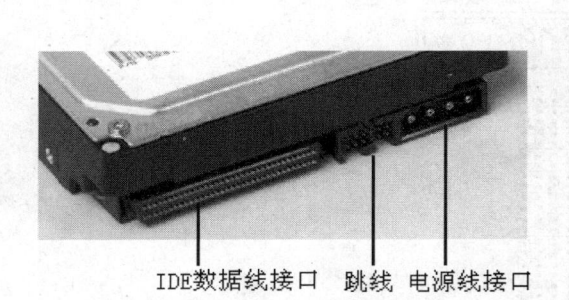

图 5-28　安装电源线和数据线

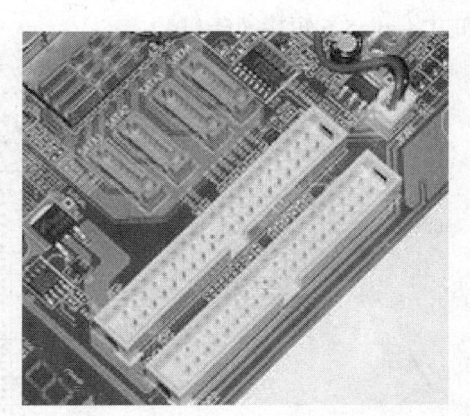

图 5-29　主板上的 IDE 插槽

2. SATA 硬盘的安装

SATA 硬盘采用点对点传输方式，不像 IDE 硬盘那样需要进行主从盘设置，所有 SATA 硬盘都是对等的，一个 SATA 接口只与一个 SATA 硬盘连接，安装比 IDE 硬盘简单。

（1）将 SATA 硬盘固定在机箱内，其方法与 IDE 硬盘一样。

（2）在 SATA 硬盘上有两个线缆接口，一个是 7 针的数据线接口，另一个是 15 针的电源线接口，如图 5-30 所示，将 SATA 硬盘与数据线和电源线相连接。

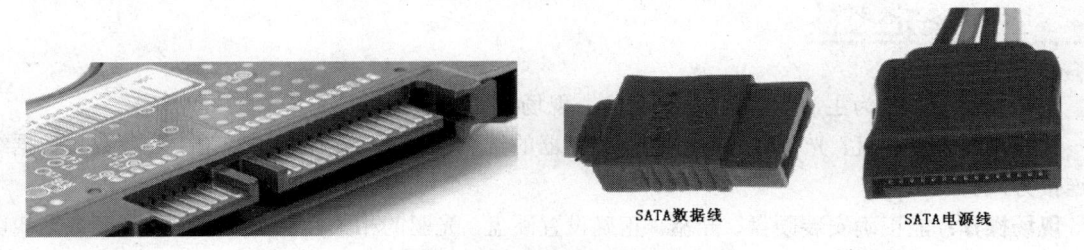

图 5-30　SATA 硬盘数据线和电源线

（3）将 SATA 数据线的另一端与主板上的 SATA1 连接，主板上的 SATA 插槽如图 2-14 所示。

3. SCSI 硬盘的安装

SCSI 硬盘的硬件安装方法与前面 IDE 硬盘和 SATA 硬盘类似。

但是，一个 IDE 口上最多能连接 2 个设备，采用主/从关系，而 SCSI-2 接口就已经支持 7 个设备了，SCSI-2Wide 以上的接口能连接 15 个设备。为了使多台设备互不冲突，正常工作，SCSI 引入了一个 ID 的概念，只要为不同的设备分配不同 ID 就能正常使用。除了被 SCSI 卡占用的 ID8，SCSI 设备的 ID 号可以在允许的范围内随意选取。与 IDE 设备的主/从不同，SCSI 卡在启动时从 ID 0 开始搜寻设备，然后从最小 ID 的设备启动，因此，如果有多个 SCSI 硬盘，启动盘的 ID 号一定要最小。

如图 5-31 所示，跳线的设计遵循"8、4、2、1"原则。由这四个数字，可以通过跳线帽短接

79

这几个数字组合，组成 1～15 的任意一个标识号码。图的上方是 SCSI 硬盘跳线位置，下方是 SCSI 硬盘背面的跳线设置方法图示。例如：要设置 SCSI 设备为 0 号设备，则不短接任何跳线；如果要设置 SCSI 设备为 1 号设备，则 ID1=pin 1-2 短接；如果要设置 SCSI 设备为 5 号设备，则 ID1=pin1-2 短接和 ID4=pin5-6 短接（5=1+4）。

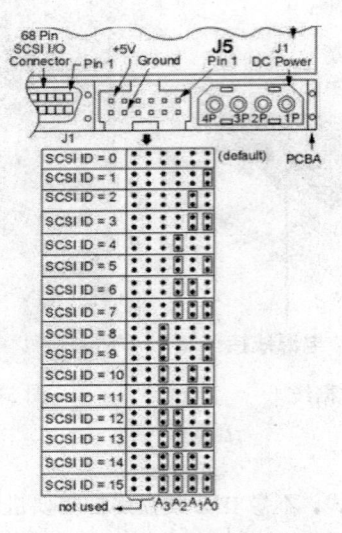

图 5-31　SCSI 硬盘跳线设置

4. 光驱的安装

由于光驱与硬盘的接口是一样的，其安装时可参照前面硬盘的安装方法，故在此不再重述。

5.4　能力鉴定考核

考核以现场操作为主，知识测试（30%）+现场认知（70%）。

知识考核点：硬盘、光驱以及各种移动存储器的结构、功能，各种驱动器的主要参数和数据线的连接方式。

现场操作：能正确安装硬盘、光驱，正确设置硬盘、光驱的相关性能参数，正确连接数据线以及正确处理各类外部驱动器故障的能力。

5.5　能力鉴定资源

一台完整的计算机的主机、螺丝刀、镊子、小盒子、各类外部存储器。

能力六

认识、选购与拆卸、安装显示设备的能力

6.1 能力简介

此能力为实际工作应用能力，学习完此能力后，要求能具有：了解显卡的结构，显卡接口的分类方法，显卡的性能指标，包括显存、显示芯片性能特点以及显卡使用的新技术；能够了解显示器的分类，各类显示器的性能特点的能力。

6.2 能力知识构成

显卡是计算机的主要配件之一，其全称叫显示接口卡（Video Card，Graphics Card），又称为显示适配器（Video Adapter），是个人计算机最基本组成部分之一。显卡的用途是将计算机系统所需要的显示信息进行转换驱动，并向显示器提供行扫描信号，控制显示器的正确显示，是连接显示器和个人计算机主板的重要元件，是"人机对话"的重要设备之一。显卡作为计算机主机里的一个重要组成部分，承担输出显示图形的任务，对于从事专业图形设计的人来说显卡非常重要。

6.2.1 显卡的结构

1. 显卡的基本结构

显卡的基本结构主要由 GPU、显存、显卡 BIOS、显卡 PCB 板 4 个部分组成，是计算机系统中非常重要的一个部件，如图 6-1 所示。

2. 显卡与主板接口的类型

显卡的接口类型是指显卡与主板连接所采用的接口种类。显卡的接口决定着显卡与系统之间数据传输的最大带宽，也就是瞬间所能传输的最大数据量。显卡的接口分为 ISA、PCI、AGP、PCI Express 等几种接口。现在计算机的显卡除少数还在采用 PCI 显卡外，主要是 AGP 和 PCI Express 两种显卡。

（1）ISA 接口

ISA（Industrial Standard Architecture，工业标准结构总线）显卡是插在主机 ISA 插槽中的显示接口卡，由于 ISA 总线的工作频率为 8MHz 左右，为 16 位插槽，最大传输率 16MB/s，基于 ISA

总线的插槽在现在的计算机主板上已经少有了，因此，ISA 显卡现已被淘汰，只有在一些老的主板上可能还有 ISA 插槽，还能插入 ISA 显卡。ISA 插槽就是一根比 PCI 插槽更长的黑色插槽。

图 6-1 显卡的基本结构

（2）PCI 接口

PCI 是 Peripheral Component Interconnect（外设部件互连标准）的缩写，它是目前个人计算机中使用最为广泛的接口，几乎所有的主板产品上都带有这种插槽。PCI 插槽也是主板带有最多数量的插槽类型，在目前流行的台式机主板上，ATX 结构的主板一般带有 5~6 个 PCI 插槽，而小一点的 MATX 主板也都带有 2~3 个 PCI 插槽，可见其应用的广泛性。PCI 插槽如图 6-2 所示。

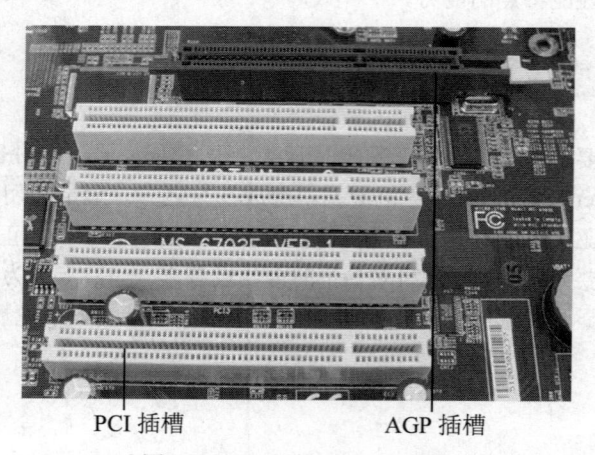

图 6-2 PCI 插槽和 AGP 插槽

PCI 是由 Intel 公司 1991 年推出的一种局部总线。从结构上看，PCI 是在 CPU 和原来的系统总线之间插入的一级总线，具体由一个桥接电路实现对这一层的管理，并实现上下之间的接口以协调数据的传送。管理器提供了信号缓冲，使之能支持 10 种外设，并能在高时钟频率下保持高性能，它为显卡、声卡、网卡、MODEM 等设备提供了连接接口，它的工作频率为 33MHz/66MHz。最早提出的 PCI 总线工作在 33MHz 频率之下，传输带宽达到了 133MB/s（33MHz×32bit/8），基本上满足了当时处理器的发展需要。随着对更高性能的要求，1993 年又提出了 64 位的 PCI 总线，后来又提出把 PCI 总线的频率提升到 66MHz。目前广泛采用的是 32 位、33MHz 的 PCI 总线，64 位的 PCI 插槽更多是应用于服务器产品。由于 PCI 总线只有 133MB/s 的带宽，对声卡、网卡、视频卡等绝大多数输入/输出设备显得绰绰有余，但对性能日益强大的显卡则无法满足其需求。

目前 PCI 接口的显卡已经不多见了，只有较老的 PC 上才有，厂商也很少推出此类接口的产品。当然，很多服务器不需要显卡性能好，因此使用古老的 PCI 显卡。通常只有一些完全不带有显卡专用插槽（例如 AGP 或者 PCI Express）的主板上才考虑使用 PCI 显卡，例如为了升级 845GL 主板。PCI 显卡性能受到极大限制，并且由于数量稀少，因此价格也并不便宜，只有在不得已的情况才考虑使用 PCI 显卡。PCI 显卡如图 6-3 所示。

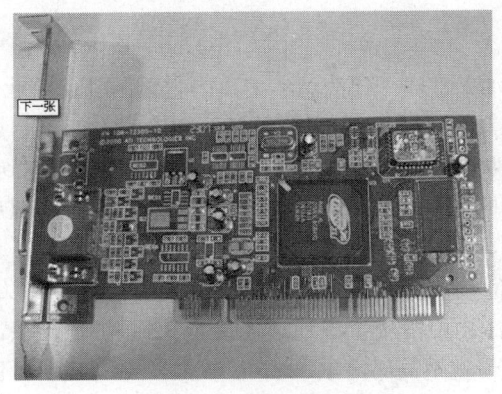

图 6-3　PCI 显卡

（3）AGP 接口

AGP（Accelerate Graphical Port，加速图形接口）。随着显示芯片的发展，PCI 总线日益无法满足其需求。Intel 公司于 1996 年 7 月正式推出了 AGP 接口，它是一种显示卡专用的局部总线。严格地说，AGP 不能称为总线，它与 PCI 总线不同，因为它是点对点连接，即连接控制芯片和 AGP 显示卡，但在习惯上我们依然称其为 AGP 总线。AGP 接口是基于 PCI 2.1 版规范并进行扩充修改而成，工作频率为 66MHz。AGP 插槽如图 6-2 所示，AGP 显卡如图 6-4 所示。

图 6-4　AGP 显卡

AGP 总线直接与主板的北桥芯片相连，且通过该接口让显示芯片与系统主内存直接相连，避免了窄带宽的 PCI 总线形成的系统瓶颈，增加 3D 图形数据传输速度，同时在显存不足的情况下还可以调用系统主内存。所以它拥有很高的传输速率，这是 PCI 等总线无法与其相比拟的。由于采用了数据读写的流水线操作减少了内存等待时间，数据传输速度有了很大提高；具有 133MHz 及更高的数据传输频率；地址信号与数据信号分离可提高随机内存访问的速度；采用并行操作允许在 CPU 访问系统 RAM 的同时，AGP 显示卡访问 AGP 内存；显示带宽也不与其他设备共享，从而进

83

一步提高了系统性能。AGP 标准在使用 32 位总线时，有 66MHz 和 133MHz 两种工作频率，最高数据传输率为 266Mbps 和 533Mbps，而 PCI 总线理论上的最大传输率仅为 133Mbps。目前最高规格的 AGP 8X 模式下，数据传输速度达到了 2.1GB/s。

AGP 接口的发展经历了 AGP 1.0（AGP 1X、AGP 2X）、AGP 2.0（AGP Pro、AGP 4X）、AGP 3.0（AGP 8X）等阶段，其传输速度也从最早的 AGP 1X 的 266MB/s 的带宽发展到了 AGP 8X 的 2.1GB/s。

（4）PCI Express 接口

PCI Express（简称 PCI-E）是新一代的总线接口，它采用了目前业内流行的点对点串行连接，比起 PCI 以及更早期的计算机总线的共享并行架构，每个设备都有自己的专用连接，不需要向整个总线请求带宽，而且可以把数据传输率提高到一个很高的频率，达到 PCI 所不能提供的高带宽。相对于传统 PCI 总线在单一时间周期内只能实现单向传输，PCI-E 的双单工连接能提供更高的传输速率和质量，它们之间的差异跟半双工和全双工类似。

PCI-E 的接口根据总线位宽不同而有所差异，包括 X1、X4、X8 以及 X16，而 X2 模式将用于内部接口而非插槽模式。PCI-E 规格从 1 条通道连接到 32 条通道连接，有非常强的伸缩性，以满足不同系统设备对数据传输带宽不同的需求。此外，较短的 PCI-E 卡可以插入较长的 PCI-E 插槽中使用，PCI-E 接口还能够支持热拔插，这也是个不小的飞跃。PCI-E X1 的 250MB/s 传输速度已经可以满足主流声效芯片、网卡芯片和存储设备对数据传输带宽的需求，但是远远无法满足图形芯片对数据传输带宽的需求。因此，用于取代 AGP 接口的 PCI-E 接口位宽为 X16，能够提供 5GB/s 的带宽，即便有编码上的损耗但仍能够提供约为 4GB/s 左右的实际带宽，远远超过 AGP 8X 的 2.1GB/s 的带宽。PCI-E X1 显卡如图 6-5 所示，PCI-E X16 显卡如图 6-6 所示。

图 6-5　PCI-E X1 显卡　　　　　　　　图 6-6　PCI-E X16 显卡

尽管 PCI-E 技术规格允许实现 X1（250MB/s）、X2、X4、X8、X12、X16 和 X32 通道规格，但是依目前形式来看，PCI-E X1 和 PCI-E X16 已成为 PCI-E 主流规格，同时很多芯片组厂商在南桥芯片当中添加对 PCI-E X1 的支持，在北桥芯片当中添加对 PCI-E X16 的支持。除去提供极高数据传输带宽之外，PCI-E 因为采用串行数据包方式传递数据，所以 PCI-E 接口每个针脚可以获得比传统 I/O 标准更多的带宽，这样就可以降低 PCI-E 设备生产成本和体积。另外，PCI-E 也支持高阶电源管理，支持热插拔，支持数据同步传输，为优先传输数据进行带宽优化。

PCI-E 插槽如图 6-7 所示，图 6-7 中所示的主板上，具有四个 PCI-E 插槽，其中两个用于插 PCI-E

X1 的显卡，两个用于插 PCI-E X16 的显卡。

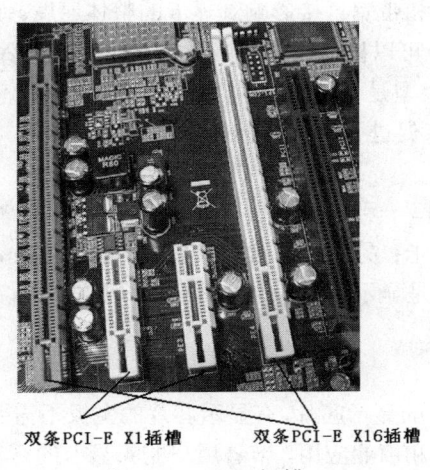

双条PCI-E X1插槽　　双条PCI-E X16插槽

图 6-7　PCI-E 插槽

在兼容性方面，PCI-E 在软件层面上兼容目前的 PCI 技术和设备，支持 PCI 设备和内存模组的初始化，也就是说过去的驱动程序、操作系统无需推倒重来，就可以支持 PCI-E 设备。目前 PCI-E 已经成为显卡的接口的主流，不过早期有些芯片组虽然提供了 PCI-E 作为显卡接口，但是其速度是 4X 的，而不是 16X 的，例如 VIA PT880 Pro 和 VIA PT880 Ultra。

3. 显存

显存也被叫做帧缓存，它是用来存储显示芯片处理过或者即将读取的渲染数据。它如同计算机的内存一样，显存是用来存储图形数据的硬件。在显示器上显示出的画面是由一个个的像素点构成的，而每个像素点都以 4～64 位的数据来控制它的亮度和色彩，这些点构成一帧的图形画面，为了保持画面流畅，要输出和要处理的多幅帧的像素数据必须通过显存来保存，达到缓冲效果，再交由显示芯片和 CPU 调配，最后把运算结果转化为图形输出到显示器上。显存如图 6-8 所示，这是一款由 DDR2 做的显存。

图 6-8　显存

显存和主板内存一样，执行存储的功能，但它存储的对象是显卡输出到显示器上的每个像素的信息。显存是显卡非常重要的组成部分，显示芯片处理完数据后会将数据保存到显存中，然后由 RAMDAC（数模转换器）从显存中读取出数据并将数字信号转换为模拟信号，最后由屏幕显示出来。在高级的图形加速卡中，显存不仅用来存储图形数据，而且还被显示芯片用来进行 3D 函数运算。在 NVIDIA 等高级显示芯片中，已发展出和 CPU 平行的"GPU"（图形处理单元）。"T&L"（变形和照明）等高密度运算由 GPU 在显卡上完成，由此更加重了对显存的依赖。由于显存在显卡上所起的作用，显然显存的速度和带宽直接影响到显卡的整体速度。显存作为存储器也和主板内存一样经历了多个发展阶段，甚至可以说显存的发展比主板内存更为活跃，并有着更多的品种和类型。

现在被广泛使用的显存类型是 SDRAM 和 SGRAM，到现在，随着性能更加优异的 DDR2 和 DDR3 内存被应用到显卡上，促进了显卡整体性能的提高。

4. 显示芯片

显示芯片一般有两种应用，一种是指主板所板载的显示芯片，有显示芯片的主板不需要独立显卡，也就是平时所说的集成显卡；另一种是指独立显卡的核心芯片，独立显卡通过插槽连接到主板上面。虽然有这两种应用，但是显示芯片却是相同的，只是芯片所在的位置不同而已：一种被做在显卡上，另一种被集成到主板上。

（1）板载显示芯片

显示芯片是指主板所板载的显示芯片，有显示芯片的主板不需要独立显卡就能实现普通的显示功能，以满足一般的家庭娱乐和商业应用，节省用户购买显卡的开支。板载显示芯片可以分为两种类型：整合到北桥芯片内部的显示芯片以及板载的独立显示芯片，市场中大多数板载显示芯片的主板都是前者，如常见的 865G/845GE 主板等；而后者则比较少见，例如精英的"游戏悍将"系列主板，板载SIS的 Xabre 200 独立显示芯片，并有 64MB 的独立显存。板载显示芯片如图 6-9 所示。

图 6-9　VIA 板载显示芯片

主板板载显示芯片的历史已经非常悠久了，从较早期VIA的 MVP4 芯片组到后来 Intel 的 810 系列、815 系列、845GL、845G、845GV、845GE、865G、865GV 以及即将推出的 910GL、915G、915GL、915GV、945G 等芯片组都整合了显示芯片。而 Intel 也正是依靠了整合的显示芯片，才占据了图形芯片市场的较大份额。

目前各大主板芯片组厂商都有整合显示芯片的主板产品，而所有的主板厂商也都有对应的整合型主板。Intel 平台方面整合芯片组的厂商有 Intel、VIA、SIS、ATI等，AMD平台方面整合芯片组的厂商有 VIA、SIS、NVIDIA等。在 ATI 被 AMD 收购以后，所出的显示芯片提供对 AMD 和 Intel 两家的支持。

（2）独立显卡显示芯片

显示芯片是显卡的核心芯片，它的性能好坏直接决定了显卡性能的好坏，它的主要任务就是处理系统输入的视频信息并将其进行构建、渲染等工作。显示主芯片的性能直接决定了显示卡性能的高低。不同的显示芯片，不论从内部结构还是其性能，都存在着差异，而其价格差别也很大。显示芯片在显卡中的地位，就相当于计算机中 CPU 的地位，是整个显卡的核心。因为显示芯片的复杂性，目前设计、制造显示芯片的厂家只有 NVIDIA、ATI、SIS、3DLabs等公司。家用娱乐性显卡都采用单芯片设计的显示芯片，而在部分专业的工作站显卡上有采用多个显示芯片组合的方式。独立显卡显示芯片如图 6-10 所示，这是一款华硕 HD5850 显卡的显示芯片。

图 6-10　显示芯片

5. 显卡输出接口

显卡的输出接口用于连接各种显示设备。随着显卡功能的增强，显卡所提供的视频输入输出端口也是多种多样的。在显卡的铁皮挡板上，除了常见的 D-Sub 端接口用于连接CRT显示器外，还有许多接口，比如在微星 G4MX440-VTD8X 显卡上就分别提供了一个 D-Sub 端口、DVI-I 端口和 Video-In & Video-Out（以下简称"VIVO"）端子。与VIVO端子的功能相类似的还有：复合视频端子、S 端子和增强型 S 端子，这些端口要视显卡厂商的设计而定。

（1）VGA 接口

显卡所处理的信息最终都要输出到显示器上，显卡的输出接口就是计算机与显示器之间的桥梁，它负责向显示器输出相应的图像信号。CRT 显示器因为设计制造上的原因，只能接受模拟信号输入，这就需要显卡能输入模拟信号。VGA 接口就是显卡上输出模拟信号的接口，VGA（Video Graphics Array）接口，也叫 D-Sub 接口。虽然液晶显示器可以直接接收数字信号，但很多低端产品为了与 VGA 接口显卡相匹配，因而采用 VGA 接口。

VGA 接口是一种 D 型接口，上面共有 15 针，分成三排，每排五个。VGA 接口是显卡上应用最为广泛的接口类型，绝大多数的显卡都带有此种接口。VGA 接口如图 6-11 所示。

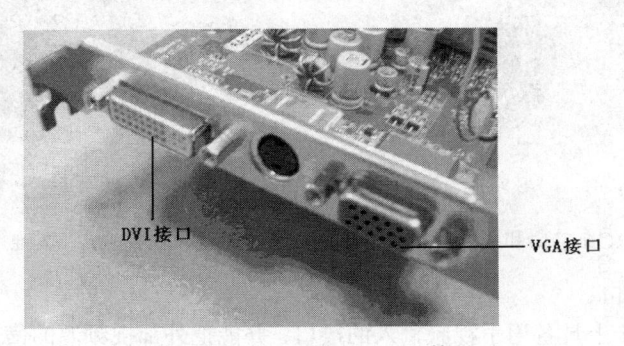

图 6-11　VGA 接口和 DVI 接口

目前大多数计算机与外部显示设备之间都是通过模拟 VGA 接口连接，计算机内部以数字方式生成的显示图像信息，被显卡中的数字/模拟转换器转变为 R、G、B 三原色信号和行、场同步信号，信号通过电缆传输到显示设备中。对于模拟显示设备，如模拟 CRT 显示器，信号被直接送到相应的处理电路，驱动控制显像管生成图像。而对于 LCD、DLP 等数字显示设备，显示设备中需配置相应的 A/D（模拟/数字）转换器，将模拟信号转变为数字信号。在经过 D/A 和 A/D 两次转换后，不可避免地造成了一些图像细节的损失。VGA 接口应用于 CRT 显示器无可厚非，但用于连接液晶之类的显示设备，则转换过程的图像损失会使显示效果略微下降。

（2）DVI 接口

DVI 全称为 Digital Visual Interface，它是 1999 年由 Silicon Image、Intel（英特尔）、Compaq（康柏）、IBM、HP（惠普）、NEC、Fujitsu（富士通）等公司共同组成的 DDWG（Digital Display Working Group，数字显示工作组）推出的接口标准。

目前的 DVI 接口分为两种，一个是 DVI-D 接口，只能接收数字信号，接口上只有 3 排 8 列共 24 个针脚，其中右上角的一个针脚为空。不兼容模拟信号。另外一种则是 DVI-I 接口，可同时兼容模拟和数字信号。兼容模拟信号并不意味着模拟信号的 D-Sub 接口可以连接在 DVI-I 接口上，而是必须通过一个转换接头才能使用，一般采用这种接口的显卡都会带有相关的转换接头。

（3）TV-Out 端口

是指显卡具备输出信号到电视的相关接口。输出到电视的接口目前主要有三种。

一是采用 VGA 接口，VGA 接口是绝大多数显卡都具备的接口类型，但这需要电视上具备VGA接口才能实现。

二是复合视频接口。复合视频接口采用 RCA 接口，RCA 接口是目前电视设备上应用最广泛的接口，几乎每台电视上都提供了此类接口，用于视频输入。

第三种是 S 端子。这是目前应用最广泛、输出效果更好的接口。通常显卡上采用的 S 端子有标准的 4 针接口（不带音效输出）和扩展的 7 针接口（带音效输出）。S 端子相比于 AV 接口，由于它不再进行 Y/C 混合传输，因此也就无需再进行亮色分离和解码工作，而且使用各自独立的传输通道，在很大程度上避免了视频设备内信号串扰而产生的图像失真，极大地提高了图像的清晰度。RCA 接口和 S 端子如图 6-12 所示，增强型 S 端子如图 6-13 所示。

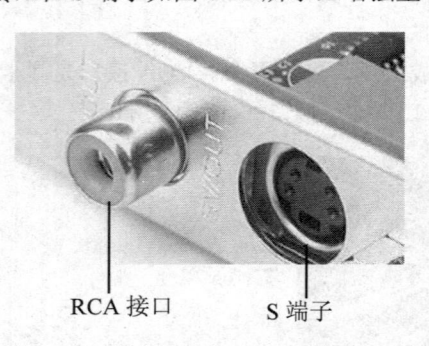

图 6-12　RCA 接口和 S 端子

图 6-13　增强型 S 端子

（4）Video-In 端口

Video-In 是指显卡上具备用于视频输入的接口，并能把外部视频源的信号输入到系统内。这样就可以把电视机、录像机、影碟机、摄像机等视频信号源输入到计算机中。带视频输入接口的显卡，通过在显卡上加装视频输入芯片，再整合显卡自带的视频处理能力，提供更灵活的驱动和应用软件，这样就能给显卡集成更多的功能。显卡上支持视频输入的接口有RF 射频端子、复合视频接口、S

端子和 VIVO 接口等。Video-In 端口如图 6-14 所示。

（5）RF 射频端子

RF 射频端子是最早在电视机上出现的，原意为无线电射频（Radio Frequency）。它是目前家庭有线电视采用的接口模式。RF 的成像原理是将视频信号（CVBS）和音频信号（Audio）相混合编码后输出，然后在显示设备内部进行一系列分离/解码的过程输出成像。由于步骤繁琐且音视频混合编码会互相干扰，所以它的输出质量也是最差的。带此类接口的显卡只需把有线电视信号线连接上，就能将有线电视的信号输入到显卡内。RF 射频端子如图 6-15 所示。

图 6-14　Video-In 端口

图 6-15　RF 射频端子

（6）VIVO 接口

VIVO（Video In And Video Out）接口其实就是一种扩展的 S 端子接口，它在扩展型 S 端子接口的基础上又进行了扩展，针数要多于扩展型 S 端子 7 针。VIVO 接口必须要用显卡附带的 VIVO 连接线，才能够实现 S 端子输入与 S 端子输出功能。VIVO 接口的形状与 Video in 接口一样，区分这二者时需看显卡接口的功能说明。

6.2.2　显卡的主要技术指标

显卡的主要技术指标有最大分辨率、显存容量、刷新频率、核心频率、显存位宽和显存带宽等几项。

1. 最大分辨率

显卡的最大分辨率是指显卡在显示器上所能描绘的像素点的数量。由于显示器上显示的画面是一个个的像素点构成的，而这些像素点的所有数据都是由显卡提供的，最大分辨率就是表示显卡输出给显示器，并能在显示器上描绘像素点的数量。分辨率越大，所能显示的图像的像素点就越多，并且能显示更多的细节，当然也就越清晰。

最大分辨率在一定程度上跟显存有着直接关系，因为这些像素点的数据最初都要存储于显存内，因此显存容量会影响到最大分辨率。但现在，显存容量早已经不再是影响最大分辨率的因素，之所以需要大容量的显存，是因为现在的大型 3D 游戏和专业渲染需要临时存储更多的数据的原因。

现在决定最大分辨率的是显卡的 RAMDAC 频率，目前所有主流显卡的 RAMDAC 都达到了 400MHz，至少都能达到 2048×1536 的最大分辨率，而最新一代显卡的最大分辨率更是高达 2560×1600 了。

另外，显卡能输出的最大显示分辨率并不代表自己的计算机就能达到这么高的分辨率，还必须有足够强大的显示器配套才可以实现，也就是说，还需要显示器的最大分辨率与显卡的最大分辨率相匹配才能实现。例如要实现 2048×1536 的分辨率，除了显卡要支持之外，还需要显示器也要支持。

2. 显存容量

显存容量是显卡上显存的容量数,这是选择显卡的关键参数之一。显存容量的大小决定着显存临时存储数据的能力,在一定程度上也会影响显卡的性能。显存容量也是随着显卡的发展而逐步增大的,并且有越来越增大的趋势。显存容量从早期的 512KB、1MB、2MB 等极小容量,发展到 8MB、12MB、16MB、32MB、64MB、128MB,一直到目前主流的 512MB、1GB 和高档显卡的 2GB、4GB。现在 1GB、2GB 已经成为主流。

3. 刷新频率

刷新频率是指 RAMDAC 向显示器传送信号,使其每秒更新屏幕的次数。刷新频率越高,人的眼睛不会感觉到屏幕的闪动,一般对显像管的 CRT 显示器起很大作用,CRT 显示器刷新率一般为 85Hz 以上为最佳,不同的显卡支持的刷新频率不同,从较低的 60Hz 到高达 200Hz,如果设置的刷新频率低于 70Hz,就会明显感觉画面晃动。LCD 液晶显示器由于其显示方式不同于 CRT,比较柔和,所以刷新频率一般不会超过 75Hz。

4. 核心频率

显卡的核心频率是指显示核心的工作频率,其工作频率在一定程度上可以反映出显示核心的性能,在显示核心不同的情况下,核心频率高并不代表此显卡性能强劲。比如 ATI Radeon 9600PRO 的核心频率达到了 400MHz,要比 ATI Radeon 9800PRO 的 380MHz 高,但在性能上 ATI Radeon 9800PRO 绝对要强于 ATI Radeon 9600PRO。在同样级别的芯片中,核心频率高的则性能要强一些,提高核心频率就是显卡超频的方法之一。

5. 显存位宽和显存带宽

显存位宽是显存在一个时钟周期内所能传送数据的位数,位数越大,则瞬间所能传输的数据量越大,这是显存的重要参数之一。2011 年市场上的显存位宽有 128 位、256 位和 512 位几种,人们习惯上叫的 128 位显卡和 256 位显卡就是指其相应的显存位宽。显存位宽越高,性能越好,价格也就越高,因此 512 位宽的显存更多应用于高端显卡,而主流显卡基本都采用 256 位、512 位显存。

显存带宽是指显示芯片与显存之间的数据传输速率,它以字节/秒为单位。显存带宽是决定显卡性能和速度最重要的因素之一。要得到精细(高分辨率)、色彩逼真(32 位真彩)、流畅(高刷新速度)的 3D 画面,就必须要求显卡具有大显存带宽。在显存频率相当的情况下,显存带宽和显存位宽间的计算关系为:

显存带宽=显存频率×显存位宽/8

例如:显存频率为 500MHz 的 128 位显存,显存带宽为:500MHz×128/8=8GB/s。

6.2.3 显卡新技术

1. 高清视频解码技术

在早期视频的解码工作一直都是依靠 CPU 来完成,显卡只是负责解码后视频数据的输出。而高清视频开始出现之后,NVIDIA 和 ATI 都纷纷推出了利用 GPU 进行高清视频解码的技术。

PureVideo HD 技术是 NVIDIA GPU 上专用视频处理内核与 NVIDIA 驱动程序中软件的组合。GPU 上的 PureVideo HD 技术担负处理密集型视频解码任务,让 CPU 和 3D 引擎在播放高清影片时,可以腾出来运行其他应用程序。GPU 视频解码的诞生就是为了解决因为高清视频运算量大,中低端 CPU 根本跑不动的问题,而且显卡的价格相对于 CPU 来说也更加便宜,用户投资更小。

2. 无线技术

现在无线技术蓬勃发展，其中无线网络应用上例如 3G、Wi-Fi 等已经被广大用户认可。无线的优势就是便携、不受空间和距离的束缚，同时免去了布线等烦恼。

针对高数据流搭配无线应用的技术应运而生，影驰推出的 GTX460 WHDI（Wireless Home Digital Interface，无线家庭数字接口）是全球首款支持 WHDI 技术的无线显卡，GTX460 WHDI 基于 NVIDIA DX11 GF104 GPU，采用 AMIMON 提供的 WHDI 技术，通过革命性的 WHDI 技术，用户可以轻松连接显示器和高清电视等设备，没有距离限制，摆脱传统视频连接的束搏。影驰 GTX460 WHDI 显卡包括有一块支持 WHDI 的 GTX460 显卡，还有一个无线信号的接收盒，通过无线显卡发射的信号，接收盒可以为液晶电视等显示设备提供 HDMI 的音频和视频信号。GTX460 WHDI 无线显卡如图 6-16 所示。

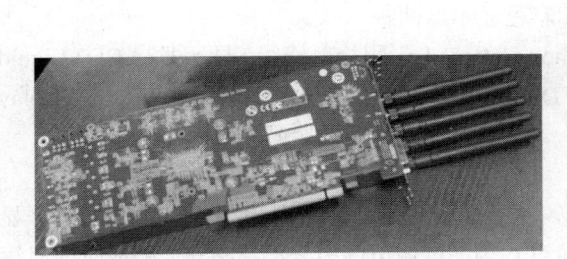

图 6-16　GTX460 WHDI 无线显卡

3. 多核显卡

单核心显卡在核心频率上已经遭遇了之前单核心处理器那样的瓶颈，多核心必然将成为显卡未来发展的大趋势。

4. 均热板在显卡上的使用

均热板是一种导热速度快，但体积比较小的散热方式。它内部和热管一样采用常温下是液体，沸点却比较低的物质，依靠相变可吸收大量热来导热。同时外部采用导热速度更快的纯铜设计，均热板最大的优势还是在于它的板状外形适用于薄显卡。

5. 双显卡技术

双显卡是采用两块显卡（集成-独立、独立-独立）通过桥接器桥接，协同处理图像数据的工作方式。市面上 NVIDIA 与 AMD 公司生产的显卡分别将这种工作方式叫做 SLI 和 CrossFire，要实现双显卡必须有主板的支持。

双卡互联就是所谓的 SLI 和 CrossFire 技术。随着 PCI-E 平台在市场中的逐步推广，NVIDIA 将原来 3DFX 公司的 Voodoo2 SLI 技术再次引入，并在此基础上加以改进，正式发布了融合 NVIDIA 自身特点的 SLI 技术。SLI 全称 Scalable Link Interface，是 NVIDIA 公司于 2007 年 6 月 28 日推出的一种革命性技术，能让多块 NVIDIA GeForce 系列或者 NVIDIA Quadro 显卡工作在一台个人计算机或工作站上，从而极大地提升图形性能。

6. 多显卡技术

多显卡技术就是让两块或者多块显卡协同工作，是指芯片组支持能提高系统图形处理能力或者满足某些特殊需求的多显卡并行技术。要实现多显卡技术一般来说需要主板芯片组、显示芯片以及驱动程序三者的支持。

多显卡技术的出现,是为了有效解决日益增长的图形处理需求和现有显示芯片图形处理能力不足的矛盾。多显卡技术由来已久,在 PC 领域,早在 3DFX 时代,以 Voodoo2 为代表的 SLI 技术就已经让人们第一次感受到了 3D 游戏的魅力;而在高端的专业领域,也早就有厂商开发出了几十甚至上百个显示核心共同工作的系统,用于军用模拟等领域。

目前,多显卡技术主要是两大显示芯片厂商 NVIDIA 的 SLI 技术和 ATI 的 CrossFire 技术,另外还有主板芯片组厂商 VIA 的 DualGFX Express 技术和 ULI 的 TGI 技术。

6.2.4 显示器

显示器是计算机最重要的输出设备,用来显示计算机上的文字、图像和视频等的设备。

1. 显示器的分类

(1) 显示器按屏幕大小,常见的有 14 英寸、15 英寸、17 英寸、19 英寸、21 英寸等。

(2) 显示器按色彩来分,分为单色显示器和彩色显示器两种。

(3) 显示器按成像方式来分,分为 CRT(Cathode Ray Tube,阴极射线管)显示器、LCD(Liquid Crystal Display,液晶显示器)、LED(Light Emitting Diode,发光二极管)显示器和 PDP(Plasma Display Panel,等离子显示器)。

2. CRT 显示器

CRT 显示器是一种使用阴极射线管的显示器,是目前应用最广泛的显示器之一,CRT 纯平显示器具有可视角度大、无坏点、色彩还原度高、色度均匀、可调节的多分辨率模式、响应时间极短等 LCD 显示器难以超过的优点,而且现在的 CRT 显示器价格要比 LCD 显示器便宜不少。CRT 显示器如图 6-17 所示。

图 6-17 CRT 显示器

CRT 显示器的主要性能指标如下。

(1) 像素

像素(Pixel):是使用 CRT 技术的显示器显示图像的最小单位,由一个红(R)、绿(G)、蓝(B)三种颜色的荧光点组成。

(2) 点距

点距(Dot-Pitch):是荧光屏上两个同样颜色荧光点之间的距离。举例来说,就是一个红色荧光点与相邻红色荧光点之间的对角距离,它通常以毫米(mm)表示,点距越小,影像看起来也就越精细,其边和线也就越平顺。显示器的点距必须低于 0.28,否则显示图像会模糊。现在显示器的点距规格有 0.28 和 0.25 两种。

（3）扫描方式

扫描方式分为隔行和逐行扫描。隔行扫描模式是指当屏幕上显示一幅画面时，电子枪首先扫描完奇数行，再扫描偶数行，通过两次扫描完成一幅图像的更新，这种扫描方式通常非常闪烁。逐行扫描是另一种扫描方式，即当屏幕上显示一幅画面时，电子枪一次扫描完整幅图像，这种扫描方式产生的闪烁较前一种更小。现在的 15 英寸或更大的显示器都为逐行扫描。

（4）场频

场频（Vertical Scan Frequency）：又称为"垂直扫描频率"，也就是屏幕的刷新频率。指每秒钟屏幕刷新的次数，通常以赫兹（Hz）表示，它可以理解为每秒钟重画屏幕的次数，以 85Hz 刷新率为例，它表示显示器的内容每秒钟刷新 85 次。行频和场频结合在一起就可以决定分辨率的高低。它与图像内容的变化没有任何关系，即便屏幕上显示的是静止图像，电子枪也照常更新。垂直扫描频率越高，所感受到的闪烁情况也就越不明显，因此眼睛也就越不容易疲劳。现在的新标准规定，显示器场频达到 85Hz 时的最大分辨率，才是真正的最大分辨率。

（5）行频

行频（Horizontal Scan Frequency）：指电子枪每秒在荧光屏上扫描过的水平线数量，等于"行数×场频"。可见，行频是一个综合分辨率和场频的参数，它越大就意味着显示器可以提供的分辨率越高，稳定性越好。还是以 800×600 的分辨率、85Hz 的场频为例，显示器的行频至少应为 600×85=51kHz。

（6）视频带宽

视频带宽（Band Width）：视频带宽指每秒钟电子枪扫描过的总像素数，等于"水平分辨率×垂直分辨率×场频"。与行频相比，带宽更具有综合性，也更直接地反映显示器性能，但通过上述公式计算出的视频带宽只是理论值，在实际应用中，为了避免图像边缘的信号衰减，保持图像四周清晰，电子枪的扫描能力需要大于分辨率尺寸，水平方向通常要大 25%，垂直方向要大 8%，就是所谓的"过扫描系数"，所以实际视频带宽的计算公式为"水平分辨率×125%×垂直分辨率×108%"，即"行帧×135%"。

如要显示 800×600 的画面，并达到 85Hz 的刷新频率，则实际带宽为 800×600×85×135%=55.1MHz。

（7）分辨率

分辨率（Resolution）：分辨率就是屏幕图像的密度，可以把它想像成是一个大型的棋盘，而分辨率的表示方式就是每一条水平线上面的点的数目乘上水平线的数目。以分辨率为 640×480 的屏幕来说，即每一条线上包含有 640 个像素或者点，且共有 480 条线，也就是说扫描列数为 640 列，行数为 480 行。分辨率越高，屏幕上所能呈现的图像也就越精细。

（8）最大可视区域

最大可视区域是指屏幕上可以显示画面的最大范围，为屏幕的对角线长度。由于显像管都是安装在塑胶外壳内，且由于屏幕的四个边都有黑框无法显示，因此可视区域尺寸都会比显像管尺寸稍微小一点。一台 14 英寸显示器的实际显示尺寸大约只有 12 英寸左右。15 英寸的显示面积大约只有 13.8 英寸。

3. LCD 显示器

LCD 显示器就是液晶显示器，是一种数字显示技术，是利用彩色液晶显示板显示图像。LCD 显示器如图 6-18 所示。

图 6-18 LCD 显示器

（1）LCD 显示器特点

①机身薄，节省空间：与比较笨重的 CRT 显示器相比，液晶显示器只要前者三分之一的空间。

②省电，不产生高温：LCD 属于低耗电产品，可以做到完全不发热（主要耗电和发热部分存在于背光灯管或 LED），而 CRT 显示器，因显像技术不可避免产生高温。

③低辐射，有益健康：液晶显示器的辐射远低于 CRT 显示器（仅仅是低，并不是完全没有辐射，电子产品多多少少都有辐射），这对于整天在电脑前工作的人来说是一个福音。

④画面柔和不伤眼：不同于 CRT 技术，液晶显示器画面不会闪烁，可以减少显示器对眼睛的伤害，眼睛不容易疲劳。

（2）液晶显示器的性能指标

①可视面积。液晶显示器所标示的尺寸就是实际可以使用的屏幕范围。例如，一个 15.1 英寸的液晶显示器约等于 17 英寸 CRT 屏幕的可视范围。

②点距。我们常问到液晶显示器的点距是多大，但是多数人并不知道这个数值是如何得到的，现在让我们来了解一下它究竟是如何得到的。举例来说，一般 14 英寸 LCD 的可视面积为 285.7mm×214.3mm，它的最大分辨率为 1024×768，那么点距就等于：可视宽度/水平像素（或者可视高度/垂直像素），即 285.7mm/1024=0.279mm（或者是 214.3mm/768=0.279mm）。

③色彩度。LCD 重要的当然是色彩表现度。我们知道自然界的任何一种色彩都是由红、绿、蓝三种基本色组成的。LCD 面板上是由 1024×768 个像素点组成显像的，每个独立的像素色彩是由红、绿、蓝（R、G、B）三种基本色来控制。大部分厂商生产出来的液晶显示器，每个基本色（R、G、B）达到 6 位，即 64 种表现度，那么每个独立的像素就有 64×64×64=262144 种色彩。也有不少厂商使用了所谓的 FRC（Frame Rate Control）技术以仿真的方式来表现出全彩的画面，也就是每个基本色（R、G、B）能达到 8 位，即 256 种表现度，那么每个独立的像素就有高达 256×256×256=16777216 种色彩了。

④对比度（对比值）。对比值是定义最大亮度值（全白）除以最小亮度值（全黑）的比值。LCD 制造时选用的控制 IC、滤光片和定向膜等配件，与面板的对比度有关，对一般用户而言，对比度能够达到 350:1 就足够了，但在专业领域这样的对比度还不能满足用户的需求。相对 CRT 显示器轻易达到 500:1 甚至更高的对比度而言，只有高档液晶显示器才能达到如此程度。

随着近些年技术的不断发展，如华硕、三星、LG 等一线品牌的对比度普遍都在 800:1 以上，部分高端产品则能够达到 1000:1，甚至更高，不过对比度很难通过仪器准确测量。

⑤亮度。液晶显示器的最大亮度，通常由冷阴极射线管（背光源）来决定，亮度值一般都在 200～250cd/m^2。技术上可以达到高亮度，但是这并不代表亮度值越高越好，因为太高亮度的显示

器有可能使观看者眼睛受伤。LCD 是一种介于固态与液态之间的物质，本身是不能发光的，需要借助额外的光源才行。因此，灯管数目关系着液晶显示器亮度。

最早的液晶显示器只有上、下两个灯管，发展到现在，普及型的最低也是四灯，高端的是六灯。四灯管设计分为三种摆放形式：一种是四个边各有一个灯管，但缺点是中间会出现黑影，解决的方法就是由上到下四个灯管水平排列的方式，还有一种是"U"型的摆放形式，其实是两灯变相产生的四根灯管的效果。六灯管设计实际使用的是三根灯管，厂商将三根灯管都弯成"U"型，然后平行放置，以达到六根灯管的效果。

⑥信号响应时间。响应时间指的是液晶显示器对于输入信号的反应速度，也就是液晶由暗转亮或由亮转暗的反应时间，通常是以毫秒（ms）为单位。此值当然是越小越好。如果响应时间太长了，就有可能使液晶显示器在显示动态图像时，有尾影拖曳的感觉。一般的液晶显示器的响应时间在 2～5ms 之间。

（3）维护和保养常识

①避免进水。千万不要让任何带有水分的东西进入液晶显示器，平时也要尽量避免在潮湿的环境中使用 LCD 显示器。

②避免长时间工作。液晶显示器的像素是由许许多多的液晶体构成的，过长时间的连续使用，会使晶体老化或烧坏，损害一旦发生，就是永久性的、不可修复的。一般来说，不要使液晶显示器长时间处于开机状态（连续 72 小时以上），如果在不用的时候，关掉显示器，或者就让它显示全白的屏幕内容等。

③避免撞击。许多晶体和灵敏的电器元件在遭受撞击时会被损坏。

④不要私自拆卸 LCD 显示器。

⑤不要使用屏幕保护程序。

⑥清理液晶显示器上的灰尘最好选择专门的擦屏布和专用清洁剂。

4. LED 显示器

LED 显示屏是一种通过控制半导体发光二极管的显示方式，来显示文字、图形、图像、动画、行情、视频、录像信号等各种信息的显示屏幕。LED 显示器的外观与 LCD 差不多。

最初，LED 只是作为微型指示灯，在计算机、音响和录像机等高档设备中应用，随着大规模集成电路和计算机技术的不断进步，LED 显示器正在迅速崛起，近年来逐渐扩展到证券行情股票机、数码相机、PDA 以及手机领域。

（1）LED 显示器分类

①按字高分：笔画显示器字高最小有 1mm（单片集成式多位数码管字高一般在 2～3mm）。其他类型笔画显示器最高可达 12.7mm（0.5 英寸），甚至达数百 mm。

②按颜色分有红、橙、黄、绿等数种。

③按结构分，有反射罩式、单条七段式及单片集成式。

④从各发光段电极连接方式分有共阳极和共阴极两种。

（2）LED 显示器的参数

由于 LED 显示器是以 LED 为基础的，所以它的光、电特性及极限参数意义大部分与发光二极管的相同。但由于 LED 显示器内含多个发光二极管，所以需有如下特殊参数：

①发光强度值中最大值与最小值之比为发光强度比。比值可以在 1.5～2.3 间，最大不能超过 2.5。

②脉冲正向电流。若笔画显示器每段典型正向直流工作电流为 I_F，则在脉冲下，正向电流可

以远大于 IF。脉冲占空比越小，脉冲正向电流可以越大。

（3）LED 与 LCD 的比较

LED 显示器与 LCD 显示器相比，LED 在亮度、功耗、可视角度和刷新速率等方面，都更具优势。LED 与 LCD 的功耗比大约为 1:10，而且更高的刷新速率使得 LED 在视频方面有更好的性能表现，能提供宽达 160°的视角，可以显示各种文字、数字、彩色图像及动画信息，也可以播放电视、录像、VCD、DVD 等彩色视频信号，多幅显示屏还可以进行联网播出。有机 LED 显示屏的单个元素反应速度是 LCD 液晶屏的 1000 倍，在强光下也可以照看不误，并且适应零下 40 度的低温。利用 LED 技术，可以制造出比 LCD 更薄、更亮、更清晰的显示器，拥有广泛的应用前景。

LCD 与 LED 是两种不同的显示技术，LCD 是由液态晶体组成的显示屏，而 LED 则是由发光二极管组成的显示屏。LED 显示器与 LCD 显示器相比，LED 在亮度、功耗、可视度和刷新速率等方面，都更具优势。LED 的分辨率一般较低，价格也比较昂贵，因为集成度更高。

5. PDP 显示器

PDP（Plasma Display Panel，等离子显示器）是采用了近几年来高速发展的等离子平面屏幕技术的新一代显示设备，是继 CRT（阴极射线管）、LCD（液晶显示器）后的最新一代显示器，其特点是厚度极薄，分辨率佳。

（1）工作原理

等离子显示器是在两张薄玻璃板之间充填混合气体，施加电压使之产生离子气体，然后使等离子气体放电，与基板中的荧光体发生反应，产生彩色影像。它以等离子管作为发光元件，大量的等离子管排列在一起构成屏幕，每个等离子对应的每个小室内都充有氖氙气体，在等离子管电极间加上高压后，封在两层玻璃之间的等离子管小室中的气体会产生紫外光，并激发平板显示屏上的红绿蓝三基色荧光粉发出可见光。每个等离子管作为一个像素，由这些像素的明暗和颜色变化组合使之产生各种灰度和色彩的图像，类似显像管发光。

（2）特点

①亮度、高对比度。等离子显示器具有高亮度和高对比度，对比度达到 500:1，完全能满足眼睛需求，亮度也很高，所以其色彩还原性非常好。

②纯平面图像无扭曲。等离子显示器的 RGB 发光栅格在平面中呈均匀分布，这样就使得图像即使在边缘也没有扭曲的现象发生。而在纯平 CRT 显示器中，由于在边缘的扫描速度不均匀，很难控制到不失真的水平。

③超薄设计、超宽视角。由于等离子技术显示原理的关系，使其整机厚度大大低于传统的 CRT 显示器，与 LCD 相比也相差不大，而且能够多位置安放。

④具有齐全的输入接口。为配合接驳各种信号源，等离子显示器具备了 DVD 分量接口、标准 VGA/SVGA 接口、S 端子、HDTV 分量接口（Y、Pr、Pb）等，可接收电源、VCD、DVD、HDTV 和计算机等各种信号的输出。

⑤环保无辐射。等离子显示器一般在结构设计上采用了良好的电磁屏蔽措施，其屏幕前置环境也能起到电磁屏蔽和防止红外辐射的作用，对眼睛几乎没有伤害，具有良好的环境特性。

（3）PDP 与 LCD 的比较

等离子显示器比传统的 LCD 显示器具有更高的技术优势，主要表现在以下几个方面：

①等离子显示亮度高，因此可在明亮的环境之下欣赏大幅画面的影像。

②色彩还原性好，灰度丰富，能够提供格外亮丽、均匀平滑的画面。

③对迅速变化的画面响应速度快，此外，等离子平而薄的外形也使得其优势更加明显。

（4）PDP 与 CRT 的比较

等离子显示器比传统的 CRT 显示器具有更高的技术优势，主要表现在以下几个方面：
①等离子显示器的体积小、重量轻、无辐射。
②表面平直使大屏幕边角处的失真和颜色纯度变化得到彻底改善，高亮度、大视角、全彩色和高对比度，使等离子图像更加清晰，色彩更加鲜艳，效果更加理想。
③由于等离子各个发射单元的结构完全相同，因此不会出现显像管常见的图像的集合变形。
④等离子屏幕亮度非常均匀，没有亮区和暗区；而传统显像管的屏幕中心总是比四周亮度要高一些。
⑤等离子不会受磁场的影响，具有更好的环境适应能力。
⑥等离子屏幕不存在聚集的问题。因此，显像管某些区域因聚焦不良或年月已久开始散焦的问题得以解决，不会产生显像管的色彩漂移现象。

（5）PDP 与 LED 的比较
①外观上看，LED 更加纤薄，厚度甚至不到 1 厘米。
②LED 的功耗相对较小，更加省电。
③LED 的亮度较高，对静态画面来说，LED 也更加清晰细腻。
④PDP 相对于 LED 在图像层次感上更加出色，尤其是在黑色场景的表现上。
⑤由于工作原理的关系，PDP 相比于 LED 具有更高的动态清晰度。

6.3 能力技能操作

6.3.1 职业素养要求

（1）严禁带电操作，观察和安装显卡和显示器时一定要把 220V 的电源线插头拔掉。
（2）爱护计算机的各个部件，轻拿轻放，切忌鲁莽操作，显卡在安装时不能碰撞或者跌落。
（3）积极自主学习和扩展知识面的能力。

6.3.2 显卡的选购

显卡的性能直接影响到人们的视觉感受，选择一款适合的显卡对计算机用户来说尤为重要，特别是对显卡要求特别高的用户，比如专业的图形设计人员、游戏发烧友等，一个好的显卡可以让程序运行得更加完美。我们可以根据对前面显卡的了解知识来选购显卡。

1. 确定需求

在购买显卡时，一定要明白自己究竟有什么需求，不同的需求可按不同的档次进行选择，以免造成浪费。比如用于打字、上网、游戏、多媒体、图形设计等需求，其对显卡的性能要求是不同的，一般用户使用主流显卡都能满足其需求，而对于游戏发烧友、多媒体和图形设计用户来说，必须拥有一款高档次的显卡才能满足需求。在选购显卡时可参看显卡采用了哪些新技术，这些新技术的引入无疑会提升显卡的性能。

2. 显卡的品牌

显卡是目前计算机中最为复杂的部件，市场的显卡厂家、产品型号令用户目不暇接，往往不同品牌的产品，即使产品规格、型号、图形显示芯片以及功能完全相同，它们的价格也都各不相同。在选购时应尽量选择知名品牌的产品。如丽台、华硕等，也可以考虑一些中小品牌产品，如太阳花、七彩虹等。显卡品牌的选择具体可参照以下一些方面：

（1）尽量选购有研发能力的大公司的产品。

（2）尽量选购有自己制造工厂的公司的产品，至少在品质上有保证。

（3）尽量选购主机板厂生产的显卡，因为它们一般都有很好的条件来测试主板和显卡的兼容性，而且主板厂商往往能很早拿到新的甚至还未正式公布的主板芯片，所以它们的显卡对未来的主板兼容性问题较少，且一旦发生问题也容易解决。

（4）有些小的做工方面，能反映出设计该产品的用心程度。如：采用风扇还是散热片，风扇或散热片同显示芯片之间的填充物是什么。不用说，用风扇散热，中间填充导热胶的做工一定比用双面胶粘上去的散热片要好很多。

（5）千万要注意显卡的金手指部分，做工用料差别很大，从侧面看，做工好的显卡金手指镀得厚，有明显的突起。镀得好经反复插拔也不易脱落。

3．显存大小

显存是显卡上的关键部件，它的品质会直接影响显卡的最终性能表现。显存位宽越大，显存的带宽也就越大。目前市场上的显存位宽一般分为 64 位和 128 位，也有高档次的 256 位，如 Redeon，但是主流的显卡一般都为 128 位。另外显存使用的品牌也是一个重要的因素。

6.3.3 显卡与显示器的安装

（1）断开外部电源，打开计算机主机箱。

（2）确定显卡的接口类型，显卡的接口分为 ISA、PCI、AGP、PCI Express 等几种接口，然后把显卡插入相应接口的插槽中，注意一定要插牢，并用镙钉固定。

（3）将显示器的数据线与显卡的输出信号的 VGA 接口相连，并与显卡固定连接。

（4）启动计算机进入操作系统后，安装相应显卡和显示器的驱动程序。这个过程一般要求使用厂家附带的驱动程序安装光盘来进行驱动程序的安装，由于不同的显卡和显示器驱动程序的名称和在光盘中的位置略有不同，因此驱动程序的安装步骤可参照安装说明书进行。

（5）设置分辨率和刷新频率。注意，设置分辨率前先要阅读显卡和显示器的性能说明书，设置的分辨率一定要求所使用的显示器能够支持，否则可能导致不能正常显示。

（6）拆卸显卡与显示器时，首先断开外部电源，先拆卸显示器与显卡的连接，然后再用镙丝刀拆卸显卡与机箱上的镙钉，取出显卡。

6.3.4 显卡故障与维护

1．花屏故障

在显示器上有一些彩色的不正常的像素或小短线，而且还经常变颜色，或者闪烁，这种情况一般是显卡超频超得很历害，或者显卡的内存有问题。解决的办法是降频、给显卡加散热风扇或是找商家更换。

2．PCI 声卡与 AGP 显卡较近导致的故障

将计算机的 PCI 显卡更换为 AGP 显卡，启动计算机后出现黑屏。在排除各种软硬件故障外，把 PCI 声卡重新插在离 AGP 显卡较远的 PCI 插槽上，重新启动计算机后故障排除。经大量实践证

明，把 PCI 声卡插在离 AGP 显卡较近的插槽上时，很容易使计算机出现此现象，主要的原因是 PCI 声卡、AGP 显卡与主板之间的兼容性造成的。

3. 为何达不到高分辨率

针对较老的显卡，如果显卡内存不足，是不能显示高分辨率的，加些显存或换一块显卡试试，有时候也需要重新装一遍显卡的驱动程序才行。如果显卡能够支持高分辨率，而使用该种分辨率时，显示器黑屏，或是显示扭曲，可以降低扫描频率试试，如果还不行，那么就说明显示器不支持该显示分辨率。

4. 显卡升级失败的处理

对显卡的 BIOS 进行升级，如果升级失败，可以按以下两种方法进行处理。

一种是显卡上带有 BIOS 芯片，可以按照显卡说明书指导，对显卡的 BIOS 芯片进行升级。一旦显卡的 BIOS 升级出现了失败现象，可以使用与之同样的正常显卡启动计算机，在计算机正常运行状态下，更换上升级失败的显卡 BIOS 芯片，再用升级烧录程序重新把 BIOS 信息写入此芯片中，最后把此芯片换回到原来的显卡上，升级失败的显卡即可恢复使用。

另一种显卡的 BIOS 是高档的 3D 加速卡 EEPROM，如新型的 PCI、AGP 显卡。此芯片已经焊死在显卡上，这种类型的显卡在升级时，如果出现失败现象，可以采用这样的方法试一试，找一块与升级失败不同 BIOS 的显卡，如中低档的 PCI 不可升级的显卡，把此显卡插入主板的插槽，在主板装有两块显卡的条件下，通过调试用新添加的显卡启动计算机，启动成功后用原升级失败显卡 BIOS 的记录程序写入原信息，此时烧录程序将对两块显卡同时写入，由于两块显卡的 BIOS 不同，而被真正写入信息的只是原升级失败的显卡，而新添加的显卡的 BIOS 不会被改写。这样或许可以恢复升级失败的显卡。

5. 分辨率设置不当引起黑屏故障

在 Windows 下将分辨率设为较高分辨率时，如果在屏幕切换时黑屏、显示器出现乱码、快速闪动显示或者显示器指示灯变为橘黄色，此故障是因为显示器的显示模式除了与显卡的内存容量有关系外，还和显示器、显卡支持的刷新率有关。

解决方法为：将机器重新启动后，进入 Windows 的安全模式启动，进入显示器的属性设置，将分辨率还原为以前正常显示时的分辨率即可。

6.4　能力鉴定考核

考核以现场操作为主，知识测试（40%）+现场认知（60%）。

知识考核点： 显卡的结构，显卡接口的分类，显卡的性能指标，显卡选购要求，显卡使用的新技术，各类显示器的性能特点。

现场操作： 能正确安装显卡和显示器的能力；能正常处理常见显卡故障的能力；能安装显卡与显示器驱动程序的能力。

6.5　能力鉴定资源

一台完整的安装了系统和应用软件的计算机、显卡、显示器、螺丝刀、小盒子。

能力七

认识、选购与拆卸、安装网络设备的能力

7.1 能力简介

此能力为实际工作应用能力，学习完此能力后，要求能具有：了解网卡的分类，网卡的选购与安装；路由器的分类，路由器的选购与安装；交换机的分类，交换机的选购与安装的能力。

7.2 能力知识构成

现在是通信技术高速发展的阶段，实现网络的接入是计算机应用的基本要求之一，因此需要掌握与接入网络相关的网络设备的应用知识。

7.2.1 网卡

计算机之间的连接通信是通过一块被称为网卡的设备进行的，计算机要接入网络就必须安装网卡。网卡又叫网络接口卡（Network Interface Card，NIC）或网络适配器（Adapter）。网卡如图7-1所示。

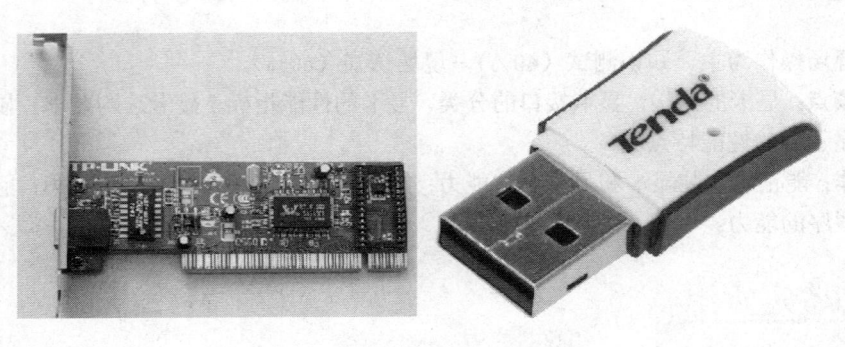

图7-1 以太网卡、无线网卡

网卡（NIC）插在计算机主板插槽中，负责将用户要传递的数据转换为网络上其他设备能够识

别的格式,通过网络介质传输。它的主要技术参数为带宽、总线方式、电气接口方式等。它的基本功能为:从并行到串行的数据转换,包的装配和拆装,网络存取控制,数据缓存和网络信号。按照不同的分类方式,网卡可分为:

1. 根据支持的网络技术来分

根据网络技术的不同来分类,分为 ATM 网卡、令牌环网卡和以太网网卡等。

2. 根据工作对象的不同来分

网卡一般分为普通工作站网卡和服务器专用网卡。

3. 按网卡所支持带宽的不同来分

网卡可分为 10M 网卡、100M 网卡、10/100M 自适应网卡、1000M 网卡几种。

4. 根据网卡总线类型的不同来分

网卡主要分为 ISA 网卡、EISA 网卡和 PCI 网卡三大类。其中 ISA 网卡和 PCI 网卡较常使用。ISA 总线网卡的带宽一般为 10M,PCI 总线网卡的带宽从 10M 到 1000M 都有。同样是 10M 网卡,因为 ISA 总线为 16 位,而 PCI 总线为 32 位,所以 PCI 网卡要比 ISA 网卡快。

5. 根据网卡的接口类型或传输介质的不同来分

网卡出现了 AUI 接口(粗缆接口)、BNC 接口(细缆接口)和 RJ-45 接口(双绞线接口)三种接口类型。

6. 无线网卡

无线网卡是通过无线连接网络进行上网使用的无线终端设备。

无线网卡分为:

(1)台式机专用的 PCI 接口无线网卡。

(2)笔记本电脑专用的 PCMCIA 接口网卡。

(3)USB 无线网卡。

7.2.2 传输介质

网络传输介质是网络中收发双方之间的物理通路。传输介质分为有线传输介质和无线传输介质两类。有线传输介质有:双绞线、同轴电缆和光缆,无线传输介质包括:无线电波、微波、红外线和激光等。

1. 双绞线

双绞线(Twisted Pair)是由两条相互绝缘的铜导线按照一定的规格互相缠绕(缠绕的目的是减少干扰)而成的,分为非屏蔽双绞线(UTP)和屏蔽双绞线(STP)。非屏蔽双绞线价格便宜,抗干扰能力较差;屏蔽双绞线抗干扰能力较好,具有更高的传输速度,但价格相对较贵。现在 UTP 使用得更为普遍。

双绞线一般用于星型拓扑网络的布线连接,两端安装有 RJ-45 头(水晶头),连接网卡与交换机,最大网线长度为 100 米,如果要加大网络的范围,在两段双绞线之间可安装中继器,最多可安装 4 个中继器,如安装 4 个中继器连接 5 个网段,最大传输范围可达 500 米。

EIA/TIA(电子工业协会/通信工业协会)为双绞线电缆定义了七种不同质量的型号,从 1 类(CAT-1)到 7 类(CAT-7)。

在我国的综合布线最新设计标准中,铜缆布线系统使用的类别是 3 类、5/5e 类(超 5 类)、6

类、7 类布线系统，并能向下兼容。3 类和 5 类的布线系统只应用于语音主干布线的大对数电缆及配线设备，计算机网络的综合布线大多采用超 5 类及以上的双绞线类型。

3 类（CAT-3）：指目前在 ANSI 和 EIA/TIA568 标准中指定的电缆。该电缆的传输频率为 16MHz，用于语音传输及最高传输速率为 10Mbps 的数据传输，主要用于 10BASE-T。

5 类（CAT-5）：该类电缆增加了绕线密度，外套一种高质量的绝缘材料，传输频率为 100MHz，用于语音传输和最高传输速率为 100Mbps 的数据传输，主要用于 100BASE-T 和 10BASE-T 网络。

超 5 类（CAT-5e）：传输速度可达 155Mbps，超 5 类具有衰减小，串扰少，并且具有更高的衰减与串扰的比值（ACR）和信噪比（Signal to Noise Ratio）、更小的时延误差，性能得到很大提高。

6 类（CAT-6）：10BASE-T/100BASE-T/1000BASE-T。传输频率为 250MHz，传输速度为 1Gbps，标准外径 6mm。

7 类（CAT-7）：七类线是一种全新的标准，其接口方式有两种，一种是传统的 RJ 类接口，优点是可兼容低级别的设备，但不能达到 600MHz 的带宽；另一种是采用非 RJ 类接口，传输频率为 600MHz，传输速度为 10Gbps。

2. 同轴电缆

由一根空心的外圆柱导体和一根位于中心轴线的内导线组成，内导线和圆柱导体及外界之间用绝缘材料隔开。同轴电缆具有抗干扰能力强，连接简单等特点。

同轴电缆按直径的不同，可分为粗缆和细缆两种。

粗缆：传输距离长，性能好，但成本高，网络安装、维护困难，一般用于大型局域网的干线，连接时两端需终接器。收发器与网卡之间用 AUI 电缆相连，每段最长为 500 米，每段最多可接 100 个用户，在加上 4 个中继器后可达 2500 米，收发器之间最小 2.5 米，收发器电缆最长为 50 米。

细缆：细缆安装较容易，造价较低，但日常维护不方便，一旦一个用户出故障，便会影响其他用户的正常工作。两端装 50 欧的终端电阻。采用 T 型头与计算机的 BNC 网卡相连，T 型头之间最小 0.5 米，细缆网络每段干线长度最大为 185 米，每段干线最多接入 30 个用户。如采用 4 个中继器连接 5 个网段，网络最大距离可达 925 米。

在现在的网络工程中，同轴电缆已经很少使用了。

3. 光缆

光缆主要是由光导纤维和塑料保护套管及塑料外皮构成，采用一定数量的光纤按照一定方式组成缆心，外包有护套，有的还包覆外护层，用以实现光信号传输的一种通信线路。由于光缆由光纤组成，因此一般将光缆也称作光纤。

光纤有多种分类方式。按传输模式不同，可分为多模光纤和单模光纤；按制作材料不同，可分为石英光纤、塑料光纤和玻璃光纤等；按纤芯折射率不同，可分为突变型光纤和渐变型光纤；根据工作波长不同，光纤可分为短波光纤、长波光纤和超长波长光纤。

最为常见的分类方式是按传输模式来划分：单模光纤和多模光纤。

单模光纤：中心玻璃芯很细（芯径一般为 8 或 10μm），只能传输一种模式的光，所在传输频带宽，传输容量大，单模光纤使用的通信信号是激光，激光光源包含在发送方发送接口中，由于带宽很大，模间色散很小，适用于远程高速传输。

多模光纤：是在给定的工作波长上，能以多个模式同时传输的光纤，因为其可用的带宽小，光源较弱，所以在传输距离上没有单模光纤远。多模光纤使用的光源是 LED。

单模光纤相比于多模光纤可支持更长传输距离，以 1000M 以太网为例来说明：单模光纤可支持超过3000米的传输距离，而多模光纤最高可支持550米的传输距离。

光纤作为传输介质有以下的优点：光纤的通频带很宽，理论可达 $3×1010MHz$；传输距离长；不受电磁场和电磁辐射的影响；重量轻，体积小；制作光纤的资源丰富；抗化学腐蚀，使用寿命长。

4. 双绞线的选购

现在普通用户接入网络使用最多的就是双绞线，双绞线的选购应注意以下几个方面。

（1）看

看网线外皮颜色及标识：双绞线绝缘皮上一般都印有厂商产地、执行标准、产品类别、线长标识之类的字样。如五类线的标识是 cat5，超五类线的标识是 cat5e，而六类线的标识是 cat6 等，标识为小写字母，而非大写字母 CAT5，常见的五类双绞线塑料包皮颜色为深灰色，外皮发亮。

看导线的颜色：五类双绞线的八条芯线为便于作线，分为八个颜色，如与橙色线缠绕在一起的是白橙色相间的线，与绿色线缠绕在一起的是白绿色相间的线等，这些颜色是使用相应的塑料制成的，而不是后来染上去的。

看绞合密度：正品五类双绞线每对的绞合密度是不同的，同时其绞合方向为逆时针，如果不符合该要求，可判定为非正品。

（2）闻

闻电缆：正品双绞线应当无任何异味，而劣质双绞线则有一种塑料味道。

闻气味：点燃双绞线的外皮，正品线采用聚乙烯，应当基本无味；而劣质线采用聚氯乙烯，则味道刺鼻。

（3）试

试手感：用手去拿五类双绞线，应该感觉手感舒服，外皮光滑，捏一捏网，手感应当饱满。

试弯曲：正品五类线应该可以随意弯曲，以方便布线，同时不易被折断。

试速度：有一些非正品双绞线采用了五类线的外皮，而三四类线的内芯，通过上面的方法不好判断是否为正品，这时就可以通过试速度的方式来进行判断，截取一段100米（必须为100米，否则没有效果）的网线，然后把其接到网络中，通过传送大量的文件，来看其峰值速度是否能达到100Mbps，如果不能则为非正品。

7.2.3 路由器

1. 智能型路由器

用于连接因特网中各局域网、广域网的设备，它会根据信道的情况自动选择和设定路由，以最佳路径，按前后顺序发送信号的设备。路由器的各种不同档次的产品已成为实现各种骨干网内部连接、骨干网间互联和骨干网与互联网互联互通业务的主力军。

2. 傻瓜式路由器

这一类就是普通用户在家庭中使用的路由器，这种路由器不像上面所说的那种需要经过复杂配置才能实现其功能的路由器，而是只需要简单配置，甚至不需要配置就能使用的路由器，这两类路由器如图 7-2 和图 7-3 所示。

图 7-2 所示是 Cisco 的一款路由器，其价格一般在几千到数万元，一般不在普通用户中使用，它是用于实现网络间的互联互通。而图 7-3 所示的两种傻瓜式路由器，前一个还具有无线功能。这样的路由器是普通个人用户接入互联网时使用的入网设备。在此我们不对其内部构造作更详细的介绍。

图 7-2　智能型路由器　　　　　　图 7-3　傻瓜式路由器

无线路由器就是带有无线覆盖功能的路由器，它主要应用于用户无线上网和无线覆盖。无线路由器一般有一个 WAN 口，用于与有线网络相连，另外还有几个以太网接口，用于有线上网，另外还有一根天线，用于发射无线信号。使用无线路由器需要计算机带有无线网卡。

市场上流行的无线路由器一般都支持专线 xDSL、Cable、动态 xDSL、PPtP 四种接入方式，它还具有其他一些网络管理的功能，如 DHCP 服务、NAT 防火墙、MAC 地址过滤等功能。例如在学校学生宿舍、校园、会议室、公司、企业的办公室等都可使用无线路由器。

另一种傻瓜式路由器以有线方式，利用其上面的 RJ-45 端口与双绞线相连，连接个人计算机，从而实现信息的传输。

7.2.4　交换机

1. 交换机的功能

交换机（Switch）是一种用于电信号转发的网络设备，在计算机网络系统中，交换概念的提出改进了共享工作模式。它与另一种称为"集线器"的网络连接设备的功能相似，只是集线器是一种共享设备，它不能识别目的地址，数据包在以集线器为架构的网络上是以广播方式传输的，由每一台终端通过验证数据包头的地址信息来确定是否接收。而交换机是一种基于 MAC（媒体访问控制）地址识别，能够封装、转发数据包的网络设备，从而改变了集线器向所有端口广播数据的传输模式，从而节省网络带宽，提高了网络传输效率。交换机如图 7-4 所示。

图 7-4　交换机

2. 交换机的分类

交换机有以下多种分类方法。

（1）按交换机的应用环境来分，网络交换机分为两种：广域网交换机和局域网交换机。

广域网交换机主要应用于电信领域，提供通信用的基础平台。局域网交换机则应用于局域网络，用于连接终端设备，如 PC 机及网络打印机等。

（2）从传输介质和传输速度来分，可分为以太网交换机、快速以太网交换机、千兆以太网交换机、FDDI 交换机、ATM 交换机和令牌环交换机等。

（3）从交换机应用的规模上划分，可分为企业级交换机、部门级交换机和工作组级交换机等。企业级交换机都是机架式，部门级交换机可以是机架式（插槽数较少），也可以是固定配置式，而工作组级交换机为固定配置式（功能较为简单）。从应用的规模来看，企业级交换机可支持 500 个信息点以上大型企业应用的交换机，部门级交换机支持 300 个信息点以下中型企业的交换机，而支持 100 个信息点以内的交换机为工作组级交换机。

（4）按交换方式来分，可分为直通交换、存储转发和碎片隔离三种形式。

（5）按交换机工作在 OSI/RM 中的层次划分，可分为二层交换机、三层交换机和四层交换机。一般普通用户接入网络使用的交换机都是二层交换机。

（6）按交换机是否可管理划分，可分为可网管交换机和不可网管交换机。可网管交换机的管理是指通过管理端口执行监控交换机端口、划分 VLAN、设置 Trunk 端口等管理功能。不可网管的交换机则不具备上述这些特性，是不能被管理的。

7.3 能力技能操作

7.3.1 职业素养要求

（1）严禁带电操作，观察和安装网卡时一定要把 220V 的电源线插头拔掉。
（2）爱护计算机的各个部件，轻拿轻放，切忌鲁莽操作。
（3）积极自主学习和扩展知识面的能力。

7.3.2 网卡的选购

在选用网卡时，应注意网卡所支持的接口类型，否则可能不适用于你的网络。

市面上常见的 10M 网卡主要有单口网卡（RJ-45 接口或 BNC 接口）和双口网卡（RJ-45 和 BNC 两种接口），带有 AUI 粗缆接口的网卡较少。而 100M 和 1000M 网卡一般为单口网卡（RJ-45 接口）。除网卡的接口外，在选用网卡时还常常要注意网卡是否支持无盘启动，必要时还要考虑网卡是否支持光纤连接。

目前绝大多数的局域网采用以太网技术，因而重点以以太网网卡为例，讲解一些选购网卡时应注意的问题。购买时应注意以下几个重点：

1. 网卡的应用领域

以太网网卡有 10M、100M、10M/100M 及 1000M 网卡。对于大数据量网络来说，服务器应该采用 1000M 以太网网卡，这种网卡多用于服务器与交换机之间的连接，以提高整体系统的响应速率。而 10M、100M 和 10M/100M 网卡则属人们经常购买且常用的网络设备，这三种产品的价格相差不大。所谓 10M/100M 自适应是指网卡可以与远端网络设备（集线器或交换机）自动协商，确定当前的可用速率是 10M 还是 100M。对于通常的文件共享等应用来说，10M 网卡就已经足够了，但对于将来可能的语音和视频等应用来说，100M 网卡将更利于实时应用的传输。鉴于 10M 技术已经拥有的基础（如以前的集线器和交换机等），通常的变通方法是购买 10M/100M 网卡，这样既有利于保护已有的投资，又有利于网络的进一步扩展。就整体价格和技术发展而言，千兆以太网到桌面机尚需时日，但 10M 的时代已经逐渐远去。因而对中小企业来说，10M/100M 网卡应该是采购时的首选。

2. 注意总线接口方式

当前台式机和笔记本电脑中常见的总线接口方式都可以从主流网卡厂商那里找到适用的产品。但值得注意的是，市场上很难找到 ISA 接口的 100M 网卡。1994 年以来，PCI 总线架构日益成为网卡的首选总线，目前已牢固地确立了在服务器和高端桌面机中的地位。即将到来的转变是这种网卡将推广到所有的桌面机中。PCI 以太网网卡的高性能、易用性和增强了的可靠性使其被标准以太网网络所广泛采用，并得到了 PC 业界的支持。

3. 网卡兼容性

快速以太网在桌面一级普遍采用 100BaseTX 技术，以 UTP 为传输介质，因此，快速以太网的网卡有一个 RJ-45 接口。

4. 网卡生产商

由于网卡技术的成熟性，目前生产以太网网卡的厂商除了国外的 3Com、Intel 和 IBM 等公司之外，台湾地区的厂商以生产能力强且多在内地设厂等优势，其价格相对比较便宜。

5. 无线网卡的选购

无线上网卡选购从以下几方面考虑：

（1）从接口方面考虑，PCMCIA 最为合适。

无线上网卡主要采用 PCMCIA、CF 以及 USB 接口，此外也有极少数产品采用 SD 接口或是 Express Card 接口。PCMCIA 得到几乎所有笔记本电脑的支持，而且其接口带宽基于 PCI 总线，速度表现自然是最为出色的。

（2）从天线方面选择：可伸缩式最理想。

天线是大家在选购无线上网卡时容易忽视的细节，但是这却在实际使用中关系到可靠性与稳定性。市场上的无线上网卡天线分为可伸缩式、可分离拆卸式以及固定式。可伸缩式使用起来是最为方便。

（3）关注传输稳定性与散热表现。

7.3.3 路由器的选购

普通用户接入网络使用的路由器都是傻瓜式路由器，傻瓜式路由器的选购应注意以下几个方面。

1. 价格

按普通用户或家庭购买的路由器，价格大概在几十到几百元，价格不同的路由器其实在性能和功能上是没有多大的分别的，可能只是某个小硬件或品牌上的区别。

2. 速度

购买傻瓜式路由器主要是用于接入网络，如果是接入内部局域网，其标称的端口速度是对网速有影响的，现在接入局域网的端口速度一般都在 100Mbps。但是，如果购买路由器是在家庭中用于接入互联网使用，由于用户向 ISP（网络服务提供商）申请的网络速度一般是 4M 或 2M，最多也就 8M，因此任意一种路由器都能完成此速度的转发。

3. 品牌

好的品牌能保证路由器工作的稳定性，最好选择知名的品牌，知名品牌拥有自主研发和制造能力，产品符合国内用户需求和使用习惯，ISP 的兼容性好，同时品质和服务有保证。比较知名的品牌有 TP-LINK、D-LINK、Tenda 等。

总之，在选购路由器时，根据使用需求，尽量追求性价比最高的路由器。

7.3.4 交换机的选购

针对普通用户在交换机选购时要注意以下几个主要方面。

1. 延时

交换机的延时（Latency）也称延迟时间，是指从交换机接收到数据包到开始向目的端口发达数据包之间的时间间隔。数据的传输速率越快，网络的效率也就越高。特别是对于多媒体网络而言，较大的数据延迟，往往导致多媒体的短暂中断，所以交换机的延迟时间越小越好，同时要注意的是延时越小的交换机价格也就越贵。

2. 管理功能

交换机的管理功能（Management）是指交换机如何控制用户访问交换机，以及系统管理人员通过软件对交换机的可管理程度如何。普通用户使用的交换机通常不具有网管功能，属"傻瓜"型的，只需接上电源、插好网线即可正常工作。网管型交换机的价格要贵许多。

3. 背板带宽

带宽越大，能够给各通讯端口提供的可用带宽越大，数据交换速度越快；带宽越小，则能够给各通讯端口提供的可用带宽越小，数据交换速度也就越慢。因此，在端口带宽、延迟时间相同的情况下，背板带宽越大，交换机的传输速率则越快。

4. 端口

交换机也与集线器一样，也有端口带宽之分，但这里所指的带宽与集线器的端口带宽不一样，因为这里交换机上所指的端口带宽是独享的，而集线器上端口的带宽是共享的。交换机的端口带宽目前主要包括10M、100M和1000M和10M/100M自适应四种。其中10M/100M自适应可以自适应地达到10Mbps或100Mbps的带宽，这比固定几个100Mbps带宽的交换机要方便很多，目前这种组合方式的交换机是当前市场上的主流产品，能够自动适应10Mbps或100Mbps的速率，可以无缝连接以太网和快速以太网。1000M端口的交换机目前一般是充当大中型网络中心交换机或骨干交换机的角色，在中小型企业单位局域网中还是很少见的。

5. 光纤端口

如果需要入网的计算机具有光网卡，则选择交换机时需要选用光纤接口的交换机，一般的普通用户的计算机很少使用光网卡，所以在选购时可根据需要而定。

7.3.5 网卡的安装与拆卸

（1）断开外部电源，打开计算机主机箱。

（2）确定网卡的接口类型，是ISA还是PCI网卡，然后把网卡插入相应接口的插槽中，注意一定要插牢，并用镙钉固定。

（3）启动计算机进入操作系统后，安装相应网卡的驱动程序。这个过程一般要求使用厂家附带的驱动程序安装光盘来进行驱动程序的安装，由于不同的网卡驱动程序的名称和在光盘中的位置略有不同，因此驱动程序的安装步骤可参照安装说明书进行。

（4）拆卸网卡时，首先断开外部电源，然后再用镙丝刀拆卸网卡与机箱上的镙钉，取出网卡。

7.3.6 双绞线的制作

双绞线分为直通线和交叉线两种，下面以直通 RJ-45 接头的制作为例。其中制作中所需要材料和设备如图 7-5 所示。

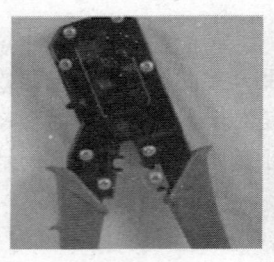

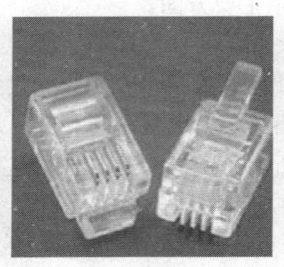

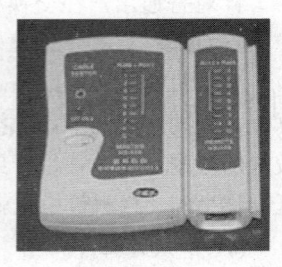

网线钳　　　　　水晶头　　　　　双绞线　　　　　测线仪

图 7-5　双绞线制作的材料与设备

1. 第 1 步

用双绞线网线钳（当然也可以用其他剪线工具）把五类双绞线的一端剪齐（最好先剪一段符合布线长度要求的网线），然后把剪齐的一端插入到网线钳用于剥线的缺口中，注意网线不能弯，直插进去，直到顶住后面的挡位，稍微握紧压线钳慢慢旋转一圈（无需担心会损坏网线里面芯线的包皮，因为剥线的两刀片之间留有一定距离，这个距离通常就是里面 4 对芯线的直径），让刀口划开双绞线的保护胶皮，拔下胶皮。

【小提示】网线钳挡位离剥线刀口长度通常恰好为水晶头长度，这样可以有效避免剥线过长或过短。剥线过长一则不美观，另一方面因网线不能被水晶头卡住，容易松动；剥线过短，因有包皮存在，太厚，不能完全插到水晶头底部，造成水晶头插针不能与网线芯线完好接触，当然也不能制作成功了。

2. 第 2 步

剥除外包皮后即可见到双绞线网线的 4 对 8 条芯线，并且可以看到每对的颜色都不同。每对缠绕的两根芯线是由一种染有相应颜色的芯线加上一条只染有少许相应颜色的白色相间芯线组成。四条全色芯线的颜色为：棕色、橙色、绿色、蓝色。

先把 4 对芯线一字并排排列，然后再把每对芯线分开（此时注意不跨线排列，也就是说每对芯线都相邻排列），并按统一的排列顺序（如左边统一为主颜色芯线，右边统一为相应颜色的花白芯线）排列。注意每条芯线都要拉直，并且要相互分开并列排列，不能重叠。然后用网线钳垂直于芯线排列方向剪齐（不要剪太长，只需剪齐即可）。

3. 第 3 步

左手水平握住水晶头（塑料扣的一面朝下，开口朝右），然后把剪齐、并列排列的 8 条芯线对准水晶头开口并排插入水晶头中，注意一定要使各条芯线都插到水晶头的底部，不能弯曲（因为水晶头是透明的，所以可以从水晶头有卡位的一面清楚地看到每条芯线所插入的位置）。

4. 第 4 步

确认所有芯线都插到水晶头底部后，即可将插入网线的水晶头直接放入网线钳压线缺口中。因缺口结构与水晶头结构一样，一定要正确放入才能使后面压下网线钳手柄时所压位置正确。水晶头放好后即可压下网线钳手柄，一定要使劲，使水晶头的插针都能插入到网线芯线之中，与之接触良好。然后再用手轻轻拉一下网线与水晶头，看是否压紧，最好多压一次，最重要的是要注意所压位置一定要正确。

至此，这个 RJ-45 头就压接好了。按照相同的方法制作双绞线的另一端水晶头，要注意的是芯线排列顺序一定要与另一端的顺序完全一样，这样整条网线的制作就算完成了。

两端都做好水晶头后即可用网线测试仪进行测试，如果测试仪上 8 个指示灯都依次为绿色闪过，证明网线制作成功。如果出现任何一个灯为红（蟹）灯或黄灯，都证明存在断路或者接触不良现象，此时最好先对两端水晶头再用网线钳压一次，再测，如果故障依旧，再检查一下两端芯线的排列顺序是否一样，如果不一样，则剪掉一端重新按另一端芯线排列顺序制做水晶头。如果芯线顺序一样，但测试仪在重测后仍显示红色灯或黄色灯，则表明其中肯定存在对应芯线接触不好。此时没办法了，只好先剪掉一端按另一端芯线顺序重做一个水晶头了，再测，如果故障消失，则不必重做另一端水晶头，否则还得把原来的另一端水晶头也剪掉重做。直到测试全为绿色指示灯闪过为止。

7.3.7　交换机与路由器的安装

对于普通用户使用的交换机，一般是不需要配置即可使用；而路由器也可以不配置直接使用，也可以简单配置。下面以 Tenda 路由器的配置为例来说明路由器的配置方法。

1. 路由器的接线方法

将上网电话线接宽带 Modem，宽带 Modem 接出来的网线接路由器的 WAN 端口（就一个）；路由器的 LAN 端口（4 个或 8 个）用于接计算机的网卡。注意：宽带 Modem 接路由器的 WAN 端口和 LAN 端口接计算机的网卡的网线是不一样的，不能掉换的。

2. 本地连接设置

确保计算机的网卡和驱动程序已装好，并可以使用，然后进行本地连接设置：

单击"开始"→"设置"→"网络连接"→选择连接宽带路由器的网卡对应的"本地连接"→右击"属性"，在弹出的"常规"页面选择"Internet 协议（TCP/IP）"，查看其"属性"，选择"使用下面的 IP 地址"（可以选择"自动获取 IP"，以后的步骤就不用了），并输入 IP 地址"192.168.0.X"（X 代表 2～255 的任何数，要是多台机不能重复），子网掩码"255.255.255.0"，默认网关"192.168.0.1"，稍后再填写 DNS 服务器。单击该页面的"确定"及"本地连接属性"页面的"确定"按钮，等待系统配置完毕。

3. 宽带路由器的设置

打开 IE 浏览器，选择菜单栏的"工具"→"Internet 选项"→"连接"，如果"拨号和虚拟专用网络设置"内已有设置需全部删除。选择"局域网设置"，在该页面中选择"自动检测设置"，然后在地址栏输入 192.168.0.1（这是 Tenda 路由器默认的管理 IP 地址，有的品牌可能是 192.168.1.1），回车后，在弹出的对话框输入用户名（默认）"admin"，密码"admin"，单击"确定"按钮即可登录宽带路由器。登录后会弹出"设置向导"，可根据向导提示配置宽带路由器。单击"下一步"按钮选择所使用的上网方式。

如果所使用的是 ADSL 拨号上网，可选择"ADSL 虚拟拨号（PPPoE）"，单击"下一步"按钮，填入运营商提供的上网账号和上网口令（请注意大小写），单击"下一步"和"完成"按钮（当前的默认方式是"按需连接"）。接着，选择宽带路由器配置界面左边树型菜单的"运行状态"，在刷新出来的右边窗口单击"连接"按钮，正常连接后，将会看到宽带路由器获得了 IP 地址、子网掩码、网关、DNS 服务器（2 个）。如未看到，可尝试多次单击"连接"按钮。最后设置完成后退出。

这样计算机即可通过这台路由器拨号上网了。

7.4　能力鉴定考核

考核以现场操作为主，知识测试（40%）+现场认知（60%）。

知识考核点： 网卡的分类，网卡的性能指标与选购要求，双绞线的分类与选购，交换机和路由器的分类与选购要求。

现场操作： 能正确安装网卡；能制作双绞线；能配置傻瓜式路由器。

7.5　能力鉴定资源

一台完整的安装了系统和应用软件的计算机、网卡、双绞线、水晶头、网线钳、测线仪、傻瓜式交换机和路由器、螺丝刀、小盒子。

能力八 认识、选购与拆卸、安装计算机其他硬件设备的能力

8.1 能力简介

此能力为认识、选购与拆卸、安装计算机外围的一些硬件设备,学习完此能力后使学习者熟悉声卡的组成,声卡的主要技术指标,理解声卡的工作原理,了解键盘的分类,熟悉键盘的结构,了解鼠标的分类,鼠标的主要性能参数,了解机箱的分类,熟悉机箱的结构,电源的分类,电源的电缆接口,电源的主要性能指标,打印机的分类,音响的分类,音响的结构,音响的主要技术指标,打印机的接口和相关技术指标等。学习者能够选购合适可行的声卡、键盘、鼠标、电源、音响、机箱与打印机等,并且能够将所提供硬件设备的名称、型号、规格完整地记录在清单上。

8.2 能力知识构成

8.2.1 声卡

声卡(Sound Card)也叫音频卡(港台地区称之为声效卡),是多媒体技术中最基本的组成部分,是实现声波/数字信号相互转换的一种硬件。独立声卡如图 8-1 所示。

声卡是一台多媒体计算机的主要设备之一,现在的声卡一般有板载声卡和独立声卡之分。在早期的计算机上并没有板载声卡,计算机要发声必须通过独立声卡来实现。声卡的基本功能是把来自话筒、磁带、光盘的原始声音信号加以转换,输出到耳机、扬声器、扩音机、录音机等声响设备。

1. 声卡的作用

(1)它可录制数字声音文件。通过声卡及相应的驱动程序的控制,采集来自话筒、收录机等音源的信号,压缩后存放在计算机系统的内存或硬盘中。

图 8-1　独立声卡

（2）将硬盘或激光盘压缩的数字化声音文件还原成高质量的声音信号，放大后通过扬声器放出。

（3）对数字化的声音文件进行加工，以达到某一特定的音频效果。

（4）控制音源的音量，对各种音源进行组合，实现混响器的功能。

（5）利用语言合成技术，通过声卡朗读文本信息。如读英语单词和句子、演奏音乐等。

（6）具有初步的音频识别功能，让操作者用口令指挥计算机工作。

（7）提供 MIDI 功能，使计算机可以控制多台具有 MIDI 接口的电子乐器。另外，在驱动程序的作用下，声卡可以将 MIDI 格式存放的文件输出到相应的电子乐器中，发出相应的声音。使电子乐器受声卡的指挥。

2. 声卡的分类

声卡主要分为板卡式、集成式和外置式三种接口类型，以适用不同用户的需求，三种类型的产品各有优缺点。

（1）板卡式

板卡式产品是现今市场上的中坚力量，产品涵盖低、中、高各档次，售价从几十元至上千元不等。早期的板卡式产品多为 ISA 接口，由于此接口总线带宽较低、功能单一、占用系统资源过多，目前已被淘汰；PCI 则取代了 ISA 接口成为目前的主流，它拥有更好的性能及兼容性，支持即插即用，安装使用都很方便。

（2）集成式

集成式声卡只会影响到计算机的音质，对 PC 用户较敏感的系统性能并没有什么关系。因此，大多用户对声卡的要求都满足于能用就行，更愿将资金投入到能增强系统性能的部分，将声卡集成在主板上，具有不占用 PCI 接口、成本更为低廉、兼容性更好等优势，能够满足普通用户的绝大多数音频需求，自然就受到市场青睐。而且集成声卡的技术也在不断进步，PCI 声卡具有的多声道、低 CPU 占有率等优势也相继出现在集成声卡上，它也由此占据了主导地位，占据了声卡市场的大半壁江山。

（3）外置式

外置式声卡是创新公司独家推出的一个新兴事物，它通过 USB 接口与 PC 连接，具有使用方便、便于移动等优势。但这类产品主要应用于特殊环境，如连接笔记本电脑实现更好的音质等。目前市场上的外置声卡并不多，常见的有创新的 Extigy、Digital Music 两款，以及 MAYA EX、MAYA 5.1 USB 等。

三种类型的声卡中，集成式产品价格低廉，技术日趋成熟，占据了较大的市场份额。随着技术进步，这类产品在中低端市场还拥有非常大的前景；PCI 声卡将继续成为中高端声卡领域的中坚力量,毕竟独立板卡在设计布线等方面具有优势,更适于音质的发挥;而外置式声卡的优势与成本对于家用 PC 来说并不明显,仍是一个填补空缺的边缘产品。

3. 集成声卡

集成声卡是指芯片组支持整合的声卡类型,比较常见的是 AC'97 和 HD Audio,使用集成声卡的芯片组的主板就可以在比较低的成本上实现声卡的完整功能。现在的声卡一般有板载声卡和独立声卡之分。

(1) 板载 ALC650 声卡芯片

板载声卡一般有软声卡和硬声卡之分。这里的软硬之分,指的是板载声卡是否具有声卡主处理芯片,一般软声卡没有主处理芯片,只有一个解码芯片,通过 CPU 的运算来代替声卡主处理芯片的作用。而板载硬声卡带有主处理芯片,很多音效处理工作就不再需要 CPU 参与了。

(2) AC'97

AC'97 的全称是 Audio CODEC'97,这是一个由 Intel、雅玛哈等多家厂商联合研发并制定的音频电路系统标准。它并不是一个实实在在的声卡种类,只是一个标准。目前最新的版本已经达到了 2.3。现在市场上能看到的声卡大部分的 CODEC 都是符合 AC'97 标准。厂商也习惯用符合 CODEC 的标准来衡量声卡,因此很多的主板产品,不管采用的何种声卡芯片或声卡类型,都称为 AC'97 声卡。

(3) 集成 HD Audio 声效声卡

HD Audio 是 High Definition Audio(高保真音频)的缩写,原称 Azalia,是 Intel 与杜比(Dolby)公司合力推出的新一代音频规范。目前主要是 Intel 915/925 系列芯片组的 ICH6 系列南桥芯片所采用。

HD Audio 的制定是为了取代目前流行的 AC'97 音频规范,与 AC'97 有许多共通之处,某种程度上可以说是 AC'97 的增强版,但并不能向下兼容 AC'97 标准。它在 AC'97 的基础上提供了全新的连接总线,支持更高品质的音频以及更多的功能。与 AC'97 音频解决方案相类似,HD Audio 同样是一种软硬混合的音频规范,集成在 ICH6 芯片中(除去 CODEC 部分)。与现行的 AC'97 相比,HD Audio 具有数据传输带宽大、音频回放精度高、支持多声道阵列麦克风音频输入、CPU 的占用率更低和底层驱动程序可以通用等特点。

4. 板载声卡

(1) 板载软声卡

因为板载软声卡没有声卡主处理芯片,在处理音频数据的时候会占用部分 CPU 资源,在 CPU 主频不太高的情况下会略微影响到系统性能。目前 CPU 主频早已用 GHz 来进行计算,而音频数据处理量却增加的并不多,相对于以前的 CPU 而言,CPU 资源占用率已经大大降低,对系统性能的影响也微乎其微了,几乎可以忽略。

"音质"问题也是板载软声卡的一大弊病,比较突出的就是信噪比较低,其实这个问题并不是因为板载软声卡对音频处理有缺陷造成的,主要是因为主板制造厂商设计板载声卡时的布线不合理,以及用料做工等方面过于节约成本造成的。

(2) 板载硬声卡

对于板载的硬声卡,则基本不存在上述板载软声卡的问题,其性能基本能接近并达到一般独立声卡,完全可以满足普通家庭用户的需要。

集成声卡最大的优势就是性价比,而且随着声卡驱动程序的不断完善,主板厂商的设计能力的提高，以及板载声卡芯片性能的提高和价格的下降，板载声卡越来越得到用户的认可。板载声卡的劣势却正是独立声卡的优势，而独立声卡的劣势又正是板载声卡的优势。独立声卡从几十元到几千元有着各种不同的档次，从性能上讲集成声卡完全不输给中低端的独立声卡，在性价比上集成声卡又占尽优势。在中低端市场，在追求性价比的用户中，集成声卡是不错的选择。

5．声卡接口

声卡接口示意图如图 8-2 所示。

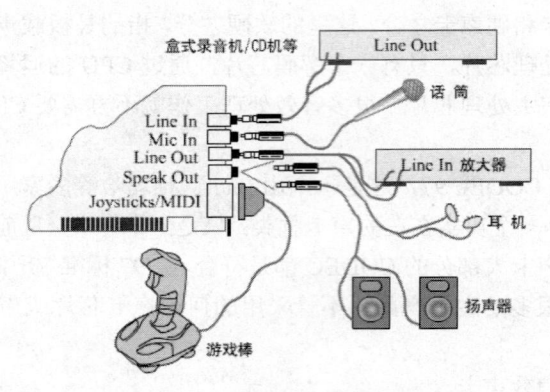

图 8-2 声卡接口示意图

（1）线型输入接口

标记为"Line In"。Line In 端口将品质较好的声音、音乐信号输入，通过计算机的控制将该信号录制成一个文件。通常该端口用于外接辅助音源，如影碟机、收音机、录像机及 VCD 回放卡的音频输出。

（2）线型输出端口

标记为"Line Out"。它用于外接音箱功放或带功放的音箱。

（3）第二个线型输出端口

一般用于连接四声道以上的后端音箱。

（4）话筒输入端口

标记为"Mic In"。它用于连接麦克风（话筒），可以将自己的歌声录下来实现基本的"卡拉OK 功能"。

（5）扬声器输出端口

标记为"Speaker"或"SPK"。它用于插外接音箱的音频线插头。

（6）MIDI 及游戏摇杆接口

标记为"MIDI"。几乎所有的声卡上均带有一个游戏摇杆接口来配合模拟飞行、模拟驾驶等游戏软件，这个接口与 MIDI 乐器接口共用一个 15 针的 D 型连接器（高档声卡的 MIDI 接口可能还有其他形式）。该接口可以配接游戏摇杆、模拟方向盘，也可以连接电子乐器上的 MIDI 接口，实现 MIDI 音乐信号的直接传输。

8.2.2 音箱

音箱是整个音响系统的终端，其作用是把音频电能转换成相应的声能，并把它辐射到空间去。

它是音响系统极其重要的组成部分，因为它担负着把电信号转变成声信号供人的耳朵直接聆听这么一个关键任务，它要直接与人的听觉打交道，而人的听觉是十分灵敏的，并且对复杂声音的音色具有很强的辨别能力。由于人耳对声音的主观感受正是评价一个音响系统音质好坏的最重要的标准，因此，可以认为，音箱的性能高低对一个音响系统的放音质量是起着关键作用。音箱如图 8-3 所示。

图 8-3 音箱

1. 音箱分类及特点

（1）按使用场合来分，分为专业音箱与家用音箱两大类。

家用音箱一般用于家庭放音，其特点是音质细腻柔和，外型较为精致、美观，放音声压级不太高，承受的功率相对较少；专业音箱一般用于歌舞厅、卡拉 OK、影剧院、会堂和体育场馆等专业文娱场所。一般专业音箱的灵敏度较高，放音声压高，力度好，承受功率大，与家用音箱相比，其音质偏硬，外型也不甚精致。但在专业音箱中的监听音箱，其性能与家用音箱较为接近，外型一般也比较精致、小巧，所以这类监听音箱也常被家用 HI-FI 音响系统所采用。

（2）按放音频率来分，可分为全频带音箱、低音音箱和超低音音箱。

所谓全频带音箱是指能覆盖低频、中频和高频范围放音的音响；低音音箱和超低音音箱一般是用来补充全频带音箱的低频和超低频放音的专用音箱。

（3）按用途来分，一般可分为主放音音箱、监听音箱和返听音箱等。

（4）按箱体结构来分，可分为密封式音箱、倒相式音箱、迷宫式音箱、声波管式音箱和多腔谐振式音箱等。

（5）按箱体材质分，分为木质音箱、塑料音箱、金属材质音箱等。

2. 音箱的主要技术指标

（1）音效技术

硬件 3D 音效技术现在较为常见的有 SRS、APX、Q-SOUND 和 Virtual Dolby 等几种，它们虽然各自实现的方法不同，但都能使人感觉到明显的三维效果，其中又以第一种最为常见。它们所应用的都是扩展立体声（Extended Stereo）理论，这是通过电路对声音信号进行附加处理，使听者感到声响方位扩展到了两音箱的外侧，以此进行声响扩展，使人有空间感和立体感，产生更为宽阔的立体声效果。此外还有两种音效增强技术：有源机电伺服技术和 BBE 高清晰高原音重放系统技术，对改善音质也有一定效果。

（2）频响范围

频响范围的全称叫频率范围与频率响应。前者是指音箱系统的最低有效回放频率与最高有效回放频率之间的范围；后者是指将一个以恒电压输出的音频信号与系统相连接时，音箱产生的声压随频率的变化而发生增大或衰减、相位随频率而发生变化的现象，这种声压和相位与频率的相关联的变化关系称为频率响应，单位分贝（dB）。声压与相位滞后随频率变化的曲线分别叫做"幅频特性"和"相频特性"，合称"频率特性"。这是考查音箱性能优劣的一个重要指标，它与音箱的性能和价位有着直接的关系，其分贝值越小，说明音箱的频响曲线越平坦、失真越小、性能越高。如：一音箱频响为 60Hz～18kHz+/-3dB。这两个概念有时并不区分，就叫做频响。从理论上来讲，构成声音的谐波成分是非常复杂的，并非频率范围越宽声音就好听，不过这对于中低档的多媒体音箱来讲还是基本正确的。现在的音箱厂家对系统频响普遍标注的范围过大，高频部分差的还不是很多，但在低音端标注的极为不真实，所以敬告大家低频段声音一定要耳听为实，不要轻易相信宣传单上的数值。

（3）灵敏度

该指标是指在给音箱输入端输入 1W/1kHz 信号时，在距音箱喇叭平面垂直中轴前方一米的地方所测得的声压级。灵敏度的单位为分贝（dB）。音箱的灵敏度每差 3dB，输出的声压就相差一倍，普通音箱的灵敏度在 85～90dB 范围内，85dB 以下为低灵敏度，90dB 以上为高灵敏度，通常多媒体音箱的灵敏度则稍低一些。

（4）功率

音箱的功率标识十分混乱。简单地说，功率即是指音箱发出的声音能有多大的震撼力。根据国际标准，功率有两种标注方法：额定功率与最大承受功率（瞬间功率或峰值功率 PMPO）。而额定功率是指在额定频率范围内给扬声器一个规定了波形的持续模拟信号,扬声器所能发出的最大不失真功率，而最大承受功率是扬声器不发生任何损坏的最大电功率。商家为了迎合消费者心理，通常将音乐功率标的很大，所以在选购多媒体音箱时要以额定功率为准。音箱的最大承受功率主要由功率放大器的芯片功率决定，此外还跟电源变压器有很大关系。掂一掂主副音箱的重量差就可以大致知道变压器的重量，通常越重，功率越大。但音箱的功率也不是越大越好，适用就是最好的，对于普通家庭用户的 20 平方米左右的房间来说，真正意义上的 50W 功率是足够的了，没有必要去过分追求高功率。

（5）失真度

音箱的失真度定义与放大器的失真度基本相同，不同的是放大器输入的是电信号，输出的还是电信号，而音箱输入的是电信号，输出的则是声波信号。所以音箱的失真度是指电声信号转换的失真。声波的失真允许范围是 10%内，一般人耳对 5%以内的失真不敏感。大家最好不要购买失真度大于 5%的音箱。

（6）信噪比

该指标指音箱回放的正常声音信号与噪声信号的比值。信噪比低，小信号输入时噪音严重，在整个音域的声音明显变得浑浊不清，不知发的是什么音，严重影响音质。信噪比低于 80dB 的音箱（包括低于 60dB 的低音炮）建议不购买。

（7）阻抗

该指标是指输入信号的电压与电流的比值。音箱的输入阻抗一般分为高阻抗和低阻抗两类，一般高于 16 欧姆的是高阻抗，低于 8 欧姆的是低阻抗，音箱的标准阻抗是 8 欧姆。市场上音箱的标称阻抗有 4 欧姆、5 欧姆、6 欧姆、8 欧姆、16 欧姆等几种，虽然这项指标与音箱的性能无关，但是最好不要购买低阻抗的音箱，推荐值是标准的 8 欧姆，这是因为在功放与输出功率相同的情况下，低阻抗的音箱可以获得较大的输出功率，但是阻抗太低了又会造成欠阻尼和低音劣化等现象。

8.2.3 键盘

键盘是计算机的最主要的输入设备，是将用户的各种指令和数据输入计算机的装置。如图 8-4 所示。

图 8-4 键盘（左图为 83 键，右图为 107 键）

早期的计算机键盘主要以 83 键，然后是 101 键为主，但随着 Windows 系统近几年的流行已经淘汰。取而代之的是 104 键和 107 键键盘，并占据市场的主流地位，随着笔记本电脑的兴起，人们对便携性要求越来越高，一种便携型新原理键盘诞生，这就是四节输入法键盘。该键盘进一步提高了操作简便性和输入性能，并将鼠标功能融合在键盘按键中。

1. 键盘的分类

按照键盘的工作原理和按键方式的不同，可以划分为四种：机械键盘、塑料薄膜式键盘、导电橡胶式键盘和无接点静电电容键盘，现在主要使用的键盘称为塑料薄膜式键盘。

按键盘的外形分为标准键盘和人体工程学键盘两种。

人体工程学键盘是在标准键盘上将指法规定的左手键区和右手键区这两大板块左右分开，并形成一定角度，使操作者不必有意识的夹紧双臂，保持一种比较自然的形态，有的人体工程学键盘还有意加大常用键如空格键和回车键的面积，在键盘的下部增加护手托板，给以前悬空手腕以支持点，减少由于手腕长期悬空导致的疲劳。这些都可以视为人性化的设计。人体工程学键盘如图 8-5 所示。

图 8-5 人体工程学键盘

2. 键盘的结构

目前台式 PC 的键盘都采用活动式键盘，键盘作为一个独立的输入部件，具有自己的外壳。键盘面板根据档次采用不同的塑料压制而成，部分优质键盘的底部采用较厚的钢板以增加键盘的质感和刚性，不过这样一来无疑增加了成本，所以不少廉价键盘直接采用塑料底座的设计。有的键盘采用塑料暗钩的技术固定键盘面板和底座两部分，实现无金属螺丝化的设计。所以分解时要小心以免损坏。

外壳为了适应不同用户的需要,键盘的底部设有折叠的支撑脚,展开支撑脚可以使键盘保持一定倾斜度,不同的键盘会提供单段、双段甚至三段的角度调整。

常规键盘具有 Caps Lock（字母大小写锁定）、Num Lock（数字小键盘锁定）、Scroll Lock 三个指示灯,标志键盘的当前状态。这些指示灯一般位于键盘的右上角,不过有一些键盘如 ACER 的 Erg ONomic KB 和 HP 原装键盘采用键帽内置指示灯,这种设计可以更容易地判断键盘当前状态,但工艺相对复杂,所以大部分普通键盘均未采用此项设计。

不管键盘形式如何变化,基本的按键排列还是保持不变,可以分为主键盘区、数字辅助键盘区、F 键功能键盘区、控制键区,对于多功能键盘还增添了快捷键区。

键盘电路板是整个键盘的控制核心,它位于键盘的内部,主要担任按键扫描识别、编码和传输接口的工作。

键帽的反面都是键柱塞,直接关系到键盘的寿命,其摩擦系数直接关系到按键的手感。

3. 键盘的使用与维护

（1）更换键盘时,必须切断微机电源。

（2）让键盘远离水源。由于大多数键盘没有防水装置,一旦有液体流进,则会使键盘受到损害,造成接触不良、腐蚀电路和短路等故障。如果一不小心有大量液体进入键盘时,应当尽快关机,将键盘接口拔下,打开键盘用干净吸水的软布或卫生纸擦干内部的积水,最后在通风处自然晾干即可。

（3）定期对键盘做清洁。如果键盘内积累的灰尘太多或者有杂物落入键盘中的话,将直接影响键盘内电路和按键的正常工作,有时甚至会造成误操作。注意清洁时先关机,再用柔软干净的湿布擦拭键盘,对于顽固的污渍可以用中性的清洁剂或者少量洗衣粉或专用清洁剂尝试去除,最后还要用湿布再擦洗一遍,所用的湿布不易过湿,以免滴水进入键盘内部。对于缝隙内的污垢可以用普通的注射针筒抽取无水酒精,再用棉签清洁,注意所有的清洁工作都不要用医用消毒酒精,以免对塑料部件产生不良影响。

8.2.4 鼠标

鼠标是计算机仅次于键盘的重要输入设备,现在的图形操作界面下,使鼠标已成为计算机必不可缺的主要输入设备之一。鼠标如图 8-6 所示。

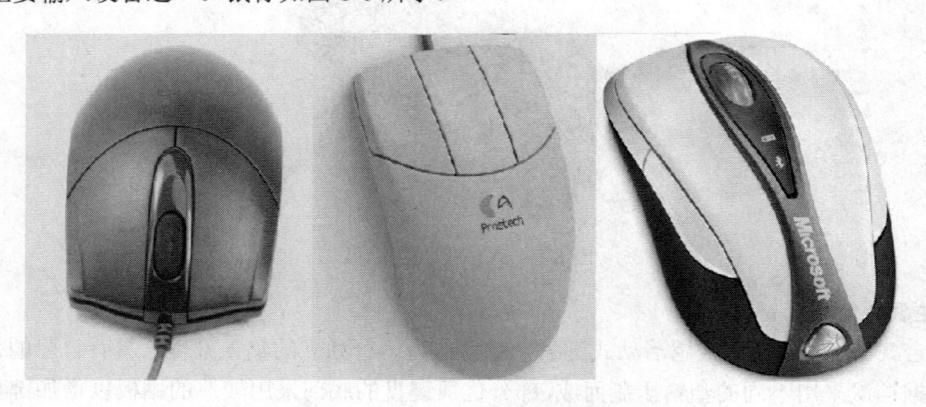

图 8-6 两键、三键和无线鼠标

1. 按是否有连接线来分

按是否有连接线来分,鼠标分有线和无线两种。

有线鼠标按接口类型可分为串行鼠标、PS/2 鼠标、总线鼠标、USB 鼠标（多为光电鼠标）四种。

串行鼠标是通过串行口与计算机相连，有 9 针接口和 25 针接口两种；PS/2 鼠标通过一个六针微型 DIN 接口与计算机相连，它与键盘的接口非常相似，使用时注意区分；总线鼠标的接口在总线接口卡上；USB 鼠标通过一个USB 接口，直接插在计算机的 USB 口上。

2. 按键数来分

鼠标还可按键数来分，分为两键鼠标、三键鼠标和新型的多键鼠标。

两键鼠标和三键鼠标的左、右按键功能完全一致，一般情况下，用不着三键鼠标的中间按键，但在使用某些特殊软件时（如 AutoCAD 等），这个键也会起一些作用。如：三键鼠标使用中键在某些特殊程序中往往能起到事半功倍的作用，例如在 AutoCAD 软件中就可利用中键快速启动常用命令，成倍提高工作效率。多键鼠标是新一代的多功能鼠标，如有的鼠标上带有滚轮，大大方便了上下翻页，有的新型鼠标上除了有滚轮，还增加了拇指键等快速按键，进一步简化了操作程序。

3. 按工作原理来分

鼠标按其工作原理的不同来分，可分为机械鼠标和光电鼠标。

机械鼠标主要由滚球、辊柱和光栅信号传感器组成。当拖动鼠标时，带动滚球转动，滚球又带动辊柱转动，装在辊柱端部的光栅信号传感器产生的光电脉冲信号反映出鼠标器在垂直和水平方向的位移变化，再通过计算机程序的处理和转换来控制屏幕上光标箭头的移动。

光电鼠标是通过检测鼠标的位移，将位移信号转换为电脉冲信号，再通过程序的处理和转换来控制屏幕上的鼠标箭头的移动。光电鼠标用光电传感器代替了滚球。这类传感器需要特制的、带有条纹或点状图案的垫板配合使用。

4. 无线鼠标和 3D 振动鼠标

无线鼠标和3D 振动鼠标都是比较新颖的鼠标。

无线鼠标是为了适应大屏幕显示器而生产的。所谓"无线"，即没有电线连接，而是采用两节七号电池无线摇控，鼠标有自动休眠功能，电池可用上一年，接收范围在 1.8 米以内。

3D 振动鼠标是一种新型的鼠标，它不仅可以当作普通的鼠标使用，而且具有以下几个特点：

（1）具有全方位立体控制能力。它具有前、后、左、右、上、下六个移动方向，而且可以组合出前右、左下等移动方向。

（2）外形和普通鼠标不同。一般由一个扇形的底座和一个能够活动的控制器构成。

（3）具有振动功能，即触觉回馈功能。玩某些游戏时，当你被敌人击中时，你会感觉到你的鼠标也振动了。

（4）是真正的三键式鼠标。无论 DOS 或Windows环境下，鼠标的中间键和右键都能大派用场。

5. 鼠标的使用与维护

（1）使用

鼠标应在平整、光滑、整洁的工作表面上使用，粗糙的表面会沾附一些污染物，如：灰尘、石蜡、碎屑等，这些东西无论是机械鼠标，还是光电鼠标，都会影响鼠标的定位。

（2）机械鼠标的使用与维护

首先要为鼠标配备一个好的鼠标垫。

第二，使用时，不可用力击键，以免弹性开关损坏而使控制键失效。

第三，定期清洁，机械鼠标在长期使用后，滚球带入的粘性灰尘会集结在传动轴上，严重影响鼠标的移动灵敏度。

（3）光电鼠标的正确使用

第一，光电鼠标中的发光二级管、光敏三级管都是怕振动的配件，使用时要注意尽量避免强力拉扯鼠标连线。

第二，使用时要注意保持感光板的清洁和感光状态良好，避免灰尘附着在发光二级管和光敏三级管上，而遮挡光线接收，影响正常的使用。

第三，击下鼠标按键时不要用力过度，并避免摔碰鼠标，以免损坏弹性开关或其他部件。

8.2.5 机箱与电源

机箱和电源的选择是非常重要的，因为关系到计算机能否稳定工作。

1. 机箱

机箱作为计算机主要配件的载体，其任务就是固定与保护配件。机箱如图 8-7 所示。

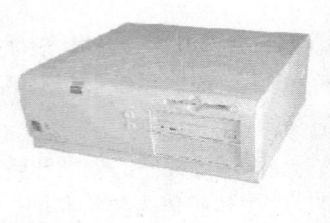

图 8-7　AT、ATX、BTX 机箱

从外形上讲，机箱有立式和卧式之分，以前基本上都采用的是卧式机箱，而现在一般采用立式机箱。主要是由于立式机箱没有高度限制，在理论上可以提供更多的驱动器槽，而且更利于内部散热。

从结构上分，机箱可以分为 AT、ATX、Micro ATX、NLX 等类型，目前市场上主要以 ATX 机箱为主。

在 ATX 的结构中，主板是安装在机箱的左上方，并且是横向放置的。而电源安装位置在机箱的右上方，前方的位置是预留给存储设备使用的，而机箱后方则预留了各种外接端口的位置。这样规划的目的就是在安装主板时，可以避免 I/O 口的过于复杂，而主板的电源接口以及软硬盘数据线接口可以更靠近预留位置。整体上也能够让使用者在安装适配器、内存或者处理器时，不会移动其他设备。这样机箱内的空间就更加宽敞简洁，对散热很有帮助。

在机箱的规格中，最重要的就是主板的定位孔，因为定位孔的位置和多少决定着机箱所能使用主板的类型。比如说，ATX 机箱标准规格中，共有 17 个主板定位孔，而 ATX 主板真正使用的只有其中的 9 个，其他的孔主要是为了兼容其他类型的主板而设计的。

最新推出的 BTX，就是 Balanced Technology Extended 的简称。是 Intel 定义并引导的桌面计算平台新规范。BTX 架构，可支持下一代计算机系统设计的新外形，使行业能够在散热管理、系统尺寸和形状，以及噪音方面实现最佳平衡。BTX 架构分为三种，分别是标准 BTX、Micro BTX 和 Pico BTX。

从尺寸上来看全系列的 BTX 平台主板都没有比 ATX 主板小，所以 BTX 的发展并不为更小的桌上型计算机，但较具弹性的电路布线及模块化的组件区域，才是 BTX 的重点所在。BTX 机箱相比 ATX 机箱最明显的区别，就在于把以往只在左侧开启的侧面板，改到了右边。而其他 I/O 接口，也都相应地改到了相反的位置。

2. 电源

机箱一般都配有电源，电源的作用就是把市电（220V 交流电压）进行隔离和变换为计算机需要的稳定低压直流电。计算机电源如图 8-8 所示。

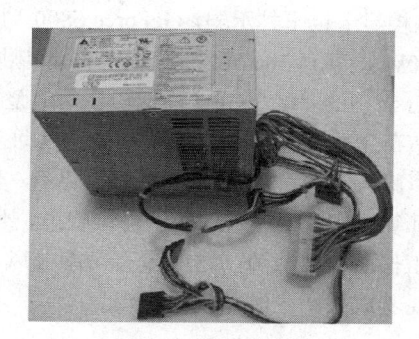

图 8-8　计算机电源

（1）AT 电源

功率一般为 150～220W，共有四路输出（±5V、±12V），另向主板提供一个 P.G.信号。输出线为两个六芯插座和几个四芯插头，两个六芯插座给主板供电。AT 电源采用切断交流电网的方式关机。在 ATX 电源未出现之前，从 286 到 586 计算机由 AT 电源一统江湖。随着 ATX 电源的普及，AT 电源如今渐渐淡出市场。

（2）ATX 电源

1997 年 2 月 Intel 公司推出 ATX 2.01 标准。和 AT 电源相比，其外形尺寸没有变化，主要增加了+3.3V 和+5V StandBy 两路输出和一个 PS-ON 信号，输出线改用一个 20 芯线给主板供电。

随着 CPU 工作频率的不断提高，为了降低 CPU 的功耗以减少发热量，需要降低芯片的工作电压，所以，由电源直接提供 3.3V 输出电压成为必须。+5V StandBy 也叫辅助+5V，只要插上 220V 交流电它就有电压输出。PS-ON 信号是主板向电源提供的电平信号，低电平时电源起动，高电平时电源关闭。利用+5V SB 和 PS-ON 信号，就可以实现软件开关机器、键盘开机、网络唤醒等功能。辅助+5V 始终是工作的，有些 ATX 电源在输出插座的下面加了一个开关，可切断交流电源输入，彻底关机。

（3）Micro ATX 电源

Micro ATX 是 Intel 公司在 ATX 电源之后推出的标准，主要目的是降低成本。其与 ATX 的显著变化是体积和功率减小了。ATX 的体积是 150mm×140mm×86mm，Micro ATX 的体积是 125mm×100mm×63.51mm；ATX 的功率在 220W 左右，Micro ATX 的功率是 90～145W。

（4）BTX 电源

BTX 电源也就是遵从 BTX 标准设计的 PC 电源，不过 BTX 电源兼容了 ATX 技术，其工作原理与内部结构基本相同，输出标准与目前的 ATX 12V 2.0 规范一样，也是像 ATX 12V 2.0 规范一样采用 24 针接头。BTX 电源主要是在原 ATX 规范的基础之上衍生出 ATX 12V、CFX 12V、LFX 12V

几种电源规格。

ATX 与 BTX 电源的区别为 BTX（Balanced Technology Extended）是 Intel 公司定义并引导的桌面计算平台新规范。BTX 架构可支持下一代计算机系统设计的新外形，使行业能够在散热管理、系统尺寸和形状，以及噪音方面实现最佳平衡。

（5）电源的主要性能参数

● 功率

功率当然是电源的首要指标，也是许多人所知道的唯一指标。现在 Prescott 核心的 Pentium 4 计算机功耗已达到 103～120W，高档显卡也不甘示弱，GeForce 6800 功耗已经超过了 100W。所以电源的额定功率也从以前的 200～250W 提高到 300W 以上，有些高端电源甚至做到 550～600W，真是令人惊骇。不过对于一般大于 2.0G 级别的"老"CPU 加低档显卡，整机耗电一般在 100W 左右。

一般情况下电源都不会满负荷工作，都有不小的余量。这为保证电源长期可靠工作提供了保障，但也正因此，许多劣质电源得以瞒天过海，它们都标注大的功率，但事实上根本达不到。

许多人习惯于长期不关闭计算机电源，电源总处于待机状态，不但要长期消耗 10 多瓦的电力，还容易使待机电路因长期连续工作而引发故障（这时没有风扇排风，热量易集中），也容易受到雷击等意外损害。所以我们一定要养成关闭电源总闸的习惯。

● 功率因数

所谓功率因数，是指交流电源推动负载时如果负载呈容性或感性，会使电流波形与电压波形之间发生相移，结果推动负载的有用功率小于在该电流波形下系统消耗的总功率，它们的比值就是功率因数。功率因数小的时候可能达到 0.6 以下，这就意味着 40%以上的电能都损耗在线路上了，而这个电能是不会记录到一般的电度表上的，所以国际标准、国家标准都越来越严格地对电器的功率因数作出限制，一般要求达到 0.8 以上。

功率因数是可以通过适当的补偿得到校正提高的，这就是 PFC（Power Factor Correction）。在计算机电源上由于其第一级就进行了整流滤波，所以负载呈容性，这样就可以在电路中串入适当的电感调整电流波形，使总负载接近纯阻性特性。这就是"被动式 PFC"的原理。

现在国家强制执行 CCC 认证，对功率因数提出了要求，所以大多数电源都使用了铁芯电感作为被动式 PFC 元件。这里提醒大家最好选择著名品牌的优质产品，不要贪便宜吃大亏。

高端电源使用主动 PFC 电路作功率因数校正，可以得到更好的效果。

● 效率

效率是指电源输出功率与输入功率的比值，它反映着开关管、变压器、整流滤波电路等元件损耗发热而失去的功率（当然包括电磁辐射和噪音所发射的能量，不过相对来说微不足道）。显而易见，如果电源效率低，不但输出功率低，而且发热严重，容易出故障，风扇噪音也会很明显。

3. UPS

UPS（Uninterruptible Power System，不间断电源）是能够提供持续、稳定、不间断的电源供应的重要外部设备。UPS 电源如图 8-9 所示。

UPS 按工作原理分成后备式、在线式与在线互动式三大类。UPS 顾名思义，它就是一台这样的机器，它在市电停止供应的时候，能保持一段供电时间，使人们有时间存盘，再从容地关闭机器。

UPS 电源主要由主机及蓄电池、电池柜等组成，根据频率分高频机和工频机，它在机器有电工作时，就将市电交流电整流，并存储在自己的电源中，一旦停止供电，它就能提供电源，使用电设备维持一段工作时间，保持时间可能是 10 分钟、半小时等，延时时间一般由蓄电池的容量决定。

图 8-9　UPS 电源

使用 UPS 电源时应遵守以下严格科学的操作规程：

（1）UPS 电源的场所摆放应避免阳光直射，并留有足够的通风空间，同时，禁止在 UPS 输出端口接带有感性的负载。

（2）使用 UPS 电源时，应务必遵守厂家的产品说明书有关规定，保证所接的火线、零线、地线符合要求，用户不得随意改变其相互的顺序。比如美国 PULSE 牌 UPS 电源的交流输入接线与我国的交流电输入插座的连接方式正好相反。

（3）严格按照正确的开机、关机顺序进行操作，避免因负载突然加上或突然减载时，UPS 电源的电压输出波动大，而使 UPS 电源无法正常工作。

（4）禁止频繁地关闭和开启 UPS 电源，一般要求在关闭 UPS 电源后，至少等待 6 秒钟后才能开启 UPS 电源，否则，UPS 电源可能进入"启动失败"的状态，即 UPS 电源进入既无市电输出，又无逆变输出的状态。

（5）禁止超负载使用，UPS 电源的最大启动负载最好控制在 80%之内，如果超载使用，在逆变状态下，时常会击穿逆变三极管。实践证明：对于绝大多数 UPS 电源而言，将其负载控制在 30%～60%额定输出功率范围内是最佳工作方式。

（6）定期对 UPS 电源进行维护工作，清除机内的积尘，测量蓄电池组的电压，更换不合格的电池，检查风扇运转情况及检测调节 UPS 的系统参数等。

8.2.6　打印机

打印机（Printer）是计算机的输出设备之一，用于将计算机处理结果打印在相关介质上。衡量打印机好坏的指标有三项：打印分辨率、打印速度和噪声。

打印机的种类很多，按打印元件对纸是否有击打动作，分击打式打印机与非击打式打印机；按打印字符结构，分全形字打印机和点阵字符打印机；按一行字在纸上形成的方式，分串式打印机与行式打印机；按所采用的技术，分柱形、球形、喷墨式、热敏式、激光式、静电式、磁式、发光二极管式等打印机。

最常见的分类方式是按工作方式来分，分为针式打印机、喷墨打印机、激光打印机等，如图 8-10 所示。

1. 针式打印机

针式打印机在打印机历史的很长一段时间上曾经占有着重要的地位，从 9 针到 24 针，可以说针式打印机的历史贯穿着这几十年的始终。针式打印机之所以在很长的一段时间内能长时间地流行不衰，这与它极低的打印成本和很好的易用性以及单据打印的特殊用途是分不开的。当然，它很低的打印质量、很大的工作噪声也使它无法适应高质量、高速度的商用打印需要。

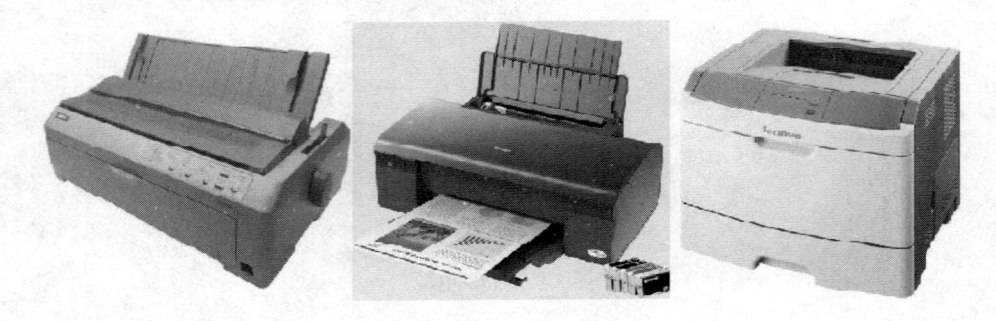

图 8-10　针式打印机、喷墨打印机、激光打印机

现在针式打印机的主要使用对象是：银行、金融、邮电、交通运输、超市等用于票单打印；国内的中、小学校用于打印油印试卷。

2. 喷墨打印机

喷墨打印机按打印的色彩分为黑白和彩喷两种。

由于黑白打印仍占据主流，而且用户基数庞大，应用最简单，几乎在各种办公环境中都能看到黑白喷墨打印机的身影。

彩色喷墨打印机因其有着良好的打印效果与较低价位的优点而占领了广大中低端市场。此外喷墨打印机还具有更为灵活的纸张处理能力，在打印介质的选择上，喷墨打印机也具有一定的优势，既可以打印信封、信纸等普通介质，还可以打印各种胶片、照片纸、光盘封面、卷纸、T 恤转印纸等特殊介质。

3. 激光打印机

激光打印机则是近年来高科技发展的一种新产物，也是有望代替喷墨打印机的一种机型，分为黑白和彩色两种，它为我们提供了更高质量、更快速、更低成本的打印方式。其中低端黑白激光打印机的价格目前已经降到了几百元，达到了普通用户可以接受的水平。

激光打印原理是利用光栅图像处理器产生要打印页面的位图，然后将其转换为电信号等一系列的脉冲送往激光发射器，在这一系列脉冲的控制下，激光被有规律地放出。与此同时，反射光束被接收的感光鼓所感光。激光发射时就产生一个点，激光不发射时就是空白，这样就在接收器上印出一行点来。然后接收器转动一小段固定的距离，继续重复上述操作。当纸张经过感光鼓时，鼓上的着色剂就会转移到纸上，印成了页面的位图。最后当纸张经过一对加热辊后，着色剂被加热熔化，固定在了纸上，就完成打印的全过程，这整个过程准确而且高效。

虽然激光打印机的价格要比喷墨打印机昂贵的多，但从单页的打印成本上讲，激光打印机则要便宜很多。而彩色激光打印机的价位很高，几乎都要在万元上下，应用范围较窄，很难被普通用户接受。

8.3　能力技能操作

8.3.1　职业素养要求

（1）严禁带电操作，观察硬件时一定要把 220V 的电源线插头拔掉。

（2）爱护计算机的各个部件，轻拿轻放，切忌鲁莽操作，不能碰撞或者跌落部件。
（3）防止茶水、饮料洒落在电源内、键盘等部件上。
（4）积极自主学习和扩展知识面的能力。

8.3.2 选购声卡、音箱、键盘、鼠标、机箱、电源和打印机

1. 声卡的选购

（1）采用 PCI 接口的声卡应当成为首选

由于 PCI 声卡比 ISA 声卡的数据传输速率高出十几倍，因而受许多消费者的欢迎。除此之外，PCI 声卡有着较低的 CPU 占用率和较高的信噪比，这也使功能单一、占用系统资源过多的 ISA 声卡显得风光不再。并且随着 PCI 声卡技术的不断成熟，与 DOS 游戏的兼容性问题正在逐步得到解决，再加上操作系统向 Windows 的平稳过渡，目前基于 Windows 的各种应用程序已渐成主流，PCI 声卡理所当然地成为用户的首选。

（2）要按需选购

现在声卡市场的产品很多，不同品牌的声卡在性能和价格上的差异也十分巨大，所以一定要在购买之前想一想自己打算用声卡来做什么，要求有多高。一般说来，如果只是普通的应用，如听听 CD、看看影碟、玩一些简单的游戏等，所有的声卡都足以胜任，那么选购一款一般的廉价声卡就可以了；如果是用来玩大型的 3D 游戏，就一定要选购带 3D 音效功能的声卡，因为 3D 音效已经成为游戏发展的潮流，现在所有的新游戏都开始支持它了；不过这类声卡也有高中低档之分，大家可以综合起来考虑；如果对声卡的要求较高，如音乐发烧友或个人音乐工作室等，这些用户对声卡都有特殊要求，如信噪比高不高、失真度大不大等，甚至连输入输出接口是否镀金都斤斤计较，这时当然只有高端产品才能满足其要求了。

（3）要考虑到价格因素

一般而言，普通声卡的价格大约在 100～200 元之间，中高档声卡的价格差别就很大，从几百元到上千元不等，除了主芯片的差别以外，还和品牌有关，这就要根据预算和各品牌的特点来综合考虑了。如果对声卡的要求较高而预算又充足的话，我个人认为倒不必过于考虑到价格的问题，毕竟声卡在计算机的各种配件中是比较保值的，它决不会像显卡那样今朝为天子，明天成庶人，价格变化大得不可思议，而且使用寿命也很长，颇有"一次投资，终生受益"的味道，因此还是选一款做工和性能都很出色的产品吧，毕竟当你一旦选定后，它就要陪你度过好几年光阴的。

（4）了解声卡所使用的音效芯片

和显卡的显示芯片一样，在决定一块声卡性能的诸多因素中，音频处理芯片所起的作用是决定性的；不过与显卡不同的是，不仅是不同的声卡所采用的芯片往往不同，就是同一个品牌的声卡的音频处理芯片也不一定完全相同，这一点显得很复杂，所以，大致确定了要选购声卡的范围后，一定要了解一下有关产品所采用的音频处理芯片，它是决定一块声卡性能和功能的关键。

（5）注意兼容性问题

声卡与其他配件发生冲突的现象较为常见，不光是非主流声卡，就连名牌大厂的声卡都有这种情况发生，所以一定要在选购之前先了解自己机器的配置，以尽可能避免不兼容情况的发生；如一些使用 VIA 芯片组的主板和 SB Live！系列声卡或采用傲锐音效芯片的声卡容易发生冲突，前些时候的铜矿处理器和 SB Live！系列声卡也有不兼容情况的出现。

（6）做工与品牌

声卡的设计和制造工艺都很重要，因为模拟信号对干扰相当敏感。在买声卡时看一看声卡上面的电容和 CODEC 的牌子、型号，再对照其性能指标比较一下。如果有耳朵比较灵的音乐发烧友相陪就更好了，有些东西只能用耳朵去听，用眼睛是看不出来的；切记，"耳听为虚，眼见为实"对挑选声卡来说不是真理而是谬误。

（7）与音箱的匹配

好的声卡也需要好的音箱来辅佐。

2．音箱的选购要点

（1）自然声调的调节平衡能力

好的音箱应该尽量能够真实地、完整地再现乐器和声音原本的属性和特色。也许有时最重要的表现体现在精确的音调平衡性能上面。声音听上去应该给人一种平滑而且毫无润色修饰的感觉，而没有十分明显的音染和高音描述失真现象。中音和高音没有太"空旷"或者"压抑"的特殊感觉。使用音域范围比较宽广的乐器来录制一段乐曲，乐曲的音层跳跃最好大一些，最好乐曲中出现和弦，大三和弦很能听出音箱的质量。比如找找钢琴的发声，看看其音调是否能在表现低、中、高音的时候具有明显区别和真实感。

（2）检查音箱单独音素的特性

在声调平衡的测试中，音箱表现不错的话，说明整个音箱的连贯性还不错，那么接着就是要测试一下单独的音素特性了，单独的音素特性包括：解析度，仔细聆听音乐的某些细节，比如钢琴音符或者铙钹消退的声后余音，如果细微部分的细节显得模糊，那么这款音箱便是缺乏清晰度的。细微部分的细节是考验音箱逼真还原真实度的重要参考数据。

（3）用熟悉的音乐来试听

自己知道的音乐，在你的脑海留下了印象。所以你一下子就能听出音箱的好坏。如果奸商用自己的 CD 来试音的话，你一定得拒绝。因为他可能会用 CD 本身的缺陷来掩盖音箱的缺陷。反正，挑音箱时一定要自己带上 CD，这样他就无法蒙混过关了。

（4）混音的感受

有些音箱在使用时会出现莫名其妙的声音，这是干扰所造成的。好的音箱决不会出现这种问题，所以千万不要买有混音的音箱。

（5）音箱做工

好的音箱应具有较好整体设计，箱体质量过硬，交叉线路的设计良好，做工精细，元件、材料使用上十分讲究。现在，大多数的音箱是木制的，木材可以起到滤去少量杂音的效果，但只是少量的，所以擦亮眼睛是应该的。

3．键盘的选购

（1）键盘的触感

手感主要是由按键的力度阻键程度来决定的。判断一款键盘的手感如何，应从按键弹力是否适中，按键受力是否均匀，键帽是否松动或摇晃以及键程是否合适这几方面来测试。

（2）键盘的外观

对于键盘，只要你觉得漂亮、喜欢、实用就可以了。

（3）键盘的做工

好键盘的表面及棱角处理精致细腻，键帽上的字母和符号通常采用激光刻入，手摸上去有凹凸的感觉，选购的时候认真检查键位上所印字迹是否刻上去的，不是那种直接用油墨印上去的，因为这种键盘的字迹，用不了多久，就会脱落。

（4）键盘的噪音

一款好的键盘必须保证在高速敲击时也只产生较小的噪音，不影响到别人休息。

（5）键盘的接口

目前计算机键盘的接口有传统的 COM 串口、PS/2 和新的 USB 接口，以及无线接口，具体选用哪种键盘可根据计算机主机的接口来确定。

4．鼠标的选购

选购鼠标时，应注意以下几个方面：

（1）质量

这是选择鼠标最重要的一点，无论它的功能有多强大、外形多漂亮，如果质量不好那么一切都不用考虑了。一般名牌大厂的产品质量都比较好。

（2）有线接口

需根据计算机的接口来确定，现在一般采用 USB 接口的鼠标最为方便，台式机可选 PS/2 接口的。

（3）无线接口

主要为红外线、蓝牙（Bluetooth）鼠标，现在无线套装比较多，但价格高，损耗也高（有线鼠标是无损耗的），如为了方便快捷可以考虑购买。

（4）手感好

手感在选购鼠标中也很重要，有些鼠标看上去样子很难看，歪歪扭扭的，其实这样的鼠标的手感却非常好，适合手形，握上去很贴切。

5．机箱的选购

一般选择 PC 机箱时，外观是首选因素，然而，选择服务器机箱，实用性就排在了更加重要的地位，一般来说主要应该从以下几个方面进行考核：

（1）散热性

4U 或者塔式服务器所使用的 CPU 至少为两个或更多，而且加上内部多采用 SCSI 磁盘阵列的形式，因而使得服务器内部发热量很大，所以良好的散热性是一款优秀服务器机箱的必备条件。散热性能主要表现在三个方面，一是风扇的数量和位置，二是散热通道的合理性，三是机箱材料的选材。一般来说，品牌服务器机箱比如超微都可以很好地做到这一点，采用大口径的风扇直接针对 CPU、内存及磁盘进行散热，形成从前方吸风到后方排风（塔式为下进上出，前进后出）的良好散热通道，形成良好的热循环系统，及时带走机箱内的大量热量，保证服务器的稳定运行。而采用导热能力较强的优质铝合金或者钢材料制作的机箱外壳，也可以有效地改善散热环境。

（2）设计精良，易维护

设计精良的服务器机箱会提供方便的 LED 显示灯以供维护者及时了解机器情况，前置 USB 口之类的小设计也会极大地方便使用者。同时，更有机箱提供了前置冗余电源的设计，使得电源维护也更为便利。

（3）外观与用料

外观和用料是一个机箱最基本的特性，外观直接决定一款机箱能否被用户接受的第一个条件，目前外观也逐渐向多元化发展，因此在我们的测试中也占有一定的比率。用料主要看机箱所用的材质，机箱边角是否经过卷边处理，材质的好坏也直接影响到抗电磁辐射的性能。

（4）防尘性

对于大部分用户来说，防尘性恐怕是考虑得最少的了，但是如果打算让机箱保持长时间的清洁，那就要看看机箱的防尘性如何了。我们主要考察散热孔的防尘性能和扩展插槽 PCI 挡板的防尘能力。

（5）品牌

品牌的保证，能使你的系统安全放心。

6．电源的选购

买电源应该最先考虑的是功率。选择电源时切记，一定要选择整机功率小于等于电源额定功率，不可以按照电源的最大功率（峰值功率）来搭配，最大功率是不能长期稳定使用的功率。而且太大的功率也没有意义，浪费电，不环保，整机功率小于额定功率并不超过 500W 即可。

其次，电源的品牌也很重要，电源功率的大小、电流和电压是否稳定直接影响着计算机的使用寿命，电源如果出现问题会造成系统不稳定、无法启动，甚至烧毁计算机配件，品牌电源是整个计算机正常运行的基本保障。

8.3.3 拆卸及安装

1．注意事项

（1）除了具有 USB 接口的设备，其他设备不能带电操作，也就是说拆装的任何操作（如插拔卡、芯片级连接线等）都要在断电（关机）的情况下进行。

（2）为防止因静电而损坏集成电路芯片，在用手去拿主机板或其他板块、芯片之前先放掉人体的静电，特别是在干燥的季节和北方城市。具体的做法是用手触摸自来水管的金属部分，也可以先洗一下手，有条件的可以带上防静电手套。

（3）在拆装过程中对所有板卡及配件要轻拿轻放，它们是易损物品，掉在地上很容易损坏。使用钳子、螺丝刀等工具时一定要小心，不要划到电路板上。

（4）所拆卸的部件做到摆放整齐，并做好相应的记录。

2．拆卸、安装声卡

（1）拆卸声卡

①卸下机箱上固定声卡的螺丝。

②两手捏住声卡的两端用力拔出（先检查接口的一端是否有固定卡，若有应先松开固定卡，方可拨出声卡）。

（2）安装声卡

①首先要确认所要安装声卡的接口类型，再在主板上找到与之相匹配的 AGP 或 PCI 插槽的位置。

②接下来插入显卡。将声卡插入 AGP 插槽后，将 AGP 插槽边上的小扳手向上扳，当听到"咔"的一声，说明声卡已被正确地卡住了。

③接下来固定声卡。

3．拆卸、安装鼠标和键盘

（1）拆卸鼠标和键盘

鼠标的接头有 PS/2、COM（串行口）和 USB 三种，其拆卸方法不同：对于 PS/2 接头，用手指捏住鼠标连接头垂直往外拔，即可拆下鼠标信号线；对于串行口接头，在拆卸之前，应先将固定

认识、选购与拆卸、安装计算机其他硬件设备的能力　　能力八

螺丝旋松，再将鼠标信号线拔下；对于 USB 接头，只需捏住插头用力往外拔即可。

（2）连接键盘和鼠标

①鼠标和键盘连接线，如图 8-11 所示。

②主板上的鼠标和键盘孔，如图 8-12 所示。

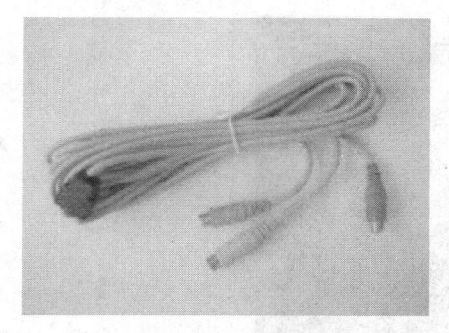

鼠标接口　键盘接口

图 8-11　鼠标和键盘连接线　　　　图 8-12　主板上的鼠标和键盘孔

③将插孔上的箭头与数据线接头上的凹槽相对应，连接鼠标和键盘。

4. 拆卸主机机箱以了解机箱内部结构和电源结构

了解机箱的构造、各部分的功能；了解电源的规格和性能指标，熟悉电源与机箱的连接方式；记录有关数据。

拆卸步骤为：

（1）打开机箱侧面盖板或外罩，画出机箱结构大致示意图，记录光驱、软驱和硬盘的安装位置及固定方式。

（2）ATX 电源通过一个 20 芯线的插头与主板连接，上面有一个压扣。压下插头上的压扣，捏住电源插头左右轻轻摇动，向上稍加用力即可拆除主板上的电源线。AT 电源通过 2 个 6 芯线的插头与主板连接，捏住插头轻轻往后拔，以便松开插头与插座之间的倒钩，再左右晃动插头稍加用力即可拔起。由于 P4 级别的 CPU 耗电量巨大，系统还需要单独为 CPU 供电。因此在 CPU 的附近提供了一个 4 芯（或者 6 芯或者 8 芯）的电源插座，拆卸方法与 20 芯线的主板电源线方法相同。

（3）拔出硬盘、光驱、软驱等的电源插头，若较紧，可左右晃动将其拔出。

（4）从机箱背面松开电源固定螺丝，拆下电源，认真查看电源使用铭牌，记录电源插头类型和个数。

（5）画出主板大致结构示意图；记录下各种插卡安装位置；记录控制面板上的电源开关（Power Switch）、电源指示灯（Power）、复位开关（Reset）、硬盘工作状态指示灯（HDD）等与主板连接的位置。

（6）从主板上拔掉喇叭及机箱面板连接线，每拔一个记下位置、连接线颜色、插头处"POWER SW"、"HDD LED"与"RESET SW"之类的文字标识及主板接口处的文字标识，以便安装时不致错乱，目前最新的主机箱与微机主板的连接插头已经做成整体式，各插头与主板的连接插针很容易对应识别，直接识别后对应插入即可。

5. 安装电源

（1）准备好螺丝等配件，准备好主机电源。

（2）将机箱立起来，把电源从机箱侧面放进去，如图 8-13 所示。

129

（3）将电源的位置摆好后，再从机箱外侧拧紧四个螺丝固定住电源盒。

（4）查看电源盒中引出的 20 针的电源插座，把它引出并插到主板上的电源插孔位置（注意卡钩位置）。

（5）连接各部件电源线。

图 8-13　将电源放入机箱

6. 连接主机电源

在连接主机电源之前，一定要仔细检查各种设备的连接是否正确、接触是否良好，尤其要注意各种电源线是否有接错或者接反的情况，检查确认无误后，连接机箱电源线。

自检时如果没有警报声，表明一切正常，最后盖好机箱盖，拧上固定螺丝。

计算机的硬件安装到此全部安装完毕。

不过，此时的机器，只是"裸机"，还不是真正意义上的计算机。要实现人机对话，还必须安装操作系统、应用软件及必要的驱动程序。

8.4　能力鉴定考核

考核以现场操作为主，知识测试（80%）+现场认知（20%）。

知识考核点：声卡的组成，声卡的主要技术指标，声卡的工作原理，键盘的分类，键盘的结构，鼠标的分类，鼠标的主要性能参数，机箱的分类，机箱的结构，电源的分类，电源的电缆接口，电源的主要性能指标，打印机的分类，音响的分类，音响的结构，音响的主要技术指标，打印机的接口和相关技术指标。

现场操作：选购合适可行的声卡、键盘、鼠标、电源、音响、机箱与打印机等，拆卸、安装计算机的声卡、键盘、鼠标、电源、音响、机箱与打印机等，并且能够将所提供硬件设备的名称、型号、规格完整地记录在清单上。

8.5　能力鉴定资源

一台完整的计算机的主机和外部设备、螺丝刀、鸭嘴钳、镊子、剪刀、刷子、小盒子。

能力九
BIOS 设置的能力

9.1 能力简介

此能力为实际工作应用能力，学习完此能力后，要求能具有：了解 BIOS 与 CMOS 的区别，了解 BIOS 的功能、类型，掌握常见 BIOS 的设置方法，掌握 BIOS 的升级方法和升级失败后 BIOS 恢复的能力。

9.2 能力知识构成

BIOS（Basic Input Output System，基本输入输出系统）。它是一组固化到计算机内主板上一个 ROM 芯片上的程序，它保存着计算机最重要的基本输入输出的程序、系统设置信息、开机后自检程序和系统自启动程序。BIOS 主要功能是为计算机提供最底层的、最直接的硬件设置和控制。主板上的 BIOS 芯片如图 9-1 所示。

图 9-1 主板上的 BIOS 芯片

9.2.1 BIOS 概述

1. BIOS 与 CMOS 的区别

CMOS（Complementary Metal Oxide Semiconductor，互补金属氧化物半导体）是一种应用于集

成电路芯片制造的原料，它是 BIOS 的载体。CMOS 实际上是主板上一块可读写的 RAM 芯片，是系统参数存放的地方，由主板上的电池供电，如果主板上的电池被取下后，存储在 CMOS RAM 中的内容也将丢失。

BIOS 中系统设置程序是完成参数设置的手段。因此，可以这样说，CMOS 参数是通过 BIOS 设置程序进行设置的。平常所说的 CMOS 设置和 BIOS 设置是其简化说法，也就造成了两个概念的混淆。事实上，BIOS 程序是存储在主板上一块 EEPROM Flash 芯片中的，CMOS存储器是用来存储 BIOS 设定后要保存的数据的，包括一些系统的硬件配置和用户对某些参数的设定，比如 BIOS 的系统密码和设备启动顺序等。

2. BIOS 的功能

从功能上看，BIOS 分为三个部分：

（1）自检及初始化

这部分负责启动计算机，具体有三个部分：

①加电自检（Power On Self Test，简称 POST）。加电自检功能是检查计算机是否良好，通常完整的 POST 自检包括对 CPU、640KB 基本内存、1MB 以上的扩展内存、ROM、主板、CMOS 存储器、串并口、显示卡、软、硬盘子系统及键盘进行测试，一旦在自检中发现问题，系统将给出提示信息或鸣笛警告。自检中如发现有错误，将按两种情况处理：对于严重故障（致命性故障）则停机，此时由于各种初始化操作还没完成，不能给出任何提示或信号；对于非严重故障则给出提示或声音报警信号，等待用户处理。

②初始化。包括创建中断向量、设置寄存器、对一些外部设备进行初始化和检测等，其中很重要的一部分是 BIOS 设置，主要是对硬件设置的一些参数，当计算机启动时会读取这些参数，并和实际硬件设置进行比较，如果不符合，会影响系统的启动。

③引导程序。功能是引导 DOS 或其他操作系统。BIOS 先从软盘或硬盘的开始扇区读取引导记录，如果没有找到，则会在显示器上显示没有引导设备，如果找到引导记录会把计算机的控制权转给引导记录，由引导记录把操作系统装入计算机，在计算机启动成功后，BIOS 的这部分任务就完成了。

（2）程序服务处理

程序服务处理程序主要是为应用程序和操作系统服务，这些服务主要与输入输出设备有关，例如读磁盘、文件输出到打印机等。为了完成这些操作，BIOS 必须直接与计算机的 I/O 设备打交道，它通过端口发出命令，向各种外部设备传送数据以及从它们那里接收数据，使程序能够脱离具体的硬件操作。

（3）硬件中断处理

硬件中断处理则分别处理 PC 机硬件的需求，BIOS 的服务功能是通过调用中断服务程序来实现的，这些服务分为很多组，每组有一个专门的中断。例如视频服务，中断号为 10H；屏幕打印，中断号为 05H；磁盘及串行口服务，中断号为 14H 等。每一组又根据具体功能细分为不同的服务号。应用程序需要使用哪些外设、进行什么操作只需要在程序中用相应的指令说明即可，无需直接控制。

（4）记录设置值

用户可以通过设置 BIOS 来改变各种不同的设置，比如集成显卡的内存大小。

（5）加载操作系统

用户手上所有的操作系统都是由 BIOS 转交给引导扇区，再由引导扇区转到各分区，激活相应的操作系统。

需要注意的是：BIOS 设置不当会直接损坏计算机的硬件，甚至烧毁主板，建议不熟悉者慎重修改设置。

9.2.2 BIOS 的类型

目前市面上较流行的主板 BIOS 主要有 Award BIOS、AMI BIOS、Phoenix BIOS 三种类型。

1. Award

Award BIOS 是由 Award Software 公司开发的 BIOS 产品，在目前的主板中使用最为广泛。Award BIOS 功能较为齐全，支持许多新硬件，目前市面上多数主机板都采用了这种 BIOS。

2. AMI

AMI BIOS 是 AMI（American Megatrends Incorporated）公司出品的 BIOS 系统软件，开发于 20 世纪 80 年代中期，早期的 286、386 大多采用 AMI BIOS，它对各种软、硬件的适应性好，能保证系统性能的稳定，到 20 世纪 90 年代后，绿色节能计算机开始普及，AMI 却没能及时推出新版本来适应市场，使得 Award BIOS 占领了大半壁江山。当然现在的 AMI 也有非常不错的表现，新推出的版本依然功能强劲。

3. Phoenix

Phoenix BIOS 是 Phoenix 公司产品，Phoenix 意为凤凰或埃及神话中的长生鸟，有完美之物的含义。Phoenix BIOS 多用于高档的 586 原装品牌机和笔记本电脑上，其画面简洁，便于操作。

还有一种新兴的 BIOS 类型，Insyde BIOS 是台湾地区的一家软件厂商的产品，被某些基于 Intel 芯片的笔记本电脑采用，如神舟、联想。

9.3 能力技能操作

9.3.1 职业素养要求

（1）要求按操作规程正确开、关机，正确进入、设置和退出 BIOS 设置，对他人计算机未经许可不能私自加 BIOS 口令。

（2）要求能积极自主学习和扩展知识面的能力。

9.3.2 BIOS 设置

针对不同公司的 BIOS，其进入 BIOS 设置程序略有区别。

（1）**Award BIOS**：按 Del 键或 Ctrl+Alt+Esc 组合键。

（2）**AMI BIOS**：按 Del 键或 Esc 键。

（3）**Phoenix BIOS**：按 F2 键后按屏幕底部的提示操作。

（4）**Insyde BIOS**：按 Del 键。

下面以应用最为广泛的 Award BIOS 设置为例，来讲述 BIOS 的设置方法。

开启计算机或重新启动计算机后，在三四秒钟内按下 Del 键就可以进入 CMOS 的设置界面，如图 9-2 所示。要注意的是，如果按得太晚，计算机将会启动系统，这时只有重新启动计算机了。大家可在开机后立刻按住 Del 键直到进入 BIOS 设置。在主界面中，用方向键移动光标选择 BIOS

133

设置界面上的选项，然后按 Enter 键进入下级菜单，用 Esc 键来返回上级菜单。

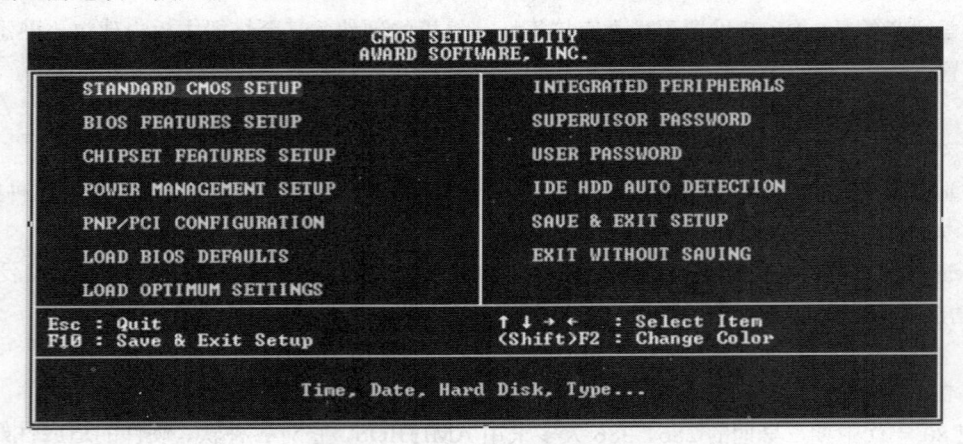

图 9-2　Award BIOS 设置主界面

1. Award BIOS 主界面

Award BIOS 主界面各项含义：

STANDARD CMOS SETUP（标准 CMOS 设定）：用来设定日期、时间、软、硬盘规格、工作类型以及显示器类型。

BIOS FEATURES SETUP（BIOS 功能设定）：用来设定 BIOS 的特殊功能，例如病毒警告、开机磁盘优先程序等。

CHIPSET FEATURES SETUP（芯片组特性设定）：用来设定 CPU 工作相关参数。

POWER MANAGEMENT SETUP（省电功能设定）：用来设定 CPU、硬盘、显示器等设备的省电功能。

PNP/PCI CONFIGURATION（即插即用设备与 PCI 组态设定）：用来设置 ISA 以及其他即插即用设备的中断以及其他参数。

LOAD BIOS DEFAULTS（载入 BIOS 预设值）：此选项用来载入 BIOS 初始设置值。

LOAD OPTIMUM SETTINGS（载入主板 BIOS 出厂设置）：这是 BIOS 的最基本设置，用来确定故障范围。

INTEGRATED PERIPHERALS（内建整合设备周边设定）：主板整合设备设定。

SUPERVISOR PASSWORD（管理者密码）：计算机管理员进入 BIOS 修改设置密码。

USER PASSWORD（用户密码）：设置开机密码。

IDE HDD AUTO DETECTION（自动检测 IDE 硬盘类型）：用来自动检测硬盘容量、类型。

SAVE&EXIT SETUP（存储并退出设置）：保存已经更改的设置并退出 BIOS 设置。

EXIT WITHOUT SAVE（沿用原有设置并退出 BIOS 设置）：不保存已经修改的设置，并退出设置。

2. 标准 CMOS 设置

STANDARD CMOS SETUP（标准 CMOS 设置）界面，如图 9-3 所示。

```
                    STANDARD CMOS SETUP
                     AWARD SOFTWARE, INC.

   Date (mm:dd:yy) : Mon Apr 15 2002
   Time (hh:mm:ss) : 10 : 58 : 28

   HARD DISKS         TYPE    SIZE   CYLS HEAD PERCOMP LANDZ SECTOR  MODE
   Primary Master   : User    6449M   784  255    0    13175   63    LBA
   Primary Slave    : None      0M      0    0    0        0    0    ----
   Secondary Master : None      0M      0    0    0        0    0    ----
   Secondary Slave  : None      0M      0    0    0        0    0    ----

   Drive A : 1.44M, 3.5 in.
   Drive B : None                              Base Memory:     640K
   Floppy 3 Mode Support : Disabled        Extended Memory:   64512K
                                              Other Memory:     384K
   Video   : EGA/VGA
   Halt On : No Errors                        Total Memory:   65536K

   ESC : Quit              ↑↓→← : Select Item       PU/PD/+/- : Modify
   F1  : Help            <Shift>F2 : Change Color
```

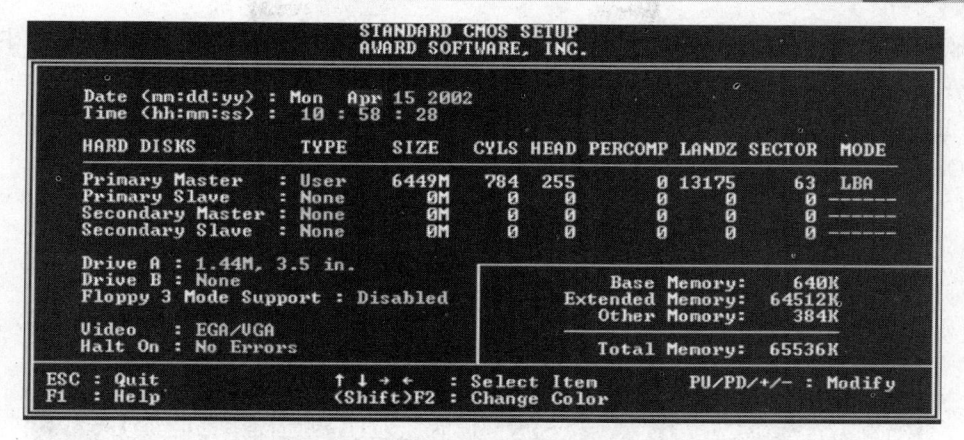

图 9-3　STANDARD CMOS SETUP 界面

标准 CMOS 设定中包括了 DATE 和 TIME 设定，可以在这里设定自己计算机上的时间和日期。

下面是硬盘情况设置，列表中包括：Primary Master，第一组 IDE 主设备；Primary Slave，第一组 IDE 从设备；Secondary Master，第二组 IDE 主设备；Secondary Slave，第二组 IDE 从设备。

这里的 IDE 设备包括了 IDE 硬盘和 IDE 光驱，第一、第二组设备是指主板上的第一、第二根 IDE 数据线，一般来说靠近芯片的是第一组 IDE 设备，而主设备、从设备是指在一条 IDE 数据线上接的两个设备，由于每根数据线上可以接两个不同的设备，主、从设备可以通过硬盘或者光驱的后部跳线来调整。

后面是 IDE 设备的类型和硬件参数，TYPE 用来说明硬盘设备的类型，可以选择 Auto、User、None 的工作模式，Auto 是由系统自己检测硬盘类型，在系统中存储了 1～45 类硬盘参数，在使用该设置值时不必再设置其他参数；如果使用的硬盘是预定义以外的，那么就应该设置硬盘类型为 User，然后输入硬盘的实际参数（这些参数一般在硬盘的表面标签上）；如果没有安装 IDE 设备，可以选择 None 参数，这样可以加快系统的启动速度，在一些特殊操作中，也可以通过这样来屏蔽系统对某些硬盘的自动检查。

SIZE 表示硬盘的容量；CYLS 表示硬盘的柱面数；HEAD 表示硬盘的磁头数；PERCOMP 表示写预补偿值；LANDZ 表示着陆区，即磁头起停扇区。最后的 MODE 是硬件的工作模式，可以选择的工作模式有：NORMAL，普通模式；LBA，逻辑块地址模式；LARGE，大硬盘模式；AUTO，自动选择模式。NORMAL 模式是原有的 IDE 方式，在此方式下访问硬盘 BIOS 和 IDE 控制器对参数不作任何转换，支持的最大容量为 528MB。LBA 模式所管理的最大硬盘容量为 8.4GB，LARGE 模式支持的最大容量为 1GB。AUTO 模式是由系统自动选择硬盘的工作模式。

图 9-2 中其他部分是 Drive A 和 Drive B 软驱设置，如果没有 B 驱动器，那么就无驱动器 B 设置。可以在这里选择软驱类型，当然了绝大部分情况不必修改这个设置。

Video 设置是用来设置显示器工作模式的，也就是 EGA/VGA 工作模式。

Halt On：这是错误停止设定。All Errors BIOS：检测到任何错误时将停机；No Errors：当 BIOS 检测到任何非严重错误时，系统都不停机；All But Keyboard：除了键盘以外的错误，系统检测到任何错误都将停机；All But Diskette：除了磁盘驱动器的错误，系统检测到任何错误都将停机；All But Disk/Key：除了磁盘驱动器和键盘外的错误，系统检测到任何错误都将停机。这里是用来设置系统自检遇到错误的停机模式，如果发生以上错误，那么系统将会停止启动，并给出错误提示。

我们可以注意到图 9-2 右下方还有系统内存的参数：Base Memory：基本内存；Extended Memory：扩展内存；Other Memory：其他内存；Total Memory：全部内存。

3. BIOS 功能设置

BIOS FEATURES SETUP（BIOS 功能设置）界面，如图 9-4 所示。

```
                    BIOS FEATURES SETUP
                    AWARD SOFTWARE, INC.

CPU Internal Core Speed    : 350MHz      OS Select For DRAM > 64MB : Non-OS2
                                         HDD S.M.A.R.T. capability : Disabled
CPU Core Voltage           : Default     Report No FDD For WIN 95  : No
CPU clock failed reset     : Disabled
Auti-Virus Protection      : Disabled    Video  BIOS Shadow  : Enabled
CPU Internal Cache         : Enabled     C8000-CBFFF Shadow  : Disabled
External Cache             : Enabled     CC000-CFFFF Shadow  : Disabled
CPU L2 Cache ECC Checking  : Enabled     D0000-D3FFF Shadow  : Disabled
Processor Number Feature   : Enabled     D4000-D7FFF Shadow  : Disabled
Quick Power On Self Test   : Disabled    D8000-DBFFF Shadow  : Disabled
Boot From LAN First        : Disabled    DC000-DFFFF Shadow  : Disabled
Boot Sequence              : A,C,SCSI
Swap Floppy Drive          : Disabled
Boot Up NumLock Status     : On          ESC : Quit         ↑↓←→ : Select Item
Gate A20 Prtion            : Normal      F1  : Help         PU/PD/+/-  : Modify
Security Option            : Setup       F5  : Old Values   <Shift>F2 : Color
PCI/VGA Palette Snoop      : Disabled    F6  : Load BIOS    Defaults
                                         F7  : Load Optimum Settings
```

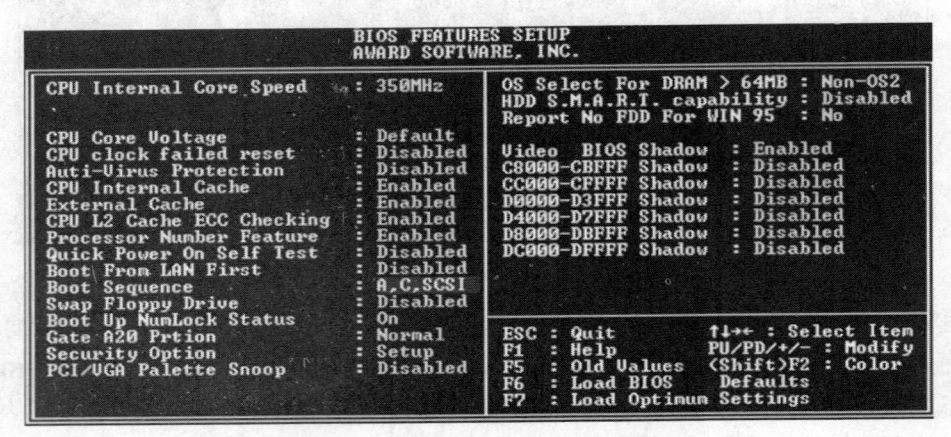

图 9-4 BIOS FEATURES SETUP 界面

在图 9-3 中，很多选项都是在 Enabled 和 Disabled 两选项中二选一，其中 Enabled 是开启，Disabled 是禁用，在修改时使用 Page Up 和 Page Down 键可以在这两者之间切换。

BIOS FEATURES SETUP 设置界面中各项含义：

CPU Internal Core Speed：CPU 当前的运行速度。

Virus Warning：病毒警告。

CPU Internal Cache/External Cache（CPU 内、外快速存取）。

CPU L2 Cache ECC Checking（CPU L2 第二级缓存快速存取存储器错误检查修正）。

Quick Power On Self Test（快速开机自我检测）：此选项可以调整某些计算机自检时检测内存容量三次的自检步骤。

CPU Update Data（CPU 更新资料功能）。

Boot From LAN First（网络开机功能）：此选项可以远程唤醒计算机。

Boot Sequence（开机优先顺序）：这是我们常常调整的功能，通常我们使用的顺序是：A、C、SCSI、CD-ROM，如果需要从光盘启动，那么可以调整为 Only CD-ROM，正常运行最好调整由 C 盘启动。

Swap Floppy Drive（交换软驱盘符）。

Boot Up Numlock Status（开机时小键盘区情况设定）。

Security Option（检测密码方式）：如果设定为 Setup，则每次打开机器时屏幕均会提示输入口令（普通用户口令或超级用户口令，普通用户无权修改 BIOS 设置），不知道口令则无法使用机器；如设定为 SYSTEM，则只有在用户想进入 BIOS 设置时才提示用户输入超级用户口令。

PCI/VGA Palette Snoop（颜色校正）。

OS Select For DRAM>64MB（设定 OS/2 使用内存容量）：如果正在使用 OS/2 系统并且系统内存大于 64MB，则该项应为 Enable，否则高于 64MB 的内存无法使用，一般情况下为 Disable。

HDD S.M.A.R.T. capability（硬盘自我检测）：此选项可以用来自动检测硬盘的工作性能，如果硬盘即将损坏，那么硬盘自我检测程序会发出警报。

Report No FDD For WIN 95（分配 IRQ6 给 FDD）：FDD 就是软驱。

Video BIOS Shadow（使用 VGA BIOS Shadow）：用来提升系统显示速度，一般都选择开启。

C8000-CBFFFF Shadow：该块区域主要来映射扩展卡（网卡、解压卡等）上的 ROM 内容，将其放在主机 RAM 中运行，以提高速度。

4. 芯片组特性设置

CHIPSET FEATURES SETUP（芯片组特性设置）界面，如图 9-5 所示。

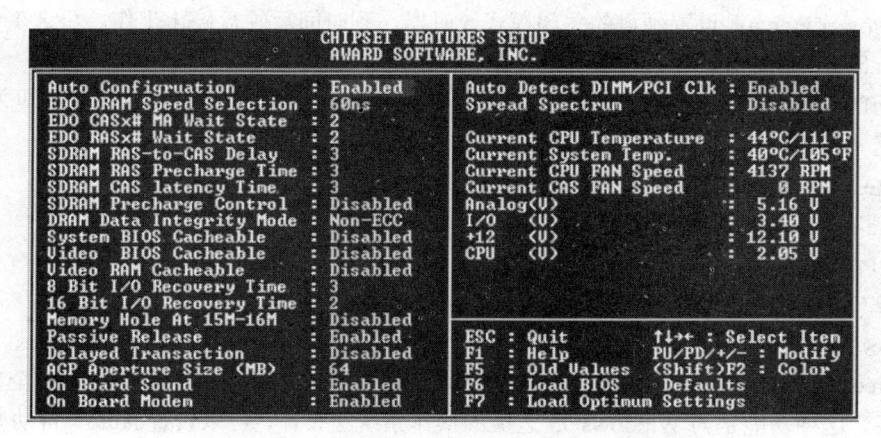

图 9-5 CHIPSET FEATURES SETUP 界面

芯片组特性设置是对主板上芯片的特性进行设置，在进行界面设置时，只需设置第一项：Auto Configuration，自动配置，如果设为 Enabled，则 BIOS 将会对主板上的芯片按系统检测的最佳状态去配置；如果设为 Disable，则用户可根据具体需求去修改其余各项。例如：AGP Aperture Size（MB）项，可以设置更大的显存容量。建议此项设为 Enabled，否则任意改变其余各项将导致系统不稳定。

5. 电源管理设置

POWER MANAGEMENT SETUP（电源管理设置）界面，如图 9-6 所示。

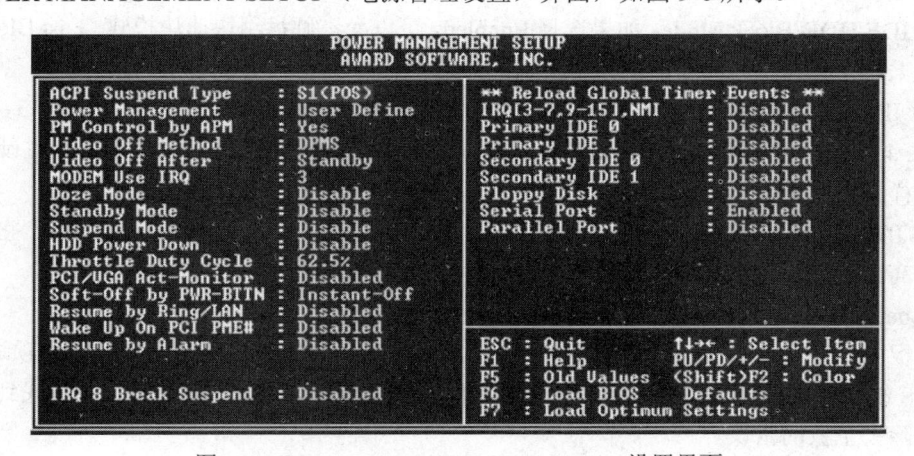

图 9-6 POWER MANAGEMENT SETUP 设置界面

电源管理设置用于设置计算机的省电功能模式，例如可设定一个没有使用计算机的时间后，可关闭显示器，停止硬盘工作等。主要设置选项如下：

ACPI Suspend Type：设置 ACPI 暂停类型。选项 S1（POS）：睡眠状态半清醒，此状态下 CPU 停止工作，其他设备仍然供电；选项 S2（STR）：睡眠状态半清醒，此状态下除内存供电外，其他设备停止工作。

Power Management：设置省电类型或范围，可选 Min Power Saving（最小节能模式）、Max Power Saving（最大节能模式）和 User Define（用户定义）。

Video Off Method：屏幕在未使用时的显示方式，可选 V/H SYNC+Blank：关闭显示器垂直和水平输入，并输入空白信号；Blank Screen：屏幕变为空白；DPMS：显示初始电源管理信号。

HDD Power Down：设置硬盘的关闭模式计时器，到时间后硬盘停止工作，可选 1～15 分钟；如选择 Disabled，则硬盘一直不停止工作。

Soft-Off by PWR-BTTN：设置软关机方式，可选 Instant-Off：发布关机命令后立即关机；Delay 4 sec：延迟 4 秒后关机。

USB Resume from S3/S4：激活或关闭 USB 从 S3/S4 模式下重启功能。

Resume by Alarm：设置系统自动定时开机。

6．PNP/PCI Configuration 配置

该菜单项用来设置即插即用设备和 PCI 设备的有关属性。

PNP OS Installed：如果软件系统支持 Plug-Play，如 Windows 95，可以设置为 Yes。

Resources Controlled By：Award BIOS 支持 &ldquo；即插即用功能，可以检测到全部支持即插即用的设备，这种功能是为 Windows 95 之类的操作系统所设计，可以设置 Auto（自动）或 Manual（手动）。

Resources Configuration Data：缺省值是 Disabled，如果选择 Enabled，每次开机时，Extend System Configuration Data（扩展系统设置数据）都会重新设置。

IRQ3/4/5/7/9/10/11/12/14/15，Assigned To：在缺省状态下，所有的资源除了 IRQ3/4，都设计为被 PCI 设备占用，如果某些 ISA 卡要占用某资源可以手动设置。

7．Intergrated Peripherals Setup（外部设备设置）

该菜单项用来设置集成主板上的外部设备的属性。

（1）**IDE HDD Block Mode**：如果选择 Enabled，可以允许硬盘用快速块模式（Fast Block Mode）来传输数据。

（2）**IDE PIO Mode**：这个设置取决于系统硬盘的速度，共有 AUTO、0、1、2、3、4 六个选项，Mode 4 硬盘传输速率大于 16.6MB/s，其他模式的小于这个速率。请不要选择超过硬盘速率的模式，这样会丢失数据。

（3）**IDE UDMA（Ultra DMA）Mode**：Intel 430TX 芯片提供了 Ultra DMA Mode，它可以把传输速率提高到一个新的水准。

8．Load BIOS Defaults（装入 BIOS 缺省值）

主机板的 CMOS 中有一个出厂时设定的值。若 CMOS 内容被破坏，则要使用该项进行恢复。由于 BIOS 缺省设定值可能关掉了所有用来提高系统的性能的参数，因此使用它容易找到主机板的安全值和除去主板的错误。

该项设定只影响 BIOS 和 Chipset 特性的选定项。不会影响标准的 CMOS 设定。移动光标到屏幕的该项然后按下 Y 键，屏幕显示是否要装入 BIOS 缺省设定值，回答 Y 即装入，回答 N 即不装入。选择完后，返回主菜单。

9. 超级用户口令

该项可以设置超级用户口令，此口令可用于进入系统启动，也可以进入 BIOS 进行修改设置。设置方法：选中此项后回车，连续输入两次相同的密码即可。如果想取消此密码，可在选中此项后回车，再回车即可取消之前设置的密码。

10. User Password Setup（普通用户口令）

此项所设置的密码可进入系统，或进入 BIOS 去查看设置，但不能修改 BIOS 的设置。其设置方法与 Supervisor Password 完全一样。

11. Save and Exit Setup（保存并退出）

更改设置后，此选项用来保存修改的内容，以便使所修改的内容生效。

12. Exit Without Saving

退出但不保存。

以上介绍了 Award BIOS Setup 的常用选项的含义及设置办法。Award BIOS 是一种常用的 BIOS，各大主板制造商都在它的基础上进行了修改与添加，在对具体主板进行 BIOS 设置时，可参照以上所介绍的方法去设置，但要注意不同主板间的一些细小差异。

其他类别的 BIOS 设置内容与 Award BIOS 有很多相似之处，已熟悉 Award BIOS 的基础上，在具体应用时可进行相应的设置。

9.3.3 BIOS 的升级

1. 升级的目的

现在的 BIOS 芯片都采用了 Flash ROM，都能通过特定的写入程序实现 BIOS 的升级，升级 BIOS 主要有两大目的：

（1）免费获得新功能

升级 BIOS 最直接的好处就是不用花钱就能获得许多新功能：

①能支持新频率和新类型的 CPU，例如以前的某些老主板通过升级 BIOS 支持图拉丁核心 Pentium III 和 Celeron，现在的某些主板通过升级 BIOS 能支持最新的 Prescott 核心 Pentium 4E CPU。

②突破容量限制，能直接使用大容量硬盘。

③获得新的启动方式。

④开启以前被屏蔽的功能，例如 Intel 的超线程技术，VIA 的内存交错技术等。

⑤识别其他新硬件等。

（2）修正已知 BUG

BIOS 既然也是程序，就必然存在着 Bug，而且现在硬件技术发展日新月异，随着市场竞争的加剧，主板厂商推出产品的周期也越来越短，在 BIOS 编写上必然也有不尽如意的地方，而这些 Bug 常会导致莫名其妙的故障，例如无故重启，经常死机，系统效能低下，设备冲突，硬件设备无故"丢失"等。在用户反馈以及厂商自己发现以后，负责任的厂商都会及时推出新版的 BIOS 以修正这些已知的 Bug，从而解决那些莫名其妙的故障。

2. 升级 BIOS

（1）如何判断主板 BIOS 是否可升级

升级之前，当然必须明确自己的主板是否支持 BIOS 的升级，最好的办法是找到主板的说明书，从中查找相关的说明。不过，并不是所有的主板说明书中都有此方面的介绍，但也不用灰心，可以咨询一下销售商或请懂行的朋友帮帮忙。如果以上方法行不通的话，就必须亲自动手了，其实也挺简单的。方法是：观察主板上的 BIOS 芯片，如果它是一个 28 针或 32 针的双列直插式的集成电路，而且上面印有 BIOS 字样的话，该芯片大多为 Award 或 AMI 的产品。然后，揭掉 BIOS 芯片上面的纸质或金属标签，仔细观察一下芯片，会发现上面印有一串号码，如果号码中有 28 或 29 的数字，那么就可以证明该 BIOS 是可以升级的。

（2）升级过程

①首先找到升级所需的软件。BIOS 的刷新程序 AWDFLASH.EXE，可在主板附带的光盘上找到它，也可以到相应厂商的 BIOS 下载网址下载。有些网站是把 BIOS 的刷新程序和 BIOS 升级文件打包放在一起的。

②BIOS 相关设置。重新启动机器，进入 BIOS 设置，将 BIOS Update 选项设定为 Enabled（某些主板应在关机后将主板上 Boot Block Programming 跳线设定在 Enabled 位置），将 Virus Warning（病毒警告）设置为 Disabled。

③以 DOS 实模式开机。因为 BIOS 升级必须在 DOS 实模式下进行，以下三种方法可确定系统是在 DOS 实模式下进行：

- 用无 Config.sys 和 Autoexec.bat 文件系统启动软盘启动计算机。
- 如使用硬盘的MS-DOS 6.X 系统开机，当屏幕出现："Starting MS-DOS......"时，按键跳过 Config.sys 及 Autoexec.bat 的执行。
- 如使用 Win 95/98 开机，当出现"Starting Windows 95/98......"时，按键进入启动菜单，选取 Safe mode command prompt only 选项。

（3）BIOS 升级

在系统以 DOS 实模式开机后，将工作目录切换到 AWDFLASH.EXE 和升级文件 694x0916.bin 所在的目录下，为了下面叙述的方便，把 694x0916.bin 改名为 BIOS.BIN。键入：AWDFLASH，即可进入 BIOS 更新程序。

程序提示输入 BIOS 升级文件名，A:\>:BIOS.BIN，回车。注意在此要输入升级文件的全称，即包括文件名及扩展名。

刷新程序提示是否要备份主板的 BIOS 文件，为了安全起见，一定要把目前系统的 BIOS 内容备份到机器上并记住它的文件名（为了方便、易记，文件名应简单为好，如存为 BACK.BIN 等），以便在更新 BIOS 的过程中发生错误时，可以重新写回原来的 BIOS 数据。

在 File Name to Save 框中输入要保存的文件名：BACK.BIN。按回车后，刷新程序开始读出主板的 BIOS 内容，并把它保存成一个文件。

备份工作完成后，刷新程序会询问是否要升级 BIOS。

选择 Y，刷新程序开始正式刷新 BIOS，最关键的时刻就在此时，在这个过程中，千万不要中途关机；另外，如果遇上停电、死机或下载的 BIOS 文件不对，那你的机器就"死"定了。

当进度条走到最后，刷新结束，刷新程序提示你按 F1 键重启动或按 F10 键退出刷新程序。一般是选择重开机，按 Del 键进入 BIOS 设置，除了设置"HDD、FDD、DATE......"外，还应选取 Load Setup Defaults 来加载系统预设值，至此，便完成了 BIOS 的升级工作。

特别注意，在 BIOS 更新过程中万万不得切断微机电源，以免造成无法开机！

3．升级失败后 BIOS 的恢复

在升级 BIOS 时，可能会由于写入的 BIOS 版本不对、不全或本身存在错误，或者在升级过程中出现断电现象等原因而导致升级失败，可用如下方法进行 BIOS 的恢复。

（1）直接恢复法

刷新失败后重启，如果发现不能启动系统，但软驱灯还一直亮，这表明 BIOS 芯片的 BootBlock 未损坏。这时，可把 BIOS 刷新工具和备份的 BIOS 文件拷到一张完好、无毒的启动软盘中，用批处理文件执行刷新。

有一些用 AMI BIOS 的主板，只要把备份 BIOS 文件改名为 AMIBOOT.ROM，并将其拷入一张空的无毒软盘，然后放入软驱，启动计算机并同时按住 Ctrl+Home 组合键强迫计算机进行升级操作。系统将会从磁盘中读取 AMIBOOT.ROM 进行升级。当听到系统发出四声"嘀"之后，就可以拿出磁盘并重启。重启后，BIOS 便恢复了。

（2）重写 BIOS 法

把 BIOS 芯片非常小心地取下，然后到电脑城或电子城中拥有专门编程器的商家，他们可以帮你重写 BIOS 芯片。价格一般为 10~20 元不等。

（3）热拔插法。

找一台具有相同型号主板的计算机，如果找不到，主板类型相近也可，最关键的一点是这两块主板的 BIOS 芯片的擦写电压和针脚数是相同的。然后进行热拔插修复。也有一种很另类的方法，把 BIOS 芯片插到网卡上，用网卡刷新工具进行刷新。

（4）更换芯片法

如果上述方法都无效的话，只有更换主板的 BIOS 了。不一定要到主板厂商去更换，到电脑市场去买一块相同容量和相同类型的芯片（20~40 元不等），刷上原来的 BIOS 文件，一般就能正常使用了。把 BIOS 芯片插到网卡上，用网卡刷新工具进行刷新。

9.4　能力鉴定考核

考核以现场操作为主，知识测试（40%）+现场认知（60%）。

知识考核点：BIOS 与 CMOS 的含义，BIOS 的功能，BIOS 的类型。

现场操作：常见 BIOS 的设置能力，BIOS 的升级方法和升级失败后 BIOS 恢复的能力。

9.5　能力鉴定资源

一台完整的能正常开启的计算机。

能力十
硬盘分区与格式化的能力

10.1 能力简介

此能力为实际工作应用能力，学习完此能力后，要求能具有：了解硬盘的分区格式，掌握使用 DOS 下的 Fdisk 命令分区，掌握 PM 分区大师的使用，掌握 DOS 下的 Format 命令格式化的能力。

10.2 能力知识构成

新的硬盘必须经过低级格式化、分区和高级格式化三个步骤之后才能使用。

低级格式化是硬盘出厂前，就已由生产厂家完成的工作，其作用是划分可供使用的磁盘扇区和磁道并标记有问题的扇区，同时写入硬盘的交叉因子，以使硬盘在较佳状态工作。

分区就是在一块物理硬盘上划分出多个逻辑硬盘，如 C 盘、D 盘、E 盘等，以便使得存放的数据更为有序，便于对数据进行管理。对一块已使用过的硬盘，根据需要也可以重新分区，但重新分区时，以前分区中的数据将会丢失，应注意对数据备份。

格式化的主要作用是在磁盘中建立磁道和扇区，磁道和扇区建立好之后，计算机才可以使用磁盘来存储数据。

10.2.1 硬盘的分区格式

目前的 Windows 所用的分区格式有三种：FAT16、FAT32 和 NTFS，另外还有一种是用于 Linux 的分区。

1. FAT16

这是 MS-DOS 和最早期的 Windows 95 操作系统中最常见的磁盘分区格式。它采用 16 位的文件分配表，能支持最大为 2GB 的分区，是目前应用最为广泛和获得操作系统支持最多的一种磁盘分区格式，几乎所有的操作系统都支持这一种格式。

2．FAT32

这种格式采用32位的文件分配表，使其对磁盘的管理能力大大增强，突破了FAT16对每一个分区的容量只有2GB的限制。但在Windows 2000/XP系统中，由于系统限制，单个分区最大容量为32GB。由于DOS不支持这种分区格式，所以采用这种分区格式后，就无法再使用DOS系统。

3．NTFS

它的优点是安全性和稳定性极其出色，在使用中不易产生文件碎片。它能对用户的操作进行记录，通过对用户权限进行非常严格的限制，使每个用户只能按照系统赋予的权限进行操作，充分保护了系统与数据的安全。这种格式采用NT核心的纯32位Windows系统才能识别，DOS以及16位32位混编的Windows 95和Windows 98不能识别。

4．Linux

Linux的磁盘分区格式与其他操作系统完全不同，共有两种。一种是Linux Native主分区，一种是Linux Swap交换分区。这两种分区格式的安全性与稳定性极佳，结合Linux操作系统后，死机的机会大大减少。但是，目前支持这一分区格式的操作系统只有Linux。

10.2.2 硬盘的分区软件

硬盘的分区方法主要有两种，一种是使用DOS下的Fdisk命令分区，一种是采用专业分区软件如PM分区魔术大师这样的软件分区。

1．命令分区

这种分区方式在以前是最常用的一种分区方法，也是一种比较复杂的分区方式，它适合于较小硬盘的分区，产生的分区格式为FAT或FAT32。

2．PM分区

PM是Power Quest Partition Magic的简写，也被简写为PQ，这是一个在图形界面下使用的分区软件，其功能比Fdisk更为强大，它具有分区、格式化、合并分区、调整分区大小等功能。

10.3 能力技能操作

10.3.1 职业素养要求

（1）能熟练使用DOS下的Fdisk命令分区和PM分区大师。
（2）对硬盘分区会丢失数据，做好分区前的相应准备工作。
（3）积极自主学习和扩展知识面的能力。

10.3.2 FDISK分区

1．创建分区

先准备一张能启动进入DOS系统的光盘，开机后，启动进入DOS提示符A:\>，输入fdisk分区命令，如图10-1所示。

图 10-1　运行 fdisk 分区命令

回车后，可看到如图 10-2 所示画面。

图 10-2　确认硬盘分区采用的模式

图 10-2 的大意是磁盘容量已经超过了 512MB，为了充分发挥磁盘的性能，建议选用 FAT32 文件系统，输入"Y"键后按回车键。

然后出现 FDISK 的主界面，如图 10-3 所示。

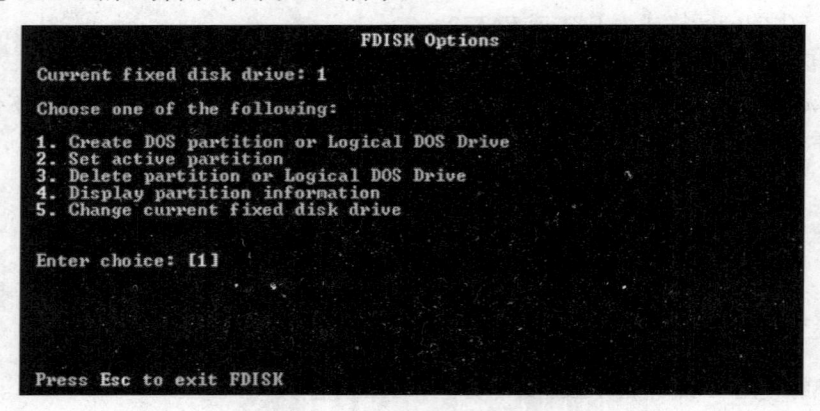

图 10-3　FDISK 主界面

此主界面中各项的中文意思是：

当前硬盘驱动器是：1

选择下列的一项：

- 建立 DOS 分区或逻辑分区
- 设置活动分区
- 删除分区或逻辑分区
- 显示当前分区信息
- 选择其他的硬盘（注：本机带有双硬盘才有这个选项，否则只显示前四项）

在主界面中，输入"1"后回车，显示如图 10-4 所示界面。

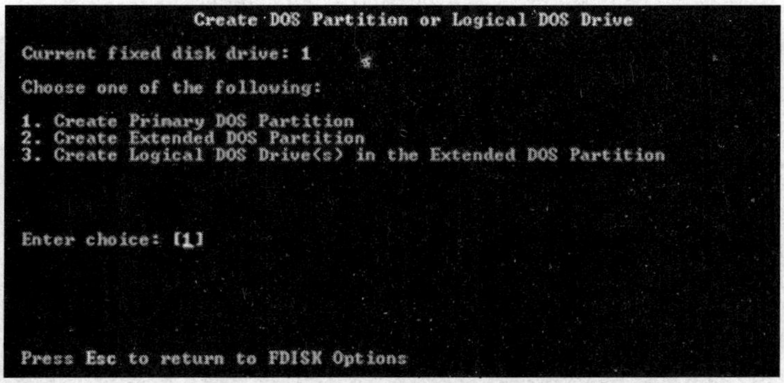

图 10-4　创建主分区或逻辑分区

图 10-4 中菜单各项的中文意思是：
- 创建主分区
- 创建扩展分区
- 在扩展分区中创建逻辑驱动器

硬盘分区是按照先创建主分区，然后扩展分区，最后在扩展分区中创建逻辑驱动器的次序原则，而删除分区则相反。主分区之外的硬盘空间就是扩展分区，而逻辑驱动器是对扩展分区再行划分得到的。在图 10-4 中选择"1"并回车，出现如图 10-5 所示的硬盘检测界面。此界面中变化的百分比是检测完成的百分比。

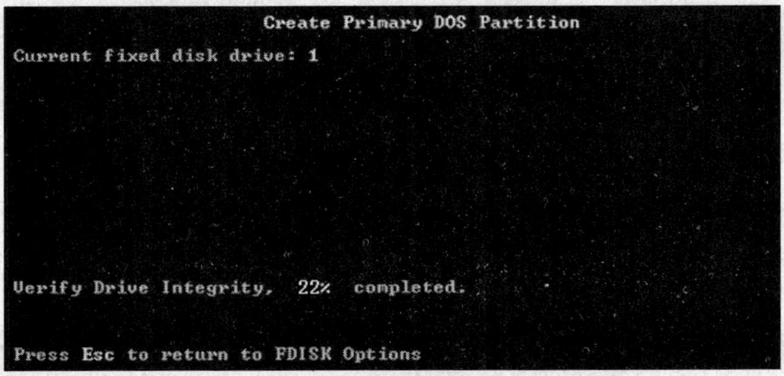

图 10-5　硬盘检测界面

硬盘检测完成后，出现如图 10-6 所示界面。

图 10-6　创建主分区

此界面是询问是否将所有的硬盘空间全作为主 DOS 分区。由于分区的目的是将硬盘分为几个

145

逻辑驱动器，以便于对磁盘数据的管理，因此，这里一般输入"N"并回车，表示不将此硬盘全部作为一个分区，然后硬盘再次检测完成后显示如图 10-7 所示界面。

图 10-7 输入主分区容量界面

在图 10-7 中，可输入主分区需要设置的容量大小，假设需要将一个总容量为 80GB 的硬盘，用 20GB 作为主分区，则将"[76102]"处改输入为"20006"，回车后显示如图 10-8 所示界面。

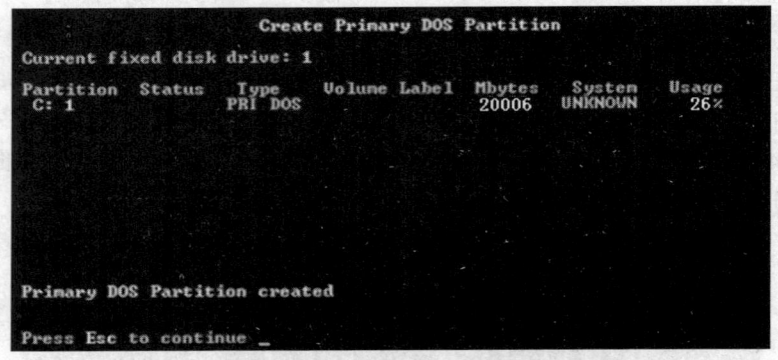

图 10-8 主分区创建完成

图 10-8 所示界面提示，主分区已创建完成，按 Esc 键继续。按 Esc 键后，进入如图 10-3 所示的分区主界面，在主界面中输入"1"并回车，进入如图 10-4 所示的创建主分区或逻辑分区界面。在图 10-4 所示界面下，输入"2"并回车，出现如图 10-9 所示界面。

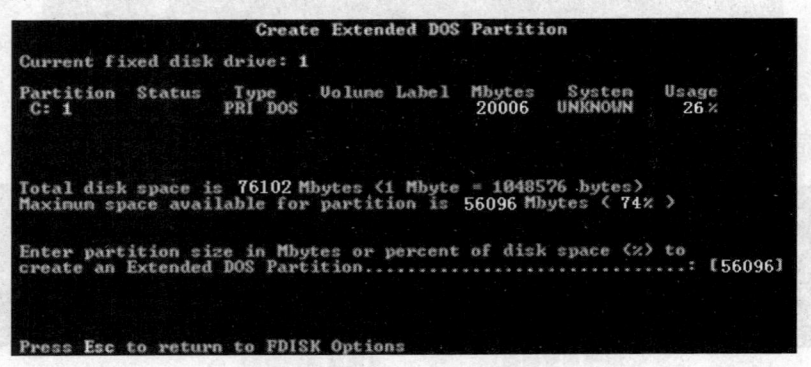

图 10-9 指定扩展分区大小

主分区完成之后，创立扩展分区，习惯上我们会将除主分区之外的所有空间划为扩展分区（如果想安装微软之外的如 Linux 或 Netware 等操作系统，则可根据需要在图 10-9 中输入扩展分区的空间大小或百分比），在图 10-9 所示界面下，直接按回车即可出现如图 10-10 所示界面，此界面显示出扩展分区已建立。

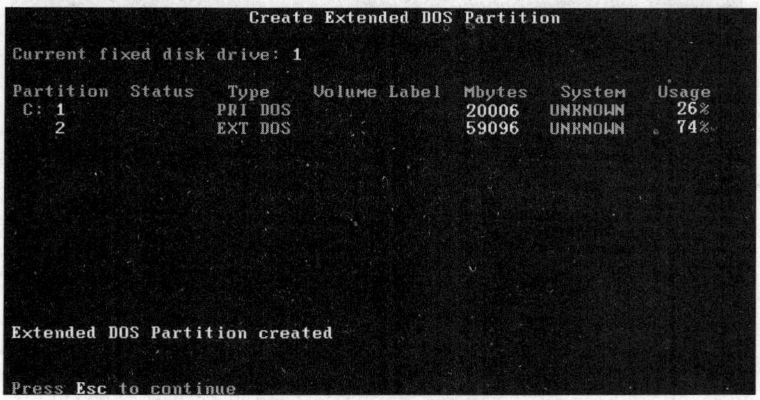

图 10-10　主分区与扩展分区已建立

按 Esc 键后退回到图 10-3 所示的分区主界面，输入"1"并回车后进入图 10-4 所示的创建主分区或逻辑分区界面，在此界面中，输入"3"并回车后硬盘自动检测剩余空间，完成后出现如图 10-11 所示界面。

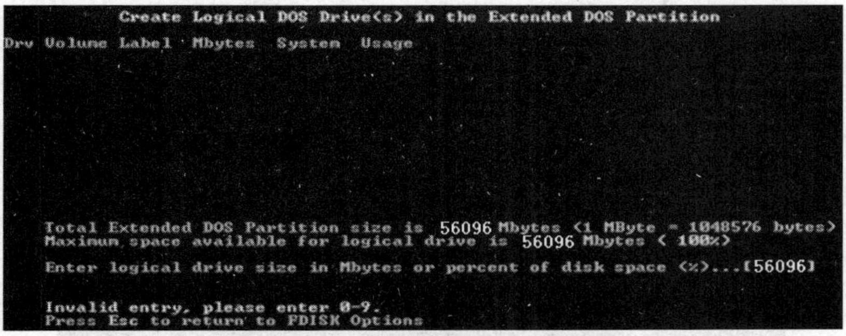

图 10-11　输入第一个逻辑分区容量

在如图 10-11 所示的界面中，输入"28006"后回车，出现如图 10-12 所示界面。

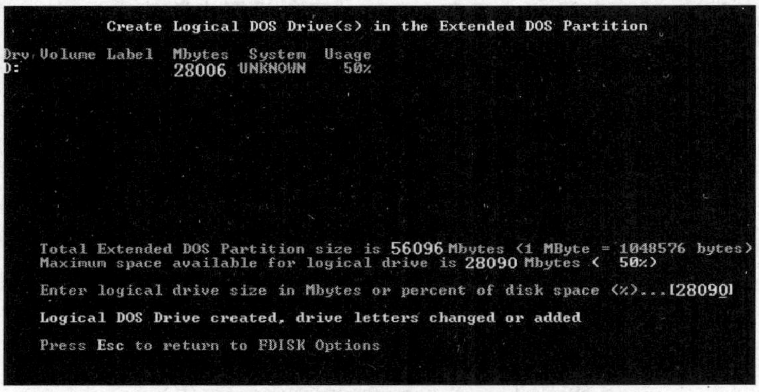

图 10-12　已创建好一个逻辑分区 D

在图 10-12 中，表示已创建好一个逻辑分区 D，如果打算只将此硬盘分为三个区，则可直接回车，将余下的空间全部创建为逻辑分区 E。直接回车后，出现如图 10-13 所示界面。

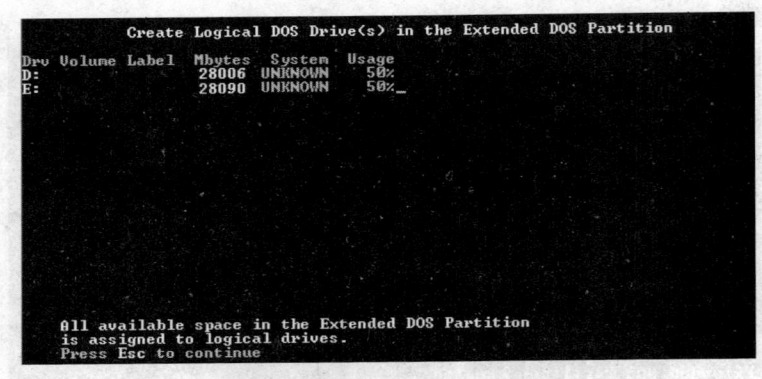

图 10-13 逻辑分区创建完成

此界面表示逻辑分区已创建完成，按 Esc 键可返回到如图 10-3 所示的分区主界面。

如果想要创建更多的逻辑分区，则在图 10-11 中输入一个不大于"28090"的容量大小即可按上述类似方法创建逻辑分区。

2. 设置活动分区（Set Active Partition）

在图 10-3 所示分区主菜单下，输入"2"并回车后出现如图 10-14 所示的设置活动分区界面。

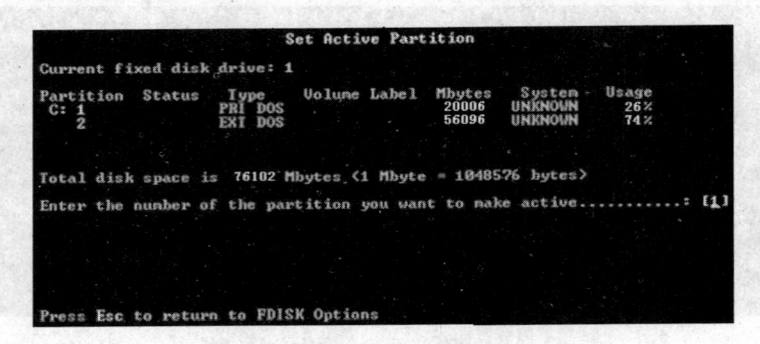

图 10-14 设置活动分区

输入数字"1"，即设置 C 盘为活动分区，如图 10-15 所示。如果硬盘划分有多个主分区，可设置其中任一个为活动分区。但要注意，只有主分区才可以设置为活动分区。

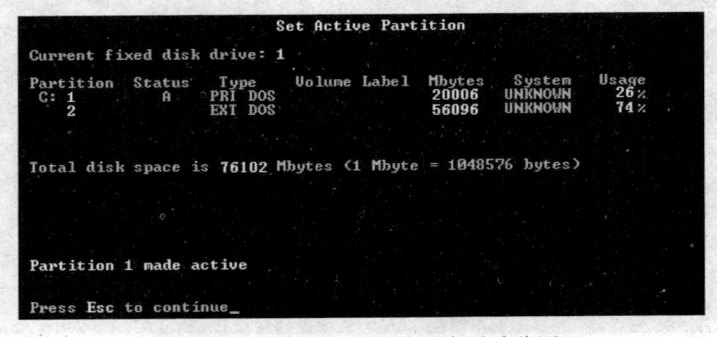

图 10-15 主分区已被设置为活动分区

主分区，即 C 盘已经成为活动分区，按 Esc 键继续，又回到图 10-3 所示的分区主菜单。
3. 删除分区

如果打算对一块硬盘重新分区，那么首先删除以前的旧分区。在如图 10-16 所示的删除分区或逻辑分区界面的主菜单中，选择"3"并回车，出现如图 10-17 所示界面。

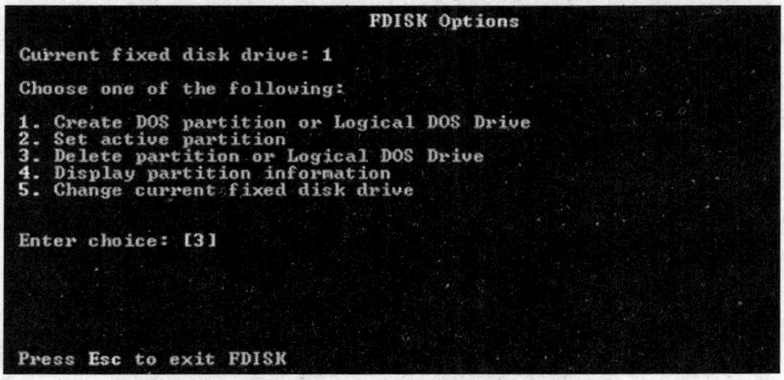

图 10-16　选择删除分区或逻辑 DOS 分区

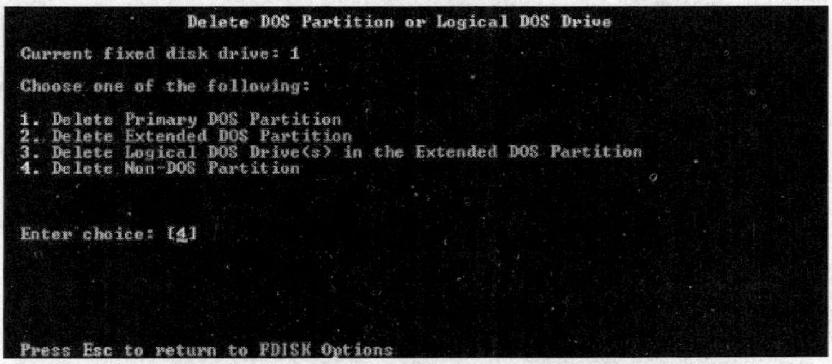

图 10-17　删除分区主菜单

在图 10-17 中各项的中文意思是：

- 删除主分区
- 删除扩展分区
- 删除逻辑分区
- 删除非 DOS 分区

删除分区的顺序从下往上，即"非 DOS 分区"→"逻辑分区"→"扩展分区"→"主分区"。如果划分有非 DOS 分区，则输入"4"并回车，删除非 DOS 分区，如果没有非 DOS 分区，则直接输入"3"并回车，删除在扩展分区中的逻辑分区，如图 10-16 所示。

注意：除非安装了非 Windows 的操作系统，否则一般不会产生非 DOS 分区。

在图 10-18 中，输入欲删除的逻辑分区盘符，回车确定，出现如图 10-19 所示界面。

在图 10-19 中，输入该分区的卷标，这里没有卷标，则直接回车，然后再按"Y"键确认此分区需要被删除。按上述操作，可将所有逻辑分区删除。逻辑分区删除完后如图 10-20 所示。

如图 10-20 所示，已将所有逻辑分区删除完成，然后按两次 Esc 键后退回到如图 10-16 所示的主菜单，在此界面下输入"3"，进入如图 10-17 所示的删除分区界面。在图 10-17 所示界面下，输入"2"并回车,出现如图10-21所示界面。

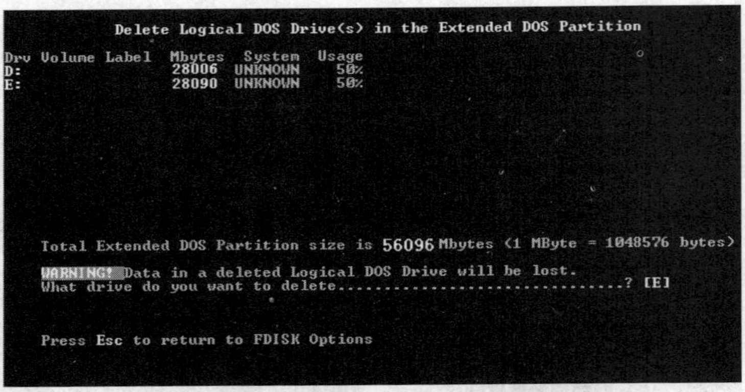

图10-18 输入要删除的分区盘符

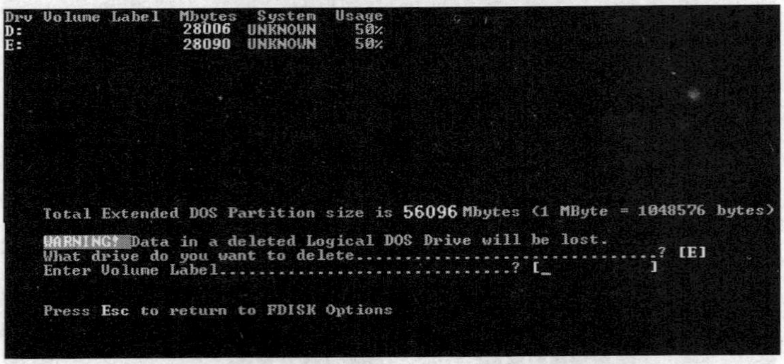

图10-19 输入卷标

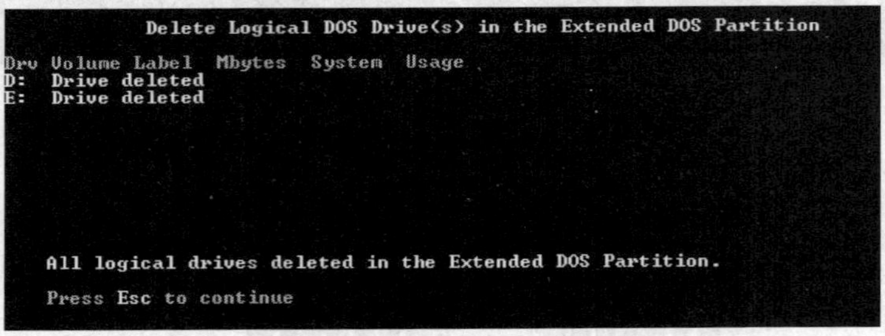

图10-20 已删除完逻辑分区

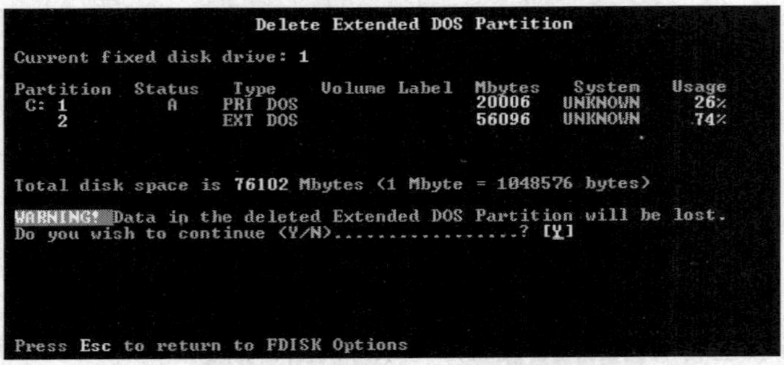

图10-21 删除扩展分区

在图 10-21 中，输入 "Y"，确认删除，出现如图 10-22 所示界面。

图 10-22　扩展分区已经删除

在图 10-22 中，再按 Esc 键，返回到主菜单，然后再输入 "3"，进入如图 10-23 所示的删除分区界面，输入 "1" 并回车，出现如图 10-24 所示的删除主分区界面。

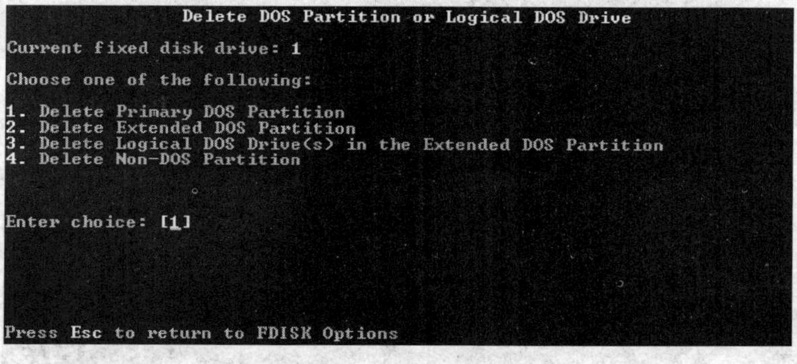

图 10-23　删除分区主界面

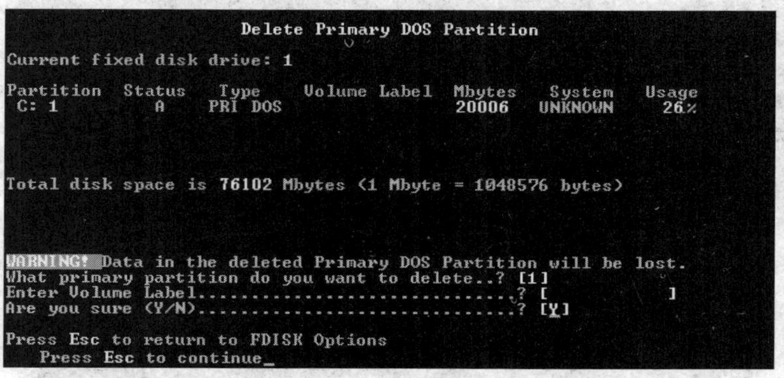

图 10-24　删除主分区

在图 10-24 中，输入主分区的序号，这里输入 "1"，然后输入卷标，这里直接回车，然后输入 "Y" 确认，出现如图 10-25 所示界面。

在图 10-25 中，表示主分区已删除，按 Esc 键后可回到分区主菜单，可按前面讲述的方法重新对硬盘进行分区。

4. 显示分区信息

在如图 10-3 所示的分区主菜单中，输入 "4" 并回车，出现如图 10-26 所示的显示分区信息界面。

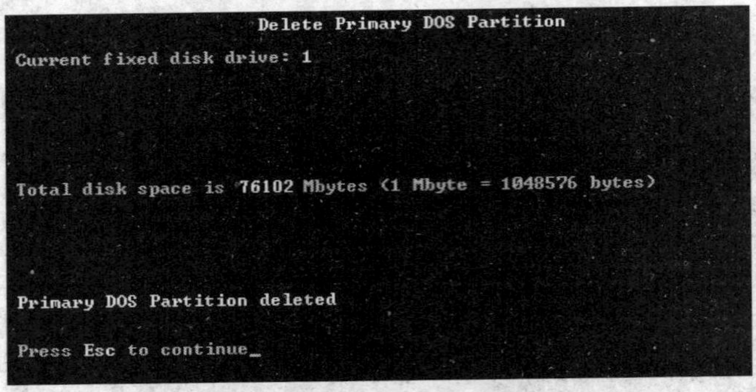

图 10-25　主分区已经删除

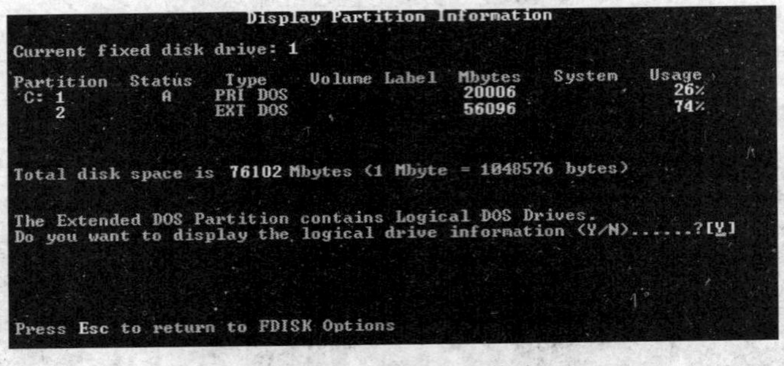

图 10-26　显示分区信息

在图 10-26 所示的界面中，按"Y"键回车，将显示逻辑分区信息，如图 10-27 所示。

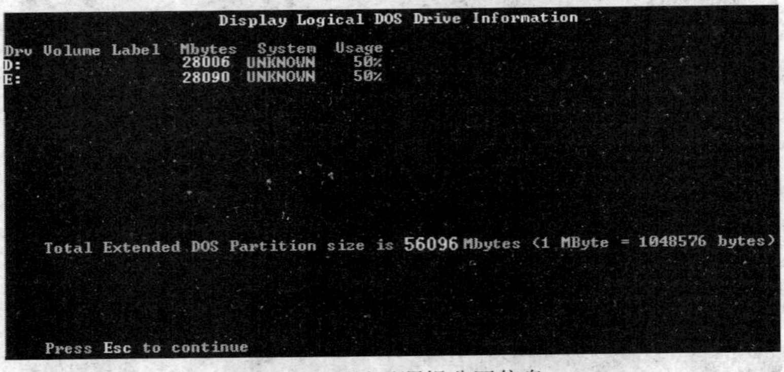

图 10-27　显示逻辑分区信息

分区完成后，按 Esc 键退出，出现如图 10-28 所示的提示信息。

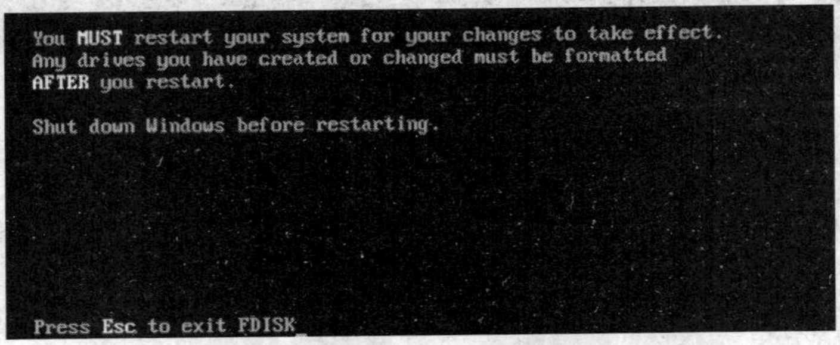

图 10-28　提示需要重启计算机才能使分区改变生效

必须重新启动计算机,这样才能使刚才的分区生效,重启计算机后必须格式化硬盘的每个分区,这样分区才能够使用。

10.3.3 硬盘的格式化

硬盘分区后,重新使用启动光盘启动计算机后,在 DOS 提示符 A:\> 后输入 F:,因为光盘的盘符是硬盘盘符的下一个英文字母序号,因此这里输入 F:,如图 10-29 所示。

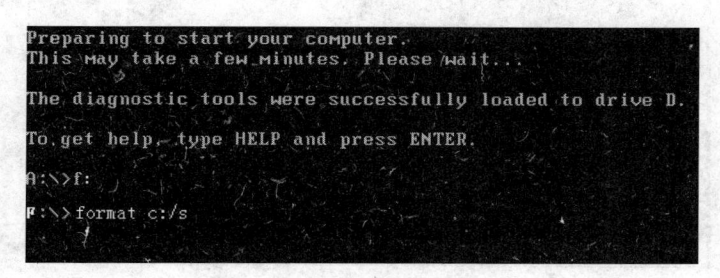

图 10-29 格式化 C 盘

如图 10-29 所示,在 F:\> 后输入 format c:/s,表示将格式化 C 盘,加上 /s 的含义是格式化为 DOS 系统盘,其实也可以不加 /s,因为现在一般都使用 Windows 操作系统,不需要格式化为 DOS 系统盘同样可以安装 Windows。

在图 10-29 所示界面中,输入 format c:/s 后,屏幕警告硬盘数据将会丢失,输入"Y"确认后进行格式化,此时有一个百分比的进度提示,直到格式化完成。

按同样的方法输入 format d:和 format e:可格式化 D 盘和 E 盘等分区。

10.3.4 PM 分区

1. 安装 PM 分区大师软件

双击安装程序 Setup.exe 后,出现如图 10-30 所示界面。

图 10-30 安装 PM 软件

此安装过程非常简单,根据提示依次单击"下一步"按钮,并选择安装目录后,最后安装完成,如图10-31所示。

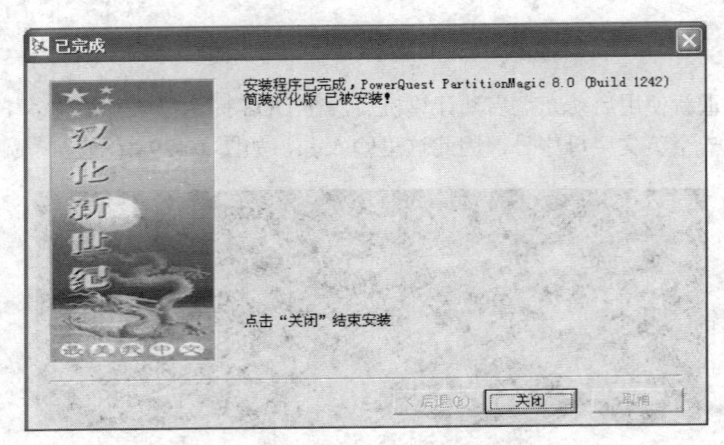

图 10-31　PM 安装完成

2. PM 软件的应用

运行上面安装的 PM 软件后,出现如图 10-32 所示界面。

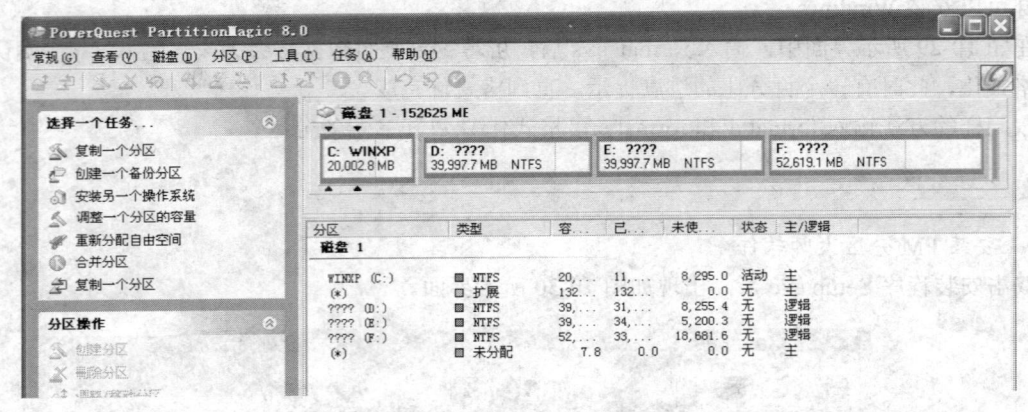

图 10-32　PM 主界面

PM 分区软件提供了很多分区操作的功能:复制分区、创建分区、调整分区容量、合并分区、分区格式转换、卷标设置、删除分区、恢复分区、分区格式化等。在此以调整分区容量和格式化分区为例,来学习 PM 软件的应用,PM 的其他功能可根据相应的提示操作完成。

如图 10-33 所示,单击主菜单上的"分区"。

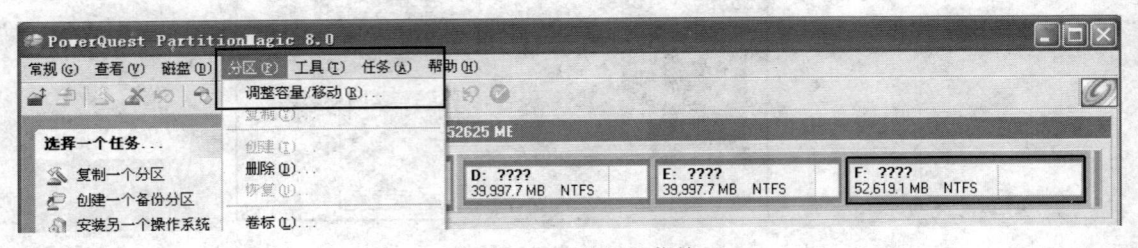

图 10-33　"分区"菜单

再选择"调整容量/移动"项，出现如图 10-34 所示界面。

在图 10-34 所示界面中，在"自由空间之前"和"自由空间之后"框中输入调整容量，出现如图 10-35 所示界面。

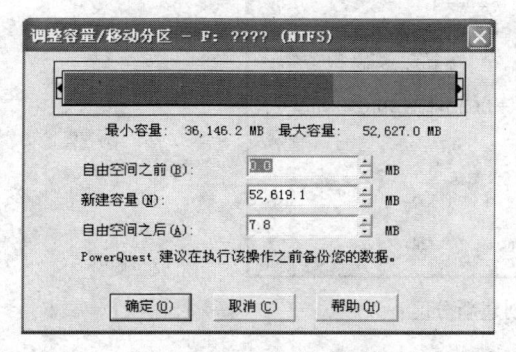

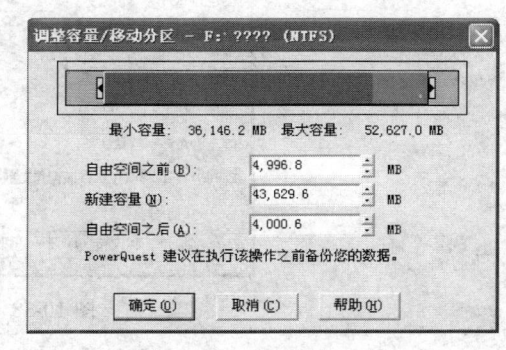

图 10-34　调整分区容量　　　　　　　　图 10-35　输入调整容量

自由空间之前：指在原分区的前面留出多少空间作为未分配空间。
新建容量：指调整后分区的容量。
自由空间之后：指在原分区的后面留出多少空间作为未分配空间。
单击"确定"按钮后，出现如图 10-36 所示界面。

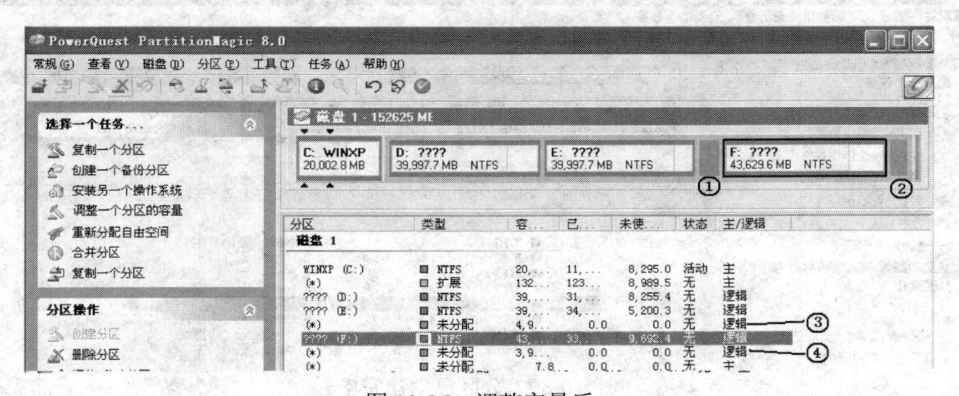

图 10-36　调整容量后

从图 10-36 与图 10-32 比较可见，调整分区容量后①、②、③、④这四个地方有区别，①、②两处就是调整分区容量前后的未分配空间示意图；③、④两处是①、②两处未分配空间的容量大小等相关信息的说明。

然后在①所示位置，即未分配空间上单击鼠标右键，出现如图 10-37 所示的界面。

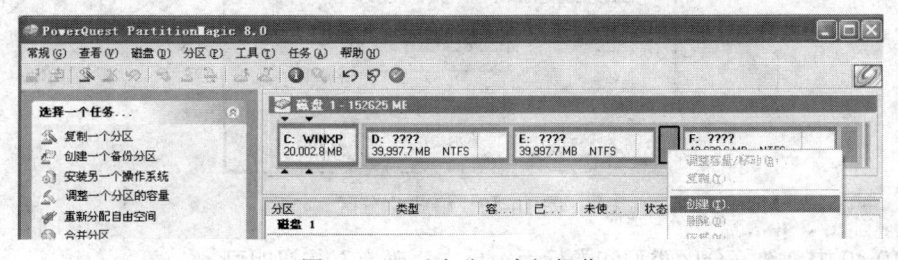

图 10-37　对未分配空间操作

155

在图 10-37 上单击"创建"后，出现创建分区界面，如图 10-38 所示。

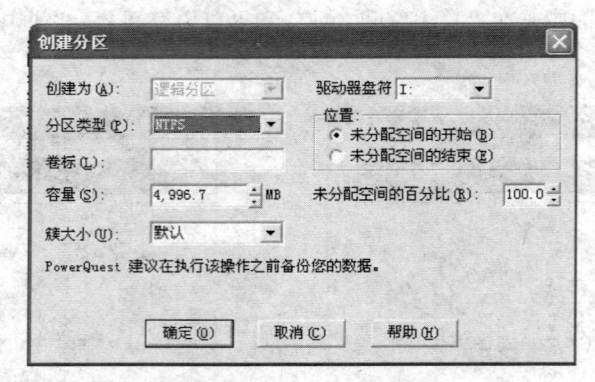

图 10-38　创建新分区

在图 10-38 中，可设置新建分区的类型，可选择的有 FAT、FAT32、NTFS 和 Linux 分区等；卷标可根据此分区以后的用途来输入一个较有意义的名字，如"PIC"，表示以后主要存放图片，当然也可随意输入；"容量"一栏中，可再次更改此分区的容量；簇大小一般采用默认，驱动器盘符也采用默认。最后单击"确定"按钮，出现如图 10-39 所示界面。

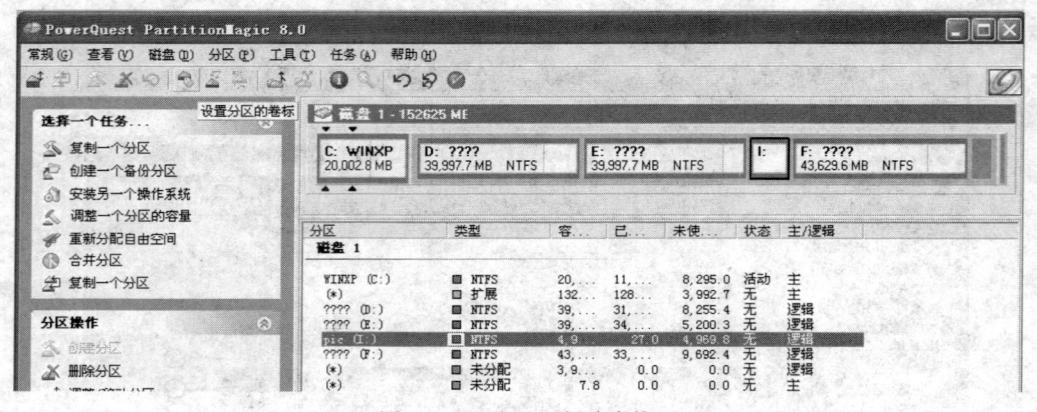

图 10-39　分区已创建完毕

然后对新建分区进行格式化，在图 10-39 中，右击刚才新建的分区，即"I:"，出现如图 10-40 所示的格式化分区对话框。

图 10-40　格式化分区

在图 10-40 中，选好分区类型和卷标后，单击"确定"按钮即可。

前面所做的工作现在 PM 软件仅仅记录了一个分区容量改变，建立新分区和格式化操作过程，而没有真正完成，所以，在退出 PM 软件前，还需要使前面所做的改变生效。

单击如图 10-41 所示的"常规"菜单。

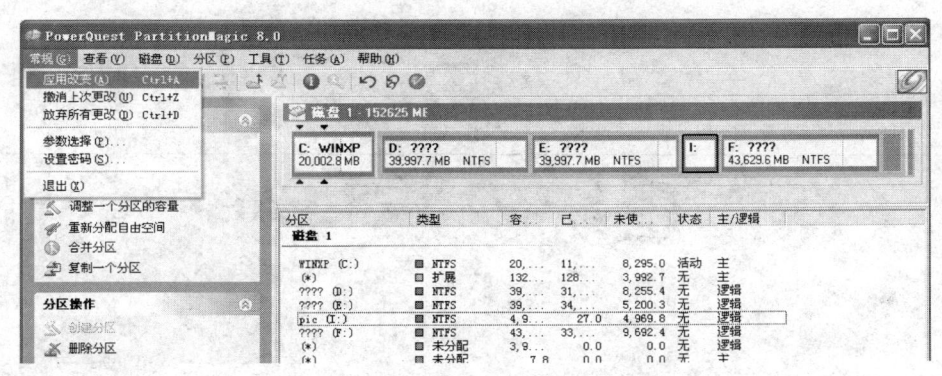

图 10-41　"常规"菜单

在图 10-41 所示的"常规"菜单下选择"应用改变"，出现如图 10-42 所示的应用更改界面。

图 10-42　应用更改

在图 10-42 中可见，前面所做的操作已由 PM 软件记录，但未真正完成，在此需单击"是"按钮即可完成前面所做的四个操作。

PM 软件的其他功能，可根据实际需求和软件操作界面的提示去实现。

10.4　能力鉴定考核

考核以现场操作为主，知识测试（30%）+现场认知（70%）。

知识考核点： 硬盘的分区格式，常用硬盘的分区软件。

现场操作： 使用 DOS 下的 Fdisk 命令分区；掌握 DOS 下的 Format 命令格式化；掌握 PM 分区大师的使用。

10.5　能力鉴定资源

一台完整的能正常开启的计算机，一个可以进行分区练习的硬盘，带有 Format 命令文件的 DOS 的启动光盘，PM 软件。

157

能力十一
操作系统安装与维护的能力

11.1 能力简介

此能力为实际工作应用能力，学习完此能力后，要求能具有：安装 Windows XP，安装 Windows 7 以及 Windows XP 系统下安装 Linux 操作系统的能力。

操作系统是管理计算机硬件与软件资源的程序，是控制其他程序运行，管理系统资源并为用户提供操作界面的系统软件的集合。计算机在安装用户要使用的应用软件之前，必须先安装操作系统，目前计算机上常见的操作系统有Windows、Linux、UNIX、Netware等。其中用户使用最多的操作系统就是微软的 Windows 系列的操作系统。

11.2 能力知识构成

Windows 中文是窗户的意思。另外还有微软公司推出的视窗计算机操作系统名为 Windows。随着计算机硬件和软件系统的不断升级，微软的 Windows 操作系统也在不断升级，从 16 位、32 位到 64 位操作系统。从最初的 Windows 1.0 到大家熟知的 Windows 95、NT、97、98、2000、Me、XP、Server、Vista、Windows 7各种版本的持续更新，微软一直在致力于 Windows 操作系统的开发和完善。

Microsoft 开发的 Windows 是目前世界上用户最多，且兼容性最强的操作系统。最早的 Windows 操作系统从 1985 年就推出了，改进了微软以往的命令、代码系统 Microsoft Disk Operating System（简称MS-DOS）。Microsoft Windows 是彩色界面的操作系统，支持键鼠功能。默认的平台是由任务栏和桌面图标组成的，任务栏是由正在运行的程序、"开始"菜单、时间、快速启动栏、输入法以及右下角托盘图标组成。而桌面图标是进入程序的途径。默认系统图标有"我的电脑"、"我的文档"、"回收站"。另外，还会显示出系统自带的"IE 浏览器"图标。

11.2.1 Windows XP 操作系统

Windows XP 是微软公司的一款视窗操作系统。Windows XP 于 2001 年 8 月 24 日正式发布。

零售版于 2001 年 10 月 25 日上市。Windows XP 原代号 Whistler。字母 XP 表示英文单词"体验"（Experience）。Windows XP 外部版本是 2002，内部版本是 5.1（即 Windows NT 5.1），正式版 Build 是 5.1.2600。微软最初发行了两个版本：专业版（Windows XP Professional）和家庭版（Windows XP Home Edition）。家庭版只支持 1 个处理器，专业版则支持 2 个。后来又发行了媒体中心版（Media Center Edition）、平板电脑版（Tablet PC Edition）和入门版（Starter Edition）等。

Windows XP Professional 专业版除包含家庭版一切功能，还添加了新的为面向商业用户设计的网络认证、双处理器支持等特性，32 位版最高支持约 3.2GB 的内存，主要用于工作站、高端个人计算机以及笔记本电脑。

Windows XP Home Edition 家庭版是面向家庭用户的版本。由于是面向家庭用户，因此家庭版在功能上有一定缩水，主要表现在：

（1）没有组策略功能。
（2）只支持 1 个 CPU 和 1 个显示器（专业版支持 2 个 CPU 和 9 个显示器）。
（3）没有远程桌面功能。
（4）没有 EFS 文件加密功能。
（5）没有 IIS 服务。
（6）不能归为域。
（7）没有连接 Netware 服务器功能。

Windows XP Starter Edition 入门版是面向发展中国家的 Windows XP 廉价版，是为了让比发达国家国民收入少的发展中国家用户使用，削减了部分功能的极为廉价版本。由于是廉价版本，且以 Windows XP Home Edition 为原本，因此入门版在功能上大幅缩水，主要表现在：

（1）只同新购买的计算机一起售卖。
（2）只卖给一定的发展中国家，且只使用当地的语言。
（3）只能同时使用三个程序。
（4）每个程序最多只能打开三个窗口。
（5）削减了使用一台个人计算机的多账号功能。
（6）画面分辨率被限制为最高 800×600 像素（SP3 版本分辨率可达到 1280×1024 以上）。
（7）内置用 Flash 交互技术做的计算机基础教程，有语音和动画讲解，共 12 课。

Windows XP 是基于 Windows 2000 代码的产品，同时拥有一个新用户图形界面（叫做月神 Luna），并且 Windows XP 视窗标志也改为较清晰亮丽的四色视窗标志。Windows XP 带有用户图形登录界面；全新 Windows XP 亮丽桌面，用户若怀旧以前桌面可换成传统桌面。此外，Windows XP 还引入了一个"选择任务"的用户界面，使工具条可以访问任务具体细节。然而，批评家认为这个基于任务的设计指示增加了视觉上的混乱，因为它除了提供比其他操作系统更简单的工具栏以外并没有添加新特性。而额外进程耗费又是可见的。它包括简化的 Windows 2000 用户安全特性，并整合了防火墙，以用来确保长期以来一直困扰微软的安全问题。由于微软把很多以前由第三方提供的软件整合到操作系统中，Windows XP 受到猛烈批评。这些软件包括防火墙、媒体播放器（Windows Media Player）、即时通讯软件（Windows Messenger），以及它与 Microsoft Passport 网络服务的紧密结合，这都被很多计算机专家认为是安全风险以及对个人隐私的潜在威胁。这些特性的增加被认为是微软继续其传统垄断行为的持续。

另外受到强烈批评的是它的产品激活技术。这使得主机部件受到监听，并在软件可以永久使用前（每 30 天一个激活周期）在微软记录上添加一个唯一的参考序列号（Reference Number）。在其他计算机上安装系统，将因为硬件不同而无法激活。

为了压制东南亚地区高盗版率带来的威胁，微软在东南亚地区国家如马来西亚、印尼、泰国发布了相关语言入门版 Windows XP，即 Windows XP Starter Edition。该版本将以非常低的价格来吸引一些买不起高价的 Windows XP（专业版与家庭版）的家庭用户或一些学校、政府机构。不过入门版 Windows XP 有功能限制，如只支持最高 256MB 内存，只能同时运行 3 个程序，最高 800×600 解析度等。

11.2.2 Windows 7 操作系统

Windows 7 是由微软公司开发的，具有革命性变化的操作系统。该系统旨在让人们的日常计算机操作更加简单和快捷，为人们提供高效易行的工作环境。

Windows 7 的设计主要围绕五个重点——针对笔记本电脑的特有设计；基于应用服务的设计；用户的个性化；视听娱乐的优化；用户易用性的新引擎。

（1）更易用。Windows 7 做了许多方便用户的设计，如快速最大化，窗口半屏显示，跳转列表（Jump List），系统故障快速修复等，这些新功能令 Windows 7 成为最易用的 Windows。

（2）更快速。Windows 7 大幅缩减了 Windows 的启动时间，据实测，在 2008 年的中低端配置下运行，系统加载时间一般不超过 20 秒，这与 Windows Vista 的 40 余秒相比，是一个很大的进步。

（3）更简单。Windows 7 将会让搜索和使用信息更加简单，包括本地、网络和互联网搜索功能，直观的用户体验将更加高级，还会整合自动化应用程序提交和交叉程序数据透明性。

（4）更安全。Windows 7 包括改进了的安全和功能合法性，还会把数据保护和管理扩展到外围设备。Windows 7 改进了基于角色的计算方案和用户账户管理，在数据保护和坚固协作的固有冲突之间搭建沟通桥梁，同时也会开启企业级的数据保护和权限许可。

（5）更廉价。Windows 7 在中国拥有"微软校园先锋计划"，以全球最便宜的价格卖给中国人，使盗版率大大降低。

（6）节约成本。Windows 7 可以帮助企业优化它们的桌面基础设施，具有无缝操作系统、应用程序和数据移植功能，并简化PC供应和升级，进一步朝完整的应用程序更新和补丁方面努力。

11.2.3 Linux 操作系统

1. Linux 的特点

Linux 是一种开放型的操作系统，它有多种发行版，各种发行版只是在 Linux 核心外包上不同的应用软件、桌面系统等而成，因此同一核心的 Linux 操作系统可以有不同的发行版本，同一发行版也会出现不同的分支，其主要差异在于使用的桌面系统不同。

Ubuntu 发行版非常注重系统的易用性，标准安装完成后，一开机就可以投入使用，也就是安装完成以后，用户无需再安装浏览器、Office 套装程序、多媒体播放程序等常用软件，一般也无需下载安装网卡、声卡等硬件设备的驱动。

在本节讲述的就是 Ubuntu 发行版与 Windows XP 一起安装形成多启动的安装方法。

2. Linux 操作系统的优点

（1）完全免费

Linux 是一款免费的操作系统，用户可以通过网络或其他途径免费获得，并可以任意修改其源代码。这是其他的操作系统所做不到的。

（2）完全兼容 POSIX 1.0 标准

这使得可以在 Linux 下通过相应的模拟器运行常见的 DOS、Windows 的程序。这为用户从 Windows 转到 Linux 奠定了基础。

（3）多用户、多任务

Linux 支持多用户，各个用户对于自己的文件设备有自己特殊的权利，保证了各用户之间互不影响。多任务则是现在计算机最主要的一个特点，Linux 可以使多个程序同时并独立地运行。

（4）良好的界面

Linux 同时具有字符界面和图形界面。在字符界面用户可以通过键盘输入相应的指令来进行操作。它同时也提供了类似 Windows 图形界面的 X-Windows 系统，用户可以使用鼠标对其进行操作。

（5）丰富的网络功能

互联网是在 UNIX 的基础上繁荣起来的，Linux 的网络功能当然不会逊色。它的网络功能和其内核紧密相连，在这方面 Linux 要优于其他操作系统。

（6）可靠的安全、稳定性能

Linux 采取了许多安全技术措施，其中有对读、写进行权限控制、审计跟踪、核心授权等技术，这些都为安全提供了保障。Linux 常被用作网络服务器，这对稳定性也有比较高的要求，实际上 Linux 在这方面也十分出色。

（7）支持多种平台

Linux 可以运行在多种硬件平台上，如具有 x86、680x0、SPARC、Alpha 等处理器的平台。此外 Linux 还是一种嵌入式操作系统，可以运行在掌上电脑、机顶盒或游戏机上。2001 年 1 月发布的 Linux 2.4 版内核已经能够完全支持 Intel 64 位芯片架构。同时 Linux 也支持多处理器技术。多个处理器同时工作，使系统性能大大提高。

正是由于 Linux 系统有以上优点，现正被国内外的众多计算机爱好者所热爱。

11.3 能力技能操作

11.3.1 职业素养要求

（1）能熟练安装 Windows XP、Windows 7 以及在 Windows XP 系统下安装 Linux 操作系统的能力。

（2）对操作系统进行日常维护的能力。

（3）积极自主学习和扩展知识面的能力。

11.3.2 Windows XP 的安装

1. 安装前的准备工作

（1）设置 BIOS 为光驱启动。

（2）准备好 Windows XP Professional 简体中文版安装光盘，并记录好安装序列号。

（3）准备好主板、网卡、显卡、声卡的驱动程序，记好这些硬件的型号及生产厂家，如果是重装系统，则先在网上下载这些主要硬件的驱动程序备用，或使用驱动程序备份工具将原 Windows

XP 下的所有驱动程序备份到 U 盘上。

（4）如果是重装系统，还应作好以前数据的备份。

2．安装 Windows XP 系统

在 BIOS 中将 CD-ROM 设置为第一启动项，重启计算机之后就会发现如图 11-1 所示的提示信息。这个时候快速按任意键即可从光驱启动系统。

图 11-1　光盘启动提示

在图 11-1 所示界面下按回车键后，安装程序将检测计算机硬件配置，然后即可看到如图 11-2 所示的安装界面。

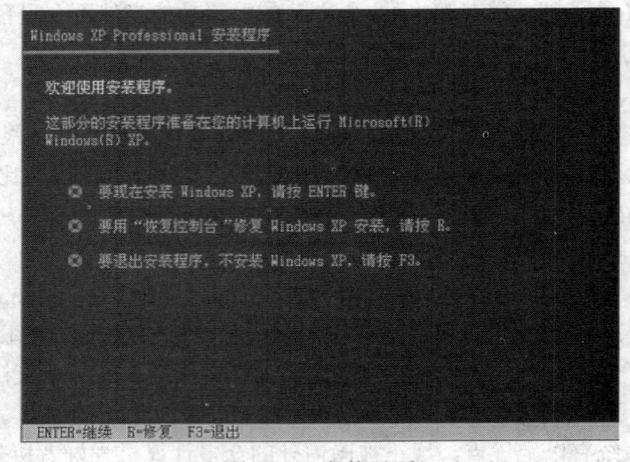

图 11-2　安装界面

由于是简体中文 Windows XP，因此出现的是全中文提示，按回车键后，即出现如图 11-3 所示界面。如果是要修复安装，则按 R 键，要退出安装，则按 F3 键。

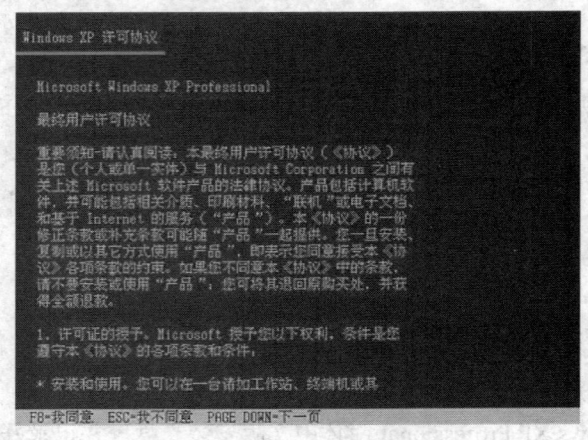

图 11-3　Windows XP 许可协议

在图 11-3 所示界面下，要继续安装，则按 F8 键，出现如图 11-4 所示界面。

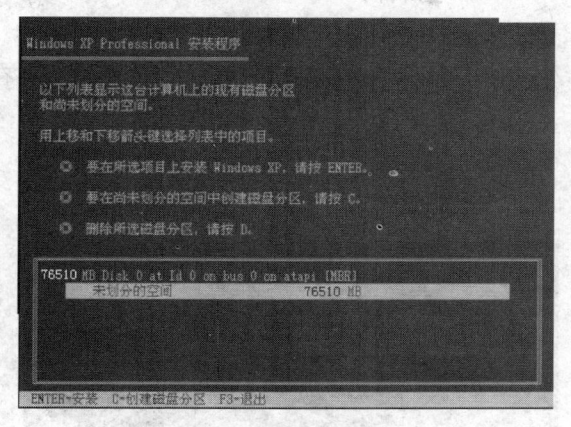

图 11-4　选择系统安装分区

新买的硬盘还没有进行分区,所以首先要进行分区。按 C 键进入如图 11-5 所示的硬盘分区划分的界面。

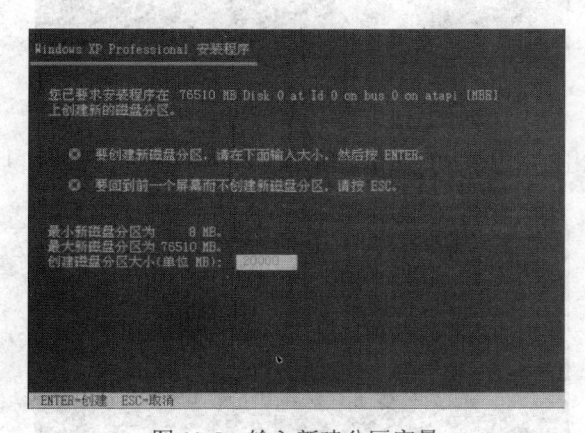

图 11-5　输入新建分区容量

创建好分区后,就可以选择要安装系统的分区了。这里选择刚才创建的分区,按回车键后出现如图 11-6 所示的界面。

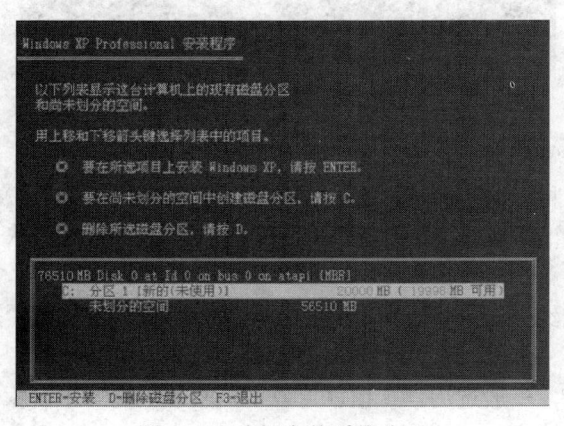

图 11-6　选择安装系统分区

选择在 C 盘安装 Windows XP，在高亮条上回车即可。

在选择好系统的安装分区之后，就需要为操作系统选择文件系统了，在 Windows XP 中有两种文件系统供选择：FAT32、NTFS。从兼容性上来说，FAT32 稍好于 NTFS；而从安全性和性能上来说，NTFS 要比 FAT32 好很多。因此推荐选择 NTFS 格式。在图 11-6 中，回车后，出现如图 11-7 所示界面。

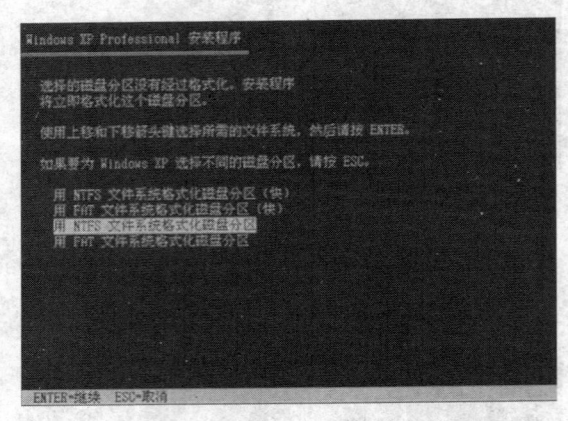

图 11-7　选择 NTFS 文件系统

在图 11-7 所示界面中，选择 NTFS 文件系统后，回车，出现如图 11-8 所示的复制安装文件界面。

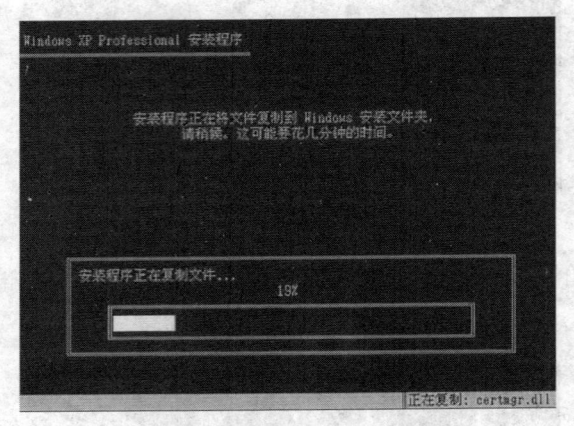

图 11-8　复制安装文件

开始复制文件，文件复制完后，安装程序开始初始化 Windows 配置。然后系统提示将会自动在 15 秒后重新启动，此时为加快安装速度，可按回车马上重新启动。重新启动后，出现如图 11-9 所示界面，此界面是一个不停更换的画面，此画面中的内容都是微软公司在向广大用户介绍 Windows XP 的特点。

经过一些介绍后，大约三四分钟之后，将出现如图 11-10 所示界面，并提示还需约 33 分钟安装完成。

在区域和语言选项中，一般选用默认值就可以了，直接单击"下一步"按钮，出现如图 11-11 所示界面。

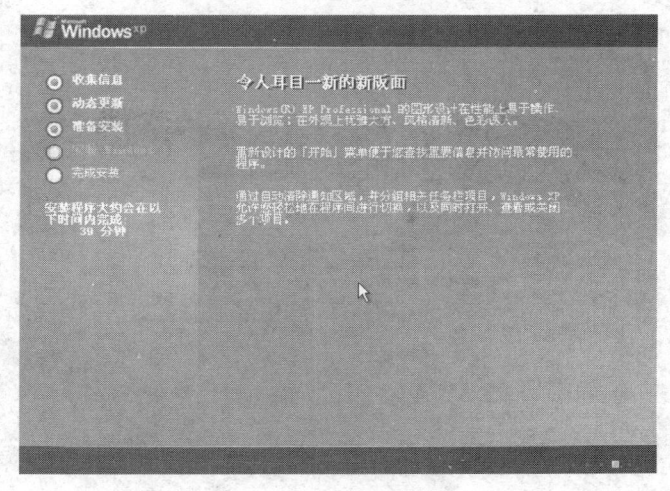

图 11-9　正在安装的界面

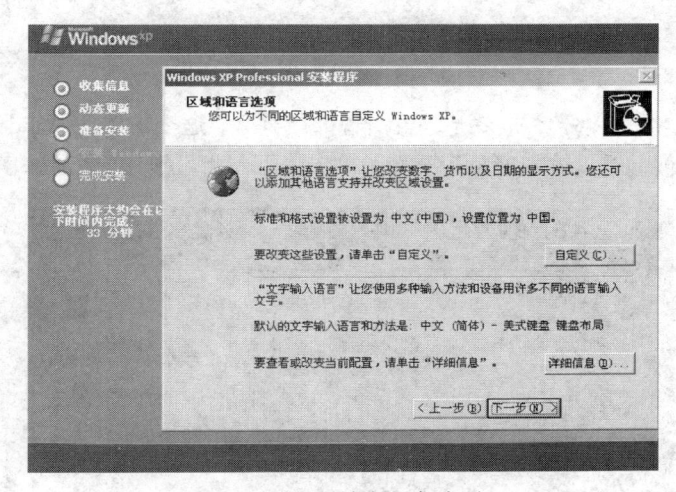

图 11-10　区域和语言选项

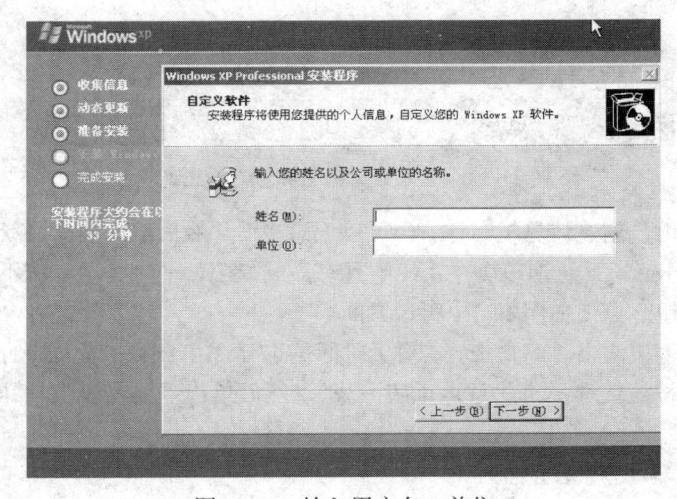

图 11-11　输入用户名、单位

这里输入设计好的姓名和单位,这里的姓名是以后注册的用户名,单击"下一步"按钮,出现如图 11-12 所示界面。

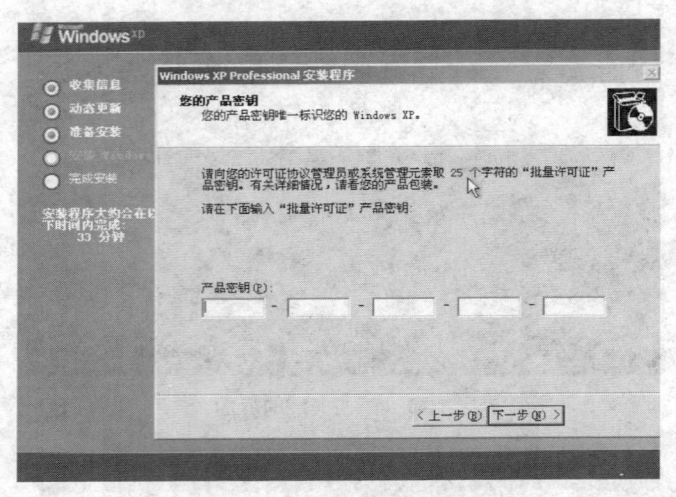

图 11-12 输入产品密钥

正常安装要求输入产品密钥,也就是平常所说的序列号。这个密码在 Windows XP 的安装光盘中都按不同的方式提供。这里输入安装序列号,单击"下一步"按钮,出现如图 11-13 所示界面。

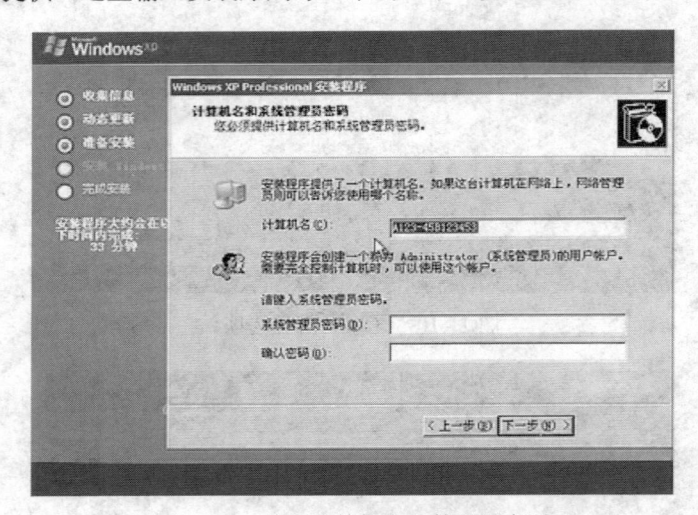

图 11-13 输入计算机名和管理员密码

安装程序自动为用户创建计算机名称,也可以任意更改,然后输入两次系统管理员密码,请记住这个密码,Administrator 系统管理员在系统中具有最高权限,平时登录系统不需要这个账号。接着单击"下一步"按钮,出现如图 11-14 所示界面。

日期和时间设置可按北京时间来选择,对于时区的选择,由于在中国大陆的各地方其时间都以北京时间为准,因此按默认选择"北京,重庆……",然后单击"下一步"按钮,出现如图 11-15 所示界面。

然后将出现如图 11-16 所示界面。

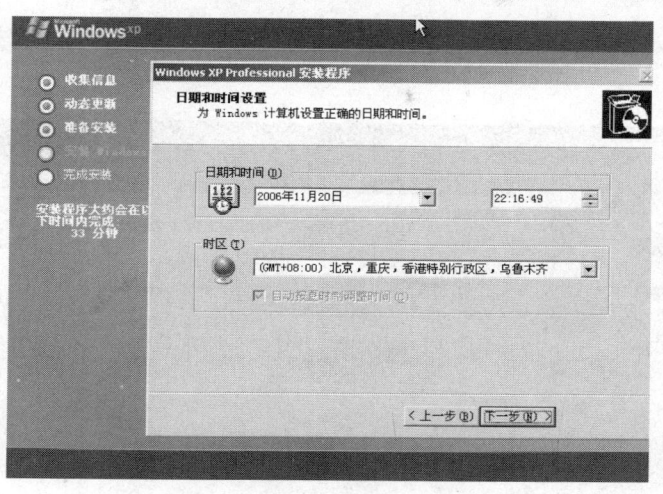

操作系统安装与维护的能力　　能力十一

图 11-14　设置时期和时间及时区

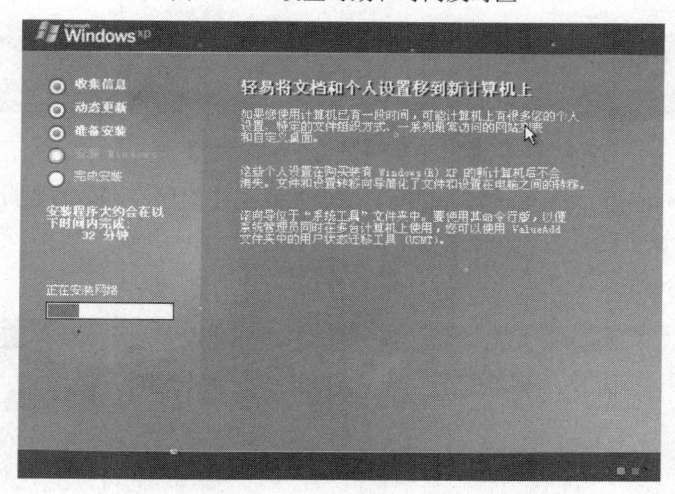

图 11-15　复制系统文件、安装网络系统

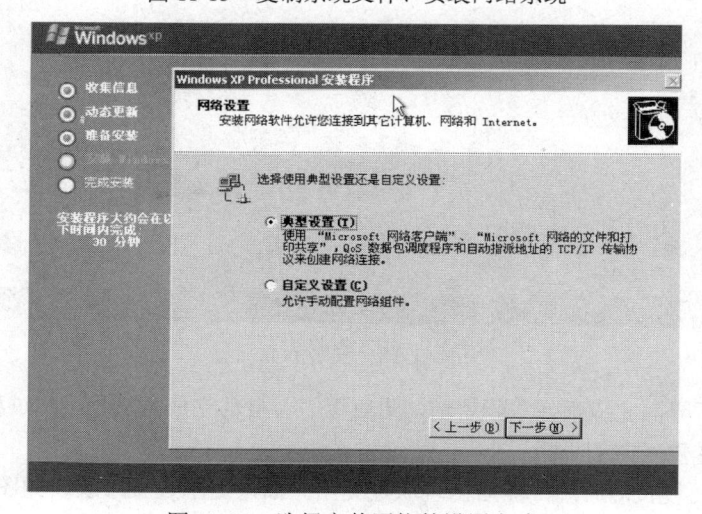

图 11-16　选择安装网络的设置方式

根据图 11-16 所示界面的提示信息，一般选择典型设置，然后单击"下一步"按钮，出现如图 11-17 所示界面。

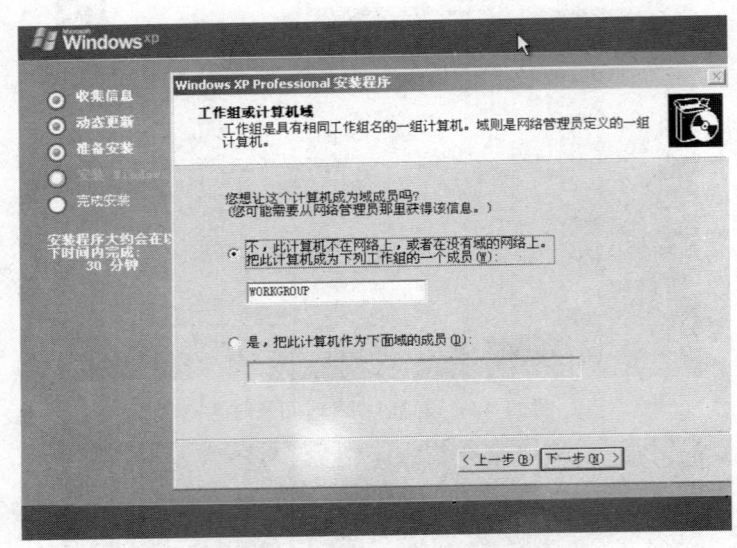

图 11-17　设置此计算机所属网络性质

在图 11-17 所示界面中，输入一个工作组名（当然此工作组已存在，并且此计算机准备要加入此工作组；如果此计算机要加入一个已存在的域，则选下一项，并输入域名），并单击"下一步"按钮，出现如图 11-18 所示界面。

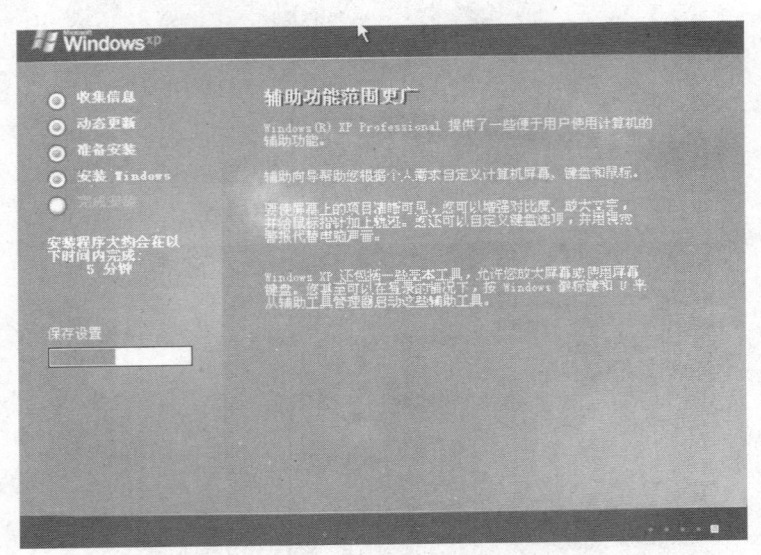

图 11-18　安装界面

在图 11-18 所示界面完成后，重新启动，此后程序会自动完成全过程，此过程不再需要用户的参与了。图 11-19 是重新启动界面。

第一次启动需要较长的时间，然后出现欢迎使用画面，提示设置系统，如图 11-20 所示。

单击图 11-20 所示界面右下角的"下一步"按钮，出现设置上网连接界面，如图 11-21 所示。

操作系统安装与维护的能力　　能力十一

图 11-19　重启界面

图 11-20　系统设置

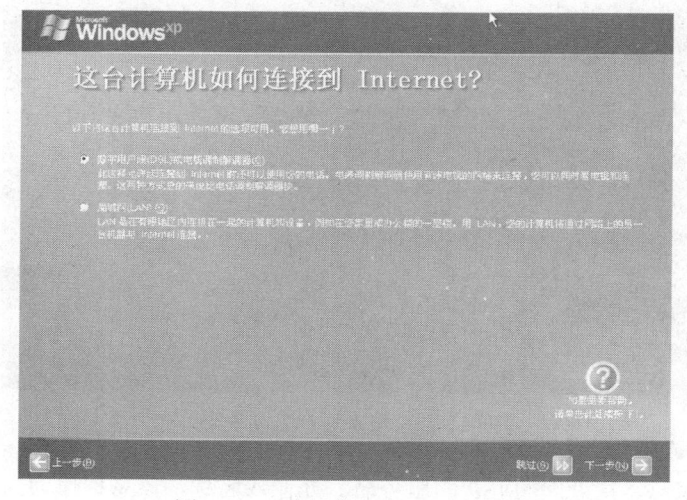

图 11-21　选择接入 Internet 方式

169

在图 11-21 中，前一选项是本计算机直接与 Internet 采用 ADSL 或 Cable Modem 相连接，也就是个人用户一般在电信营运商（如电信、移动、联通、铁通等）处申请的宽带上网方式就选此项，如果是单位用户，一般是接入单位的局域网，再接入 Internet，则在此选局域网方式入网。如果此时还没有确定是哪种方式入网，可单击下方的"跳过"按钮，让 Windows XP 安装完成后再去设置入网方式。现假设已申请了通过宽带连入 Internet，则选第一项"数字用户线（ADSL）或电缆调制解调器"，单击"下一步"按钮，如图 11-22 所示。

图 11-22　选择接入方式

在图 11-22 所示界面下单击"下一步"按钮，如图 11-23 所示。

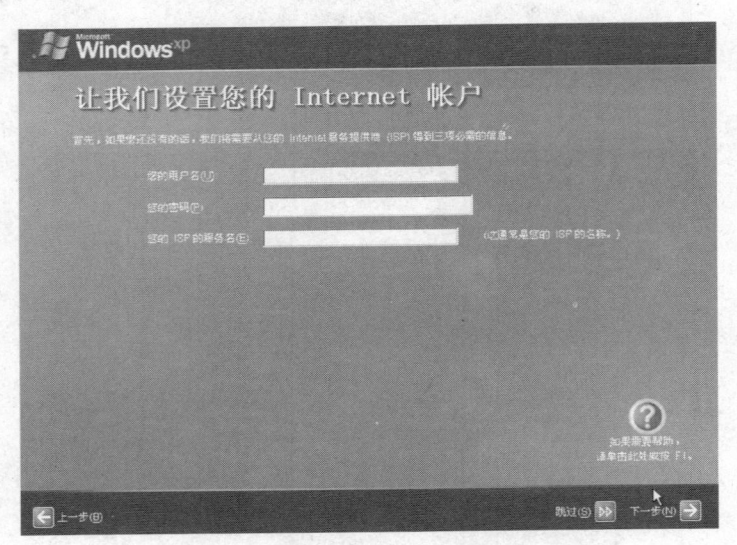

图 11-23　填入用户名和密码

输入用户名和密码，在"您的 ISP 的服务名"处输入名称，该名称作为拨号连接快捷菜单的名称，例如取名为"宽带连接"作为该连接的名称，然后单击"下一步"按钮，如图 11-24 所示。

操作系统安装与维护的能力 | 能力十一

图 11-24 激活 Windows

微软为了减少 Windows 盗版，需要将刚安装好的 Windows 激活后使用，当然即使不激活也有 30 天的试用期。这里选择"否，请等候几天提醒我"，单击"下一步"按钮，出现如图 11-25 所示界面。

图 11-25 输入使用此计算机的用户名

在此输入自己用来登录计算机的用户名，单击"下一步"按钮，出现如图 11-26 所示界面。

单击"完成"按钮后，Windows XP 安装完毕。系统将注销并重新以新用户身份登录。登录后桌面如图 11-27 所示。

此时桌面上就只有回收站一个图标，可以将一些常用的图标或快捷方式放置在桌面上，以方便日常使用。

在桌面上单击"开始"→"连接到"，如图 11-28 所示。

171

图 11-26　安装完成

图 11-27　Windows 初始桌面

图 11-28　创建快捷方式

然后右键单击"宽带连接"→"发送到桌面"快捷方式,然后可见如图 11-29 所示界面。

图 11-29　创建宽带连接快捷方式

在图 11-29 所示桌面空白处单击鼠标右键,在弹出的菜单中选择"属性",即打开"显示'属性'"对话框,如图 11-30 所示。

图 11-30　显示属性

单击"桌面"选项卡,出现如图 11-31 所示界面。

图 11-31　设置桌面属性

单击"自定义桌面"按钮，出现如图 11-32 所示界面。

图 11-32　设置桌面项目

在图 11-32 中，将"我的文档"、"我的电脑"、"网上邻居"和"Internet Explorer"四个项目选中，然后单击"确定"，再单击"确定"按钮，此时桌面上多了几个熟悉的图标，如图 11-33 所示。

图 11-33　常见的 Windows XP 桌面

至此，Windows XP 安装完成。

11.3.3　Windows 7 的安装

Windows 7 旗舰版属于微软公司开发的 Windows 7 系列中的终结版本，另外还有简易版、家庭普通版、家庭高级版、专业版。相比之下 Windows 7 旗舰版是功能最完善、最丰富的一款操作系统。Windows 7 旗舰版拥有 Windows 7 Home Premium 和 Windows 7 Professional 的全部功能，对硬件的要求也是最高的。

1. Windows 7 安装前的准备工作

同 Windows XP 安装时的准备工作相似，在此不再赘述。

2. 安装 Windows 7 系统

Windows 7 的安装方式有多种，可以通过光盘全新安装，可以在 Windows XP 或 Windows Vista 下全新安装，也可以采用 PE 方式安装，在此以光盘全新安装为例讲述 Windows 7 安装过程。

使用 Windows 7 中文旗舰版安装光盘启动系统，光盘启动后出现如图 11-34 所示界面。

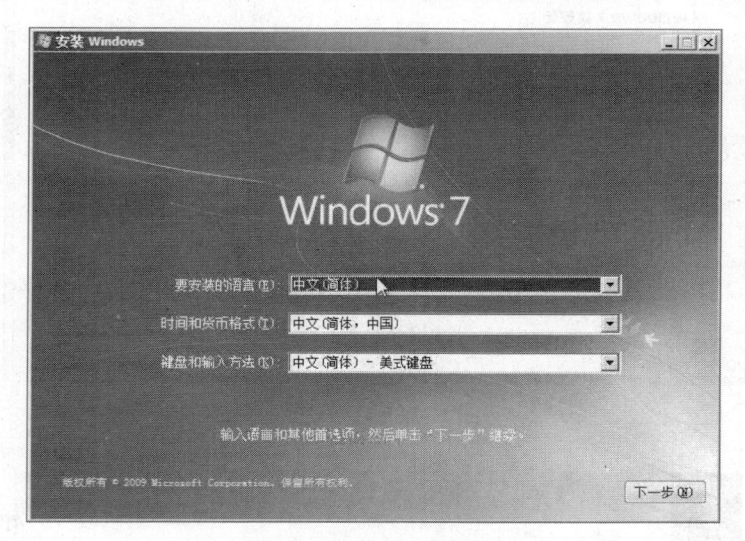

图 11-34　选择安装语言

在图 11-34 中选择语言为"中文（简体）"等之后，单击"下一步"按钮，出现如图 11-35 所示的安装界面。

图 11-35　安装界面

在图 11-35 中，单击"现在安装"，由于是全新安装，直接就进入了 Windows 7 的安装程序，如图 11-36 所示，如果从低版本 Windows 上升级安装就会有兼容测试等选项。

在图 11-36 所示界面中，勾选"我接受许可条款"，这里必须选择，因为不接受此协议就不能继续安装，然后单击"下一步"按钮，出现如图 11-37 所示界面。

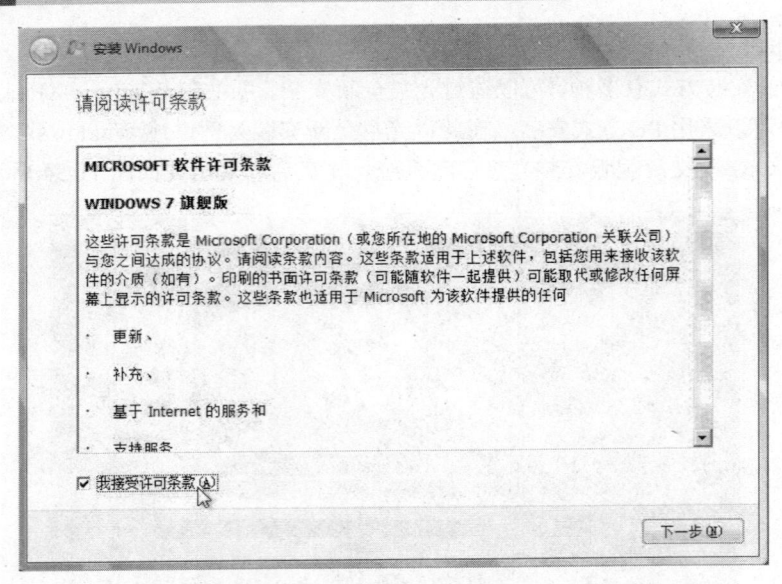

图 11-36 许可协议

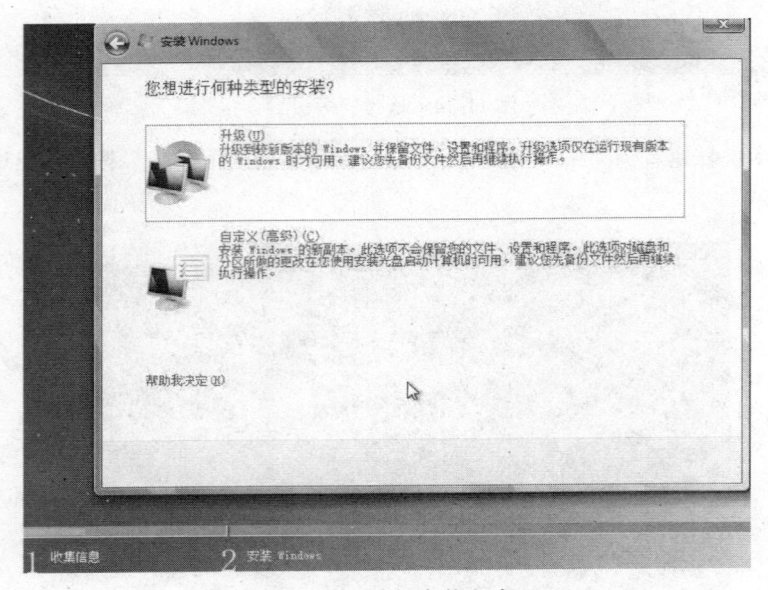

图 11-37 选择安装方式

  在图 11-37 所示界面中，选择安装方式，这里推荐选择自定义全新安装，因为 Windows 7 升级安装只支持已打上 SP1 补丁的 Vista，其他操作系统都是不可以升级的。选择"自定义（高级）"并单击"下一步"按钮，出现如图 11-38 所示界面。
  在图 11-38 中，单击下方的"驱动器选项（高级）"，出现如图 11-39 所示界面。
  在图 11-39 中，如果需要对系统盘进行某些操作：格式化、删除、加载驱动器等都可以在此操作，方法是单击驱动器盘符，然后单击下面的对应项目即可，从 Windows Vista 开始的格式化，默认的都是快速格式化为 NTFS 分区。在此单击"下一步"按钮后出现如图 11-40 所示界面。

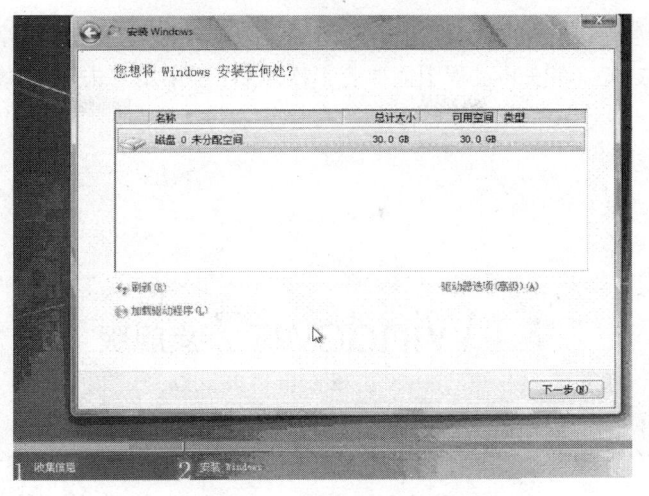

图 11-38　选择安装的分区

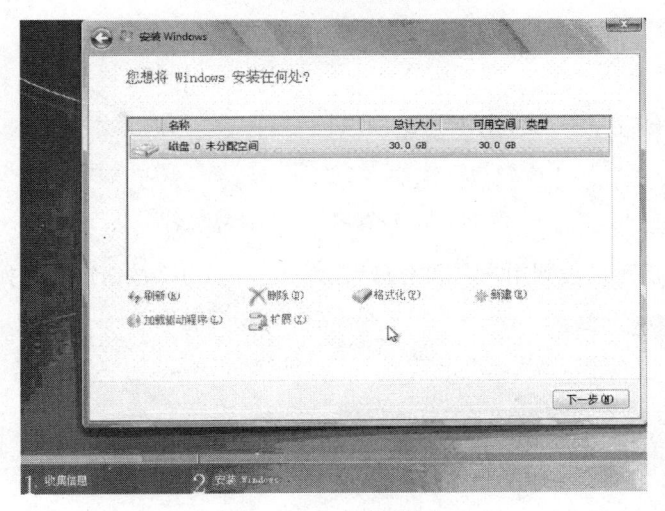

图 11-39　对分区操作

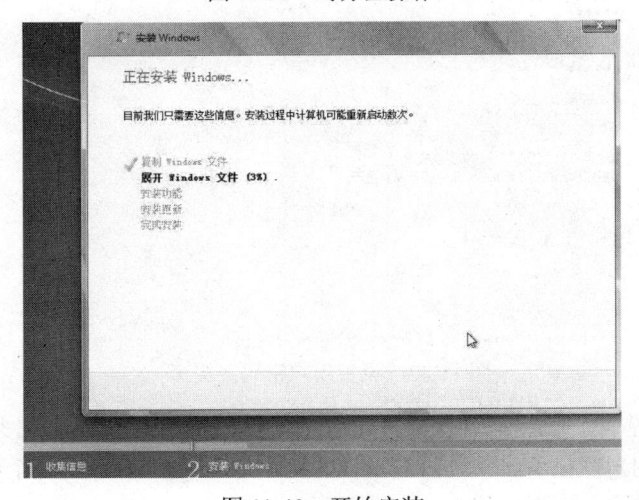

图 11-40　开始安装

安装过程大约需要 15 分钟的时间,这个时间的长短要根据计算机的硬件配置来确定,配置越好的计算机所需时间越短。在安装过程中需要有多次重启,不用用户去干预。然后将出现如图 11-41 所示界面。

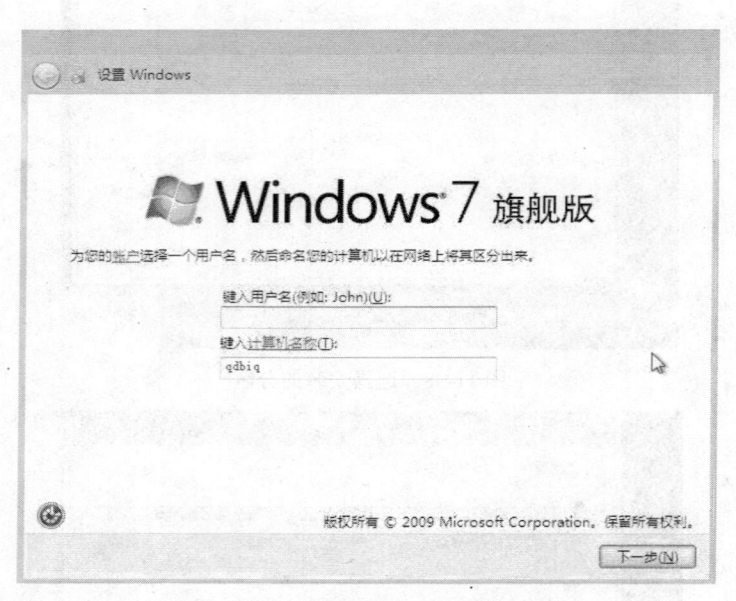

图 11-41　设置用户名和计算机名

在最后一次重启后可以设置用户名和密码等,单击"下一步"按钮后出现如图 11-42 所示界面。

图 11-42　设置用户密码及提示

在图 11-42 中,设置用户的密码和密码提示信息。这个密码提示信息是必须的,当忘记密码时,可通过密码提示帮助用户回忆所设密码,这里设的提示是"QQ 密码",这个应该都能记住的吧!然后单击"下一步"按钮,出现如图 11-43 所示界面。

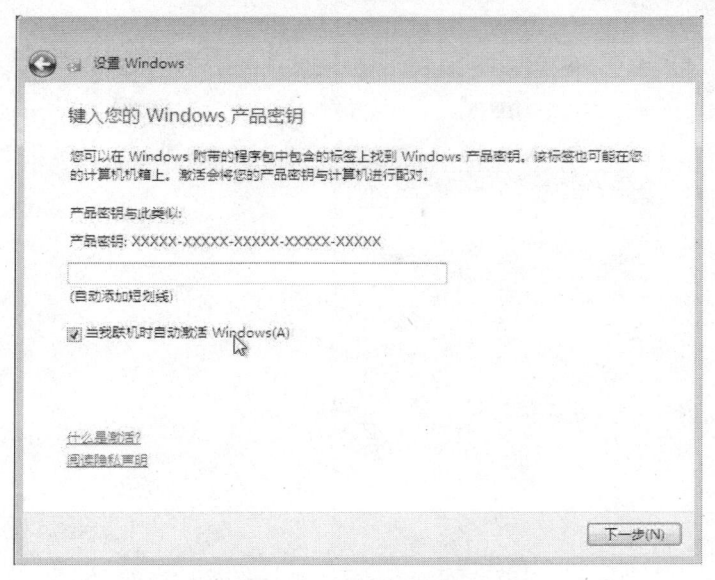

图 11-43　输入产品密钥

在此输入 Windows 7 的产品序列号,也可以暂时不输入,选择"当我联机时自动激活 Windows",单击"下一步"按钮,出现如图 11-44 所示界面。

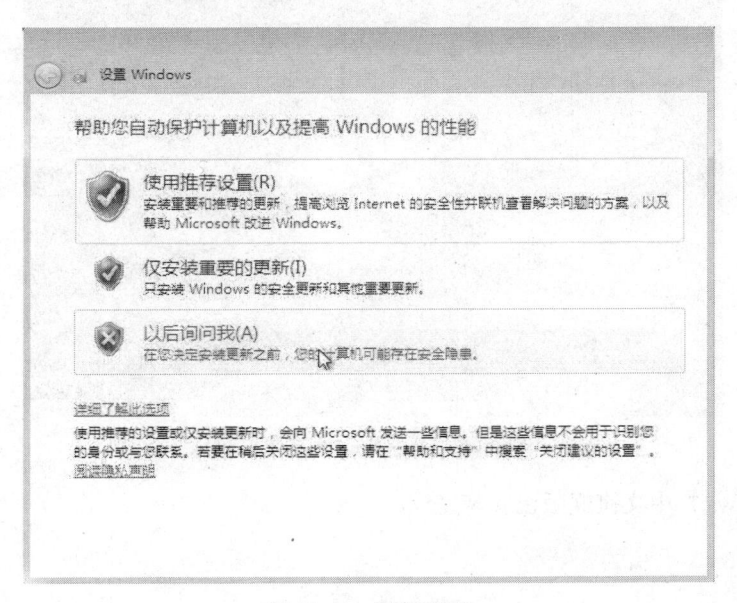

图 11-44　更新配置

这是关于 Windows 7 的更新配置,有三个选项:"使用推荐设置"、"仅安装重要的更新"和"以后询问我",这里选择"以后询问我"并单击"下一步"按钮,出现如图 11-45 所示界面。

在图 11-45 中选择时区,应选"北京,重庆……"这一项,接着开始配置日期和时间,检查一下是否设置正确,并单击"下一步"按钮,完成 Windows 7 的安装,出现如图 11-46 所示界面。

179

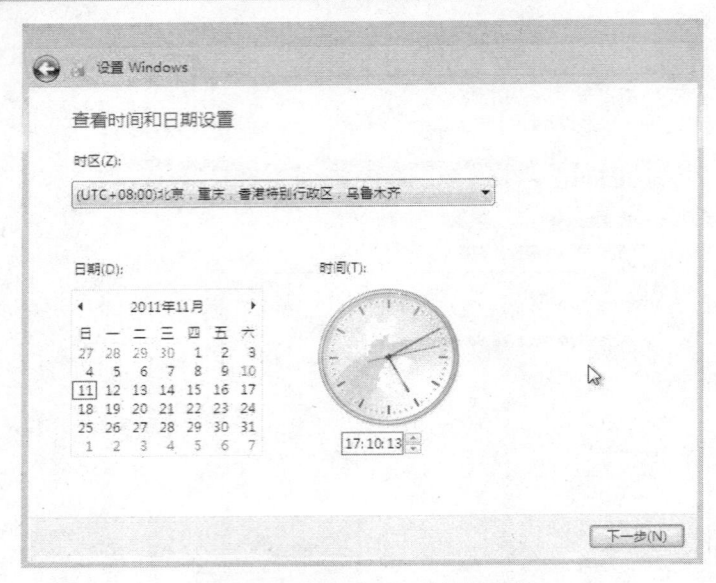

图 11-45 确定时区、时间和日期

图 11-46 Windows 7 系统桌面

至此，Windows 7 中文旗舰版已安装完成。

11.3.4 Ubuntu Linux 系统的安装

1. Linux 系统安装前准备好 Windows 系统硬盘分区

要在 Windows XP 系统下安装 Linux，首先要给 Linux 分出一个空白的硬盘空间，安装 Ubuntu 版本 Linux 的磁盘空间至少要有 4GB。

一般情况下，Windows 系统中的磁盘都是分区分好了的，所以在 Windows XP 系统中拿出除系统盘外的其他任何一个逻辑分区（需大于 4GB），用来安装 Ubuntu Linux 系统，这里选择了一个 20GB 大小的分区。需要注意的是要把此分区中的重要资料作好备份，然后清空。

2. 安装 Ubuntu Linux 系统

准备好 Ubuntu 安装光盘，以版本 Ubuntu 11.10 为例来安装。

（1）设置 BIOS 为光驱引导。

（2）将光盘放入光驱，重启计算机，进入 Ubuntu 安装界面。

（3）选择安装 Ubuntu 系统，其中选择语言为"中文简体"，选择时区为"中国上海"，键盘布局选择默认。

（3）准备硬盘空间，也就是打算将 Ubuntu 11.10 安装在哪个分区中，选择手动指定分区（高级）。

（4）单击选中前面在 Windows XP 系统下准备好的分区，最后一个盘（也就是上面留出的 G 盘），显示为/dev/sda7，右键选择"删除"，此时这个分区变为空闲状态，就可以给 Linux 分区了。

（5）双击空闲的分区，在弹出的对话框中建立 Linux 分区，一般 Linux 系统至少要建立 2 个分区，一个根分区，一个交换分区（SWAP），建议创建 4 个分区：

①根分区（Mount Point 挂载点选择）/：这个分区是必须的，是用来安装系统文件的分区，文件系统可以选择 ext3，用 20GB 中的 12GB 来作为根分区。

②交互分区（在文件系统栏中选择 swap），这个分区为必须，相当于 Windows 系统中的虚拟内存，这里使用 800MB 作为交互分区，文件系统选择交换空间即可。

③引导分区（Mount Point 挂载点）/boot：这个分区用于存放引导 Linux 的内核文件，这里可分 200MB 作为引导分区，文件系统选择 ext2。

④用户分区（Mount Point 挂载点）/home：将剩下分区空间全部作为用户分区。

（6）分区创建完成后，填写用户信息和设置登录密码。

（7）接下来是文件迁移向导，选择是否从 Windows 系统中载入账户配置等。

（8）然后就是确认设置是否正确，确认后就开始安装，安装大概需要半小时。

（9）安装完毕，系统提示重启计算机。

（10）计算机重启后，会自动弹出光盘，就进入了 Windows 系统和 Linux 系统选择界面，双系统安装完毕。

11.3.5 操作系统的维护

操作系统在使用的过程中，总是伴随有各种各样的问题产生，如以下一些问题：

是否因安装卸载软件或上网产生了大量垃圾；是否被恶意网页和恶意插件修改，是否遭受过木马的潜入；是否注册表庞大而且错误众多；是否内存大但仍然频繁报告内存不足；是否硬件配置足够但仍然感觉不够强劲等诸多问题？万一系统崩溃，连操作系统都进不去，该如何挽救？

针对上述问题，现在已有许多种免费且好用的软件，在此以 QQ 电脑管家为例，对系统维护作一了解。

QQ 电脑管家对操作系统安全、上网安全、病毒木马防护和软件安全等进行保护，具有智能卸载、文件清理、文件修复、广告截杀、垃圾清理、注册表修复、无效链接清理、驱动管理、内存管理、进程管理、服务管理、文件加解密、文件粉碎、系统减肥、系统优化、文件快速拷贝、定时专家、系统保护、网络防火墙等 20 多种强大的功能。下面仅简单举例说明。

1. 查杀木马

开启 QQ 电脑管家后，如图 11-47 所示。

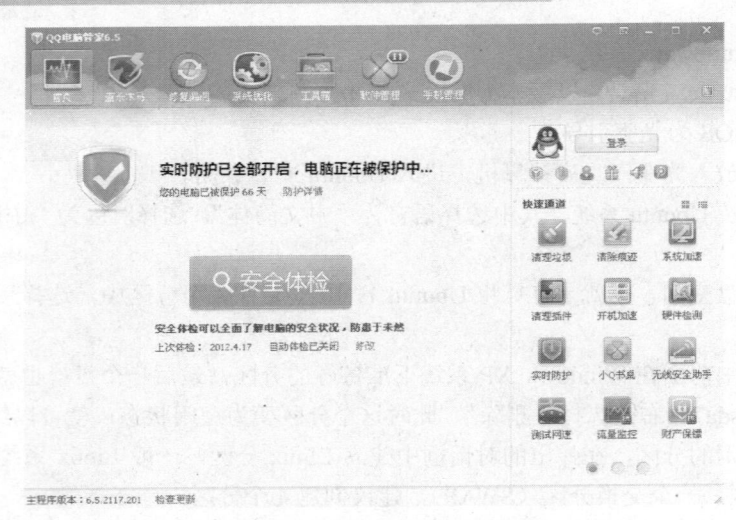

图 11-47　启动 QQ 电脑管家

在图 11-47 中，单击"查杀木马"项，出现如图 11-48 所示界面。

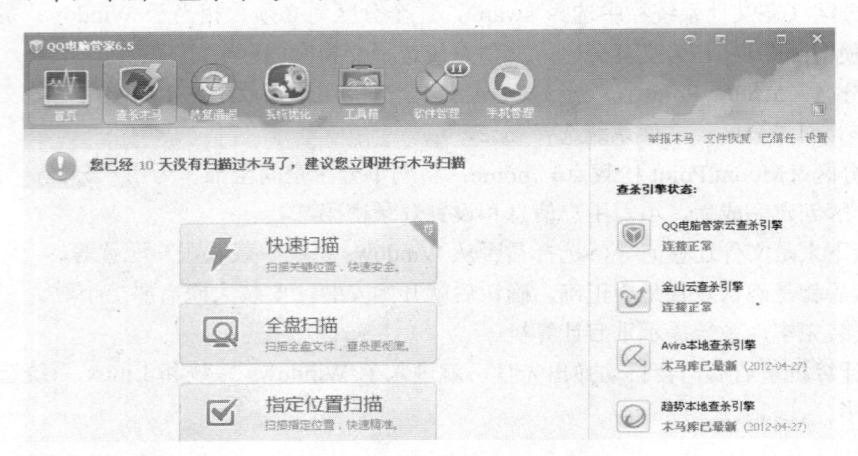

图 11-48　查杀木马

在图 11-48 中，有"快速扫描"、"全盘扫描"和"指定位置扫描"三种方式，每种方式的功能图上已有说明，一般情况下，在操作系统运行稳定时，可选"快速扫描"，而发现操作系统有问题时，可选"全盘扫描"或"指定位置扫描"。

在单击"快速扫描"后，出现如图 11-49 所示界面。

在图 11-49 中，可见到扫描的项目、扫描的状态以及扫描后是否安全的报告。在扫描完成后，出现如图 11-50 所示的界面。

如果在图 11-50 中出现的是发现风险的报告，则可根据提示操作后，由 QQ 电脑管家进行自动处理，非常安全方便。

2. 安全体检

安全体检功能可以全面了解计算机的安全状况，防患于未然。

在打开 QQ 电脑管家后的首页界面中，单击"安全体检"图标，出现如图 11-51 所示界面。

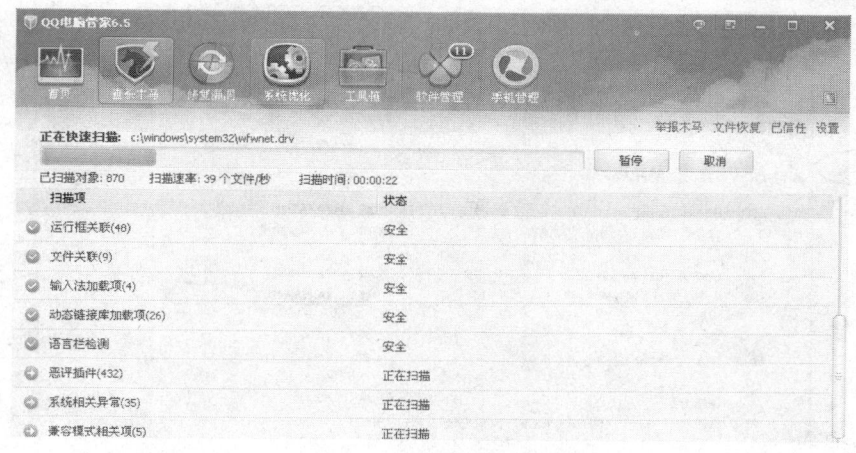

图 11-49　木马快速扫描

图 11-50　快速扫描完成

图 11-51　安全体检

在图 11-51 中，可见到对各种软件、文件和安全项都在进行检查，在此已发现 11 款软件没有使用最新版，系统中存在垃圾文件等问题，在体检完成后，单击图 11-51 中的"查看详情"，可出现如图 11-52 所示界面。

在图 11-52 中，可逐个选择需升级的软件，也可单击左下方的"全选"框，接着单击右下方的"升级选中软件"，将所有报告的软件全部升级。然后就由 QQ 电脑管家完成软件的下载和升级功能，在这个过程中，可能需要用户根据提示进行一些必要的简单操作。

183

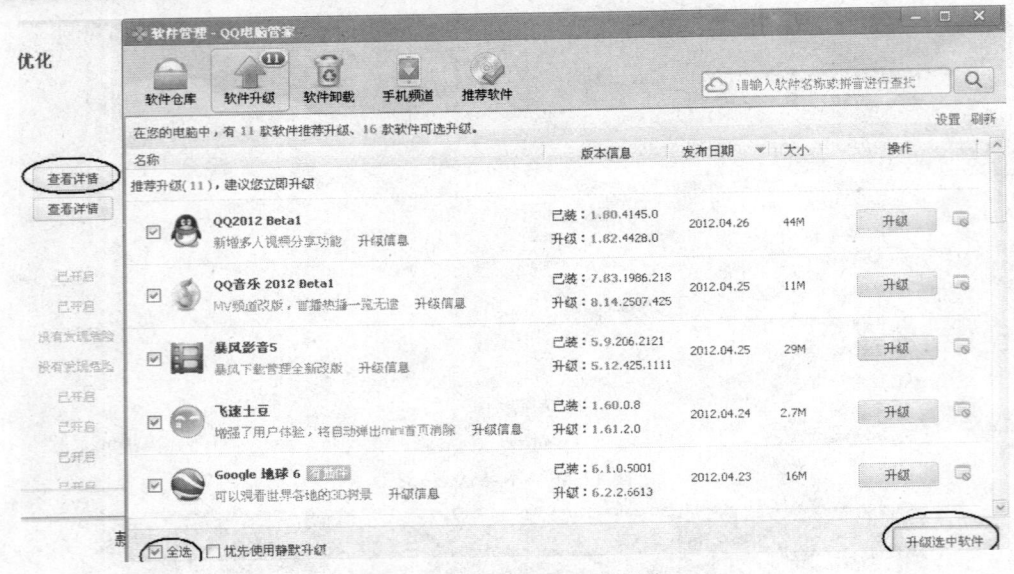

图 11-52　选择需升级的软件

QQ 电脑管家还有漏洞修复、系统优化、工具箱以及其他功能，可根据需要进行自行操作处理。

11.4　能力鉴定考核

考核以现场操作为主，知识测试（30%）+现场认知（70%）。

知识考核点：Windows XP 的特点，Windows 7 的特点，Linux 的分类和特点。

现场操作：安装 Windows XP，安装 Windows 7，在 Windows XP 系统下安装 Linux 操作系统，以及操作系统的维护的能力。

11.5　能力鉴定资源

一台完整的能正常开启的计算机，一个可以进行安装操作系统练习的硬盘，Windows XP 安装光盘，Windows 7 安装光盘以及 Ubuntu Linux 的安装光盘。

能力十二
系统故障诊断和常见故障处理的能力

12.1 能力简介

此能力为实际工作应用能力,学习完此能力后,要求能具有:了解计算机故障的基本检查步骤;掌握计算机检修中的安全措施;掌握系统故障的常规检测方法;计算机系统常见故障及分析和解决这几个方面的能力。

12.2 能力知识构成

计算机系统故障分为计算机硬件故障和软件故障,对其诊断和常见故障的处理是学习和掌握本课程的重点要求,下面将逐一讲解其维护与维修过程。

12.2.1 维护准备

1. 维护工具准备

进行计算机故障处理的工作,一般都有一套必备的工具,这些工具包括硬件的和软件的。

从硬件方面来讲,主要有镙丝刀、尖嘴钳、清洗液、小毛刷、镙丝钉、小盒子等。

从软件方面来讲,常用的操作系统安装光盘、各种工具软件等。

在对计算机进行维护之前,有了这些维护工具,将会使得维护工作得以顺利开展,否则在面对出现故障的计算机时,将会出现巧妇难为无米之炊的境地。

2. 维护注意事项

(1)确保计算机使用环境良好,环境对计算机的影响不可忽视,对于环境的要求分为五个方面。

温度:理想的使用温度应在 10~35 度,否则应使用空调保证温度符合此要求。

湿度:计算机的理想湿度应在 30%-80%,湿度过高会影响计算机配件性能发挥甚至短路,湿度太低会产生静电。

洁净度:空气中的灰尘也是计算机硬件的影响因素,灰尘太大会腐蚀电路板,需要定期打扫清洁。

电磁干扰：由于硬盘采用的是磁存储方式，强磁场将会导致其数据丢失；显示器遇到强磁场时会抖动或偏色。

电源：计算机正常的交流电范围是220V左右，频率在50Hz左右，并且接地良好，如果有必要，有条件情况下最好具有UPS来保护计算机的运行。

（2）良好的使用习惯，包括：正确的开关机；系统非正常退出应即时用工具软件进行硬盘扫描以修复错误；注意病毒防护；重要数据的备份；保证计算机使用环境的卫生；定期对计算机采用像前面所讲的QQ电脑管家等软件进行系统维护。

12.2.2 维护的步骤和原则

1. 计算机故障的基本检查步骤

计算机故障的基本检查步骤应该是先软件，后硬件的步骤，一般计算机出现故障，90%以上都是软件故障。

软件故障主要有以下几个方面：

（1）误操作引起的系统故障，如系统文件被误删、更改等。

（2）病毒、木马引起的故障，在系统受到病毒的破坏和木马的入侵后，计算机将出现异常现象，如速度变慢，文件丢失，硬盘空间突然不够使用，账号信息丢失，密码泄漏等。

（3）CMOS参数设置不当。

（4）操作系统长时间使用而未进行系统管理，导致垃圾文件过多，系统瘫痪。

（5）驱动程序安装不正确导致硬件不能正常工作。

（6）软件与硬件的兼容性问题。

硬件故障主要是指计算机系统的器件物理失效，或其他参数超过极限值所产生的故障。如元器件失效后造成电路短路、断路；元器件参数漂移超过允许范围使主频时钟变化；由于电网波动，使逻辑关系产生混乱等。

硬件故障主要包括以下几方面。

（1）元器件损坏引起的故障

计算机中，各种集成电路芯片、电容等元器件很多，若其中有功能失效、内部损坏、漏电、频率特性变坏等，微机就不能正常工作。

（2）制作工艺引起的故障

焊接时，虚焊、焊锡太近、积尘受潮时漏电、印刷版金属孔阻值变大、印刷版铜模有裂痕、日久断开、各种接插件的接触不良等工艺引起的故障。

（3）疲劳性故障

机械磨损是永久性的疲劳性损坏，如打印针磨损、色带磨损、磁盘、磁头磨损、键盘按键损坏等。电气、电子元件长期使用的疲劳性损坏，如显像管荧光屏长期使用发光逐渐减弱、灯丝老化；电解电容日久电解质干涸；集成电路寿命到期；外部设备机械组件的磨损等。

（4）电磁干扰

交流电源附近电机启动又停止，电钻等电器的工作，都会引起较大的电磁波干扰。另外，布线电容、电感性元器件也会引起电磁波干扰，从而使电磁波误翻转，造成错误。

（5）机械故障

机械故障通常发生在外部设备中，而且这类故障也比较容易发现。

系统外部设备的常见机械故障有：
①打印机断针或磨损、色带损坏、电机卡死、走纸机构失灵等。
②软盘驱动器磁头磨损或定位偏移。
③键盘按键接触不良、弹簧疲劳导致卡键或失效等。

（6）存储介质故障

这类故障主要是由软盘或硬盘磁介质损坏而造成的系统引导信息或数据信息丢失等原因造成的故障。

（7）人为故障

人为故障主要是由于机器的运行环境恶劣或者用户操作不当产生的，主要原因是用户对机器性能、操作方法不熟悉。所涉及的问题包括：

①电源接错。例如，把±5V的电源部件接到±12V等。这种错误大多会造成破坏性故障，并伴有火花、冒烟、焦臭、发烫等现象。

②带电操作。在通电情况下，随意插拔外设板卡或集成块芯片造成人为的损坏，如硬盘运行的时候突然关闭电源或搬运主机箱，致使硬盘磁头未退至安全区而造成损坏。

③直流电源插头或I/O通道接口接反或位置插错；各种电缆线、信号线接错或接反。例如将硬盘的电源线接反。

④初学者使用不当。

计算机硬件故障一般表现为计算机无法开机，无显示，声卡不发声音，不能上网等。在分析时应先确定是系统中哪一部分出了问题，例如主板、电源、磁盘驱动器、硬盘驱动器、光驱、显示器、键盘、打印机等。先确定了故障的大致范围后，再作进一步检测。

在进一步检测中，需要判断是哪个具体的部件出了问题。例如：如果判断是一台微机的主板出现了故障，则进一步检测是主板中哪一部分的问题，如CPU、内存、Cache、接口部件等。

最后确定是什么问题，找出故障点。例如是内存故障，是内存的芯片损坏，还是引脚接触不良等。

2. 计算机检修中的安全措施

在计算机检修过程中，无论是微机系统本身，还是所使用的维护设备，它们既有强电系统，又有弱电系统，维护中的安全将是十分重要的问题。

在维护工作中的安全问题主要有三方面的内容，即维护人员的人身安全，被维护计算机系统的安全，所使用的维护设备特别是贵重仪表的安全。

在进行维护的实际操作过程中，还有以下问题必须特别注意：

（1）不要带电插拔各插卡和插头

带电插拔各控制插卡很容易造成芯片的损坏。因此在加电情况下，插拔控制卡会产生较强的瞬间反激电压，足以把芯片击毁。同样，带电插拔打印机接口、串行口、键盘接口等外部设备的连接电缆常常是造成相应接口损坏的直接原因。

（2）机内高电压

机内高压系统是指市电220V的交流电压和显示器1万伏以上的阳极高压。这样高的电压无论是对人体、计算机或维护设备，都将是很危险的，必须引起高度重视。

在对计算机作一般性检查时，能断电操作的尽量断电操作，在必须通电检查的情况下，注意人体和器件安全，对于刚通电又断电的操作，要等待一段时间，或者预先采取放电措施，待有关贮能软件（如大电容等）完全放电后再进行操作。

12.2.3　系统故障的常规检测方法

由于现在计算机的维修大都是更换硬件,或者是对计算机的软硬件进行重新设置以及重新安装软件,因此计算机维护的主要工作在于判断故障源。而对故障源的判断并不容易,应该掌握一些检测的方法。下面介绍这方面的内容。

1. 软件检测法

只要微机还能够进行正常的启动,采用一些专门为检查诊断机器而编制的软件来帮助查找故障原因,这是考核机器性能的重要手段和最正常的方法。

软件检测法是采用通用的测试软件(如 QAPlus、Sysinfo 等),或者系统专用检查诊断程序来帮助寻找故障,这种程序一般具有多个测试功能模块,可对处理器、存储器、显示器、软盘驱动器、硬盘、键盘和打印机等进行检测,通过显示错误代码、错误标志以及发出不同的声响,为用户提供故障原因和故障部位。

除通用的测试软件之外,很多计算机都配置有开机自检程序,计算机厂家也提供一些随机的高级诊断程序。利用厂家提供的诊断程序进行故障诊断可方便地检测到故障位置。

2. 插拔法

插拔法是通过将插件板或芯片"拔出"或"插入"来寻找故障原因的方法。采用该方法能迅速找到故障发生的部位,从而查到故障的原因。此方法虽然简单,但却是一种非常实用而有效的常用方法。例如,若微机在某时刻出现"死机"现象,很难确定故障原因,从理论上分析故障原因是很困难的,有时甚至是不可能的。采用"插拔法"有可能迅速查找到故障的原因及部位。

插拔法的基本做法是对有故障的系统一块一块地依次拔出插件板,每拔一次,则开机测试一次机器状态。一旦拔出某块插件板后,机器工作正常了,那么故障原因就在这块插件板上,很可能是该插件板上的芯片或有关部件有故障。

插拔法步骤如下:

(1)首先切断电源,先将主机与所有的外设连线拔出,再合上电源。若故障现象消失,则检查外设及连接线是否有碰线、短路、插针间相碰等短路现象。若故障现象仍然存在,问题在主机或电源本身,关机后继续进行下一步检查。

(2)将主板上的所有插件板拔出,再合上电源。若故障现象仍然存在,则应检查主板与机箱之间、电源与机箱之间有无短路现象,若没有发现问题,则可断定是电源直流输出电路本身的故障。

(3)对从主板上拔下来的每一块插件进行常规自测,仔细检查是否有相碰或短路现象。若无异常发现,则依次插入主板,每插入一块都开机观察故障现象是否重新出现,即可很快找到有故障的插件板。

无论是对微机的哪一部件,每次拔、插系统主板及外部设备上的插卡或器件时,都一定要关掉电源后再进行。

3. 直接观察法

直接观察法就是通过眼看、耳听、手摸、鼻闻等方式检查机器比较典型或比较明显的故障。如观察机器是否有火花、异常声音、插头及插座松动、电源损坏、断线或碰线、插件板上元件发烫、烧焦或封蜡熔化、元件损坏或管脚断裂、机械损伤、松动或卡死、接触不良、虚焊等现象。必要时可用小刀柄轻轻敲击怀疑有接触不良或虚焊的元器件,然后再仔细观察故障的变化情况。

计算机上一般器件发热正常温度在器件外壳上不超过 40~50℃,手指摸上去有点温度,但不烫手。如果手指触摸器件表面烫手，则该器件可能因为内部短路，电流过大而发热，应该将该器件换下来。

对电路板要用放大镜仔细观察有无断线、焊锡片、杂物和虚焊点等。观察器件表面的字迹和颜色，如发生焦色、龟裂或字迹颜色变黄等现象，应更换该器件。

耳听一般要听有无异常的声音，特别是风扇、软盘驱动器和硬盘驱动器等部件。如有撞击或其他异常声音，应立即停机处理。

4. 替换法

替换法是用备份的好插件板、好器件替换有故障疑点的插件板或器件，或者把相同的插件或器件互相交换，观察故障变化的情况，依次来帮助用户判断寻找故障原因的一种方法。

计算机内部有不少功能相同的部分，它们是由完全相同的一些插件或器件组成。例如，内存条及芯片由相同的插件或 RAM 芯片组成，在外设接口板中串行接口（或并行接口）也是相同的，其他逻辑组件相同的就更多了，如果故障发生在这些部分，用替换法能较迅速地查找到。若替换后故障消失，说明换下来的部件有问题；若故障没有消失，或故障现象有变化，说明换下来的插件值得怀疑，须进一步检查。替换可以是芯片级的，如 RAM 芯片或 CPU 等；替换也可以是部件级的，如两台显示器交换，两个键盘、两个软盘驱动器交换等。这种方法方便可靠，尤其对检测外设板卡和在印制板上带有插座的集成块芯片等部位出现的故障是十分有效的。

5. 比较法

比较法适用于对怀疑故障部位或部件不能用交换法进行确定的场合，如某部件、器件很难拆卸和安装，或拆卸和安装后将会造成该器件或部件损坏，这时只能使用比较法。一般情况下，两台机器要处于同一工作状态或外界条件，当怀疑某部件或器件有故障时，分别测试两台机器中相同部件或器件的相同测试点，将正常机器的特征与故障机器的特性进行比较，来帮助判别和排除障碍，以便能够较快地发现故障所在。

6. 静态检测法

静态检测法有以下几个方面：当微机暂停在某一状态下，系统不能正常运行，但某些静态参数仍可测出时，从测出数据判断是否有故障；把有问题的晶体管或芯片焊下来，用仪表测量其静态参数是否正常；测量组件的静态电阻、电路板各点对地电阻以及测量电源输出电压和电流，对比是否正常。

7. 动态分析法

设置一些条件或编制一些简单的程序，使微机运行。用示波器（或逻辑分析仪）观察有关器件的输入、输出波形。若输入正常，而输出不正常，则故障就在此器件上。此法适用于检查器件动态参数不正常而引起的故障，此时静态法检查不出来。

8. 加快显故法

有些故障不是经常出现的，要很长时间才能确诊。因此，采取加快故障显现的措施，以便诊断，一般有三种方法：

（1）升温法

用电吹风或电烙铁，使个别器件温度升高，加速故障显现，此法对于器件性能变差引起故障很适用。这些器件开机时工作正常，时间长了，温度升高，参数改变，就会出故障。逐个升温，观察是哪个器件故障。但是要注意掌握温度，一般不用超过 70℃。若温度太高，会损坏器件。

（2）敲击法

此法适用于接触不良、虚焊引起的故障。具体方法是用小锤子逐个轻敲插件板和器件，在正常工作时，敲到哪一个出故障，就是这个引起的。若不正常时，敲到哪一个变正常了，就是这个引起的。

（3）电源拉偏法

此法适用于器件性能变差和各种干扰引起的故障。故意将电源电压升高或降低 20%，使工作条件恶劣，加快故障显现，以便查找。

9. 原理分析法

按照计算机的基本原理，根据机器所安排的时序关系，从逻辑上分析各点应有的特征，进而找出故障原因，这种方法称为原理分析法。

例如，计算机出现不能引导的故障，用户可根据系统启动流程，仔细观察系统启动时的屏幕信息，一步一步地分析启动失败的原因，便能很快查出故障环节和引起故障的大致范围。如果怀疑在某个板卡上出现硬件故障，则可根据在某一时刻的具体现象，分析和判断故障原因的可能性，要缩小范围进行观察、分析和判断，直至找出故障原因。这是排除故障的基本方法。

10. 根据开机提示

计算机启动时 ROM BIOS 会自动检测计算机的配置情况，所查内容与计算机的配置设置（CMOS）不符时，即显示出错信息或通过机箱内小喇叭报警。用户根据计算机的提示信息判断出故障配件。由此可见，最初安装小喇叭是非常重要的。希望用户在组装计算机时不要装了大音响而忘了小喇叭。

以上多种基本方法，应结合实际灵活使用。往往不是只应用一种方法，而是综合相关的多种方法，才能确定并修复故障。

12.3 能力技能操作

12.3.1 职业素养要求

（1）能在正确条件下按正确规程使用计算机的能力。

（2）对计算机系统进行日常维护的能力。

（3）积极自主学习和扩展知识面的能力。

12.3.2 计算机系统常见故障及分析

系统主机是微机的主要核心部件，它负责数据的传输处理和运算，并实现对外部设备的管理，而主板或其上的主要部件如 CPU、内存、多功能卡出现故障，轻则使微机系统的部分功能失效，重则使系统瘫痪。下面介绍计算机最常见故障，并分析发生的原因。

1. 死机、蓝屏故障

根据死机的程度可分为轻度死机和重度死机。轻度死机可以通过按下 **Ctrl+Alt+Del** 三个键来恢复系统或重新启动计算机（热启动），而重度死机只能用主机面板上的 **Reset** 键来重新启动计算机（冷启动）。造成死机的原因非常多，可以根据死机的原因分为硬件和软件死机。

（1）硬件引起的死机

主机原因：主板上造成死机的故障原因很多，一般可以从以下思路来进行故障的判断，即电源问题、信号问题和配置问题。电源的供应不正常可能是某些插卡用电量超过主板所能提供的最大负荷量，也有可能是电源输出电压不正常，或者主板上有轻度的漏电或短路。信号问题一般是由主板上的插槽与内存或板卡之间，以及接口与设备之间的接触不良所造成的，也可能是主板损坏所致。主板上某些器件（如CPU）过热也会导致死机。

内存条原因：内存条本身的质量问题，内存条之间匹配不良，内存条与主板的工作速度不匹配，接触不良，散热不良等都有可能造成死机，严重时还会造成黑屏。内存条造成死机在计算机死机中占有较大的比例。

显示卡原因：显示卡一旦损坏，就会造成信号传输系统的阻塞而导致死机。

键盘原因：键盘的某些故障会导致输入系统受损而产生死机。

光驱、软驱在读盘时被非正常打开：出现这种现象，只要再插入光盘（或软盘）就可以了，也可按 Esc 键来解决。

硬件剩余空间太小或碎片太多：由于 Windows 运行时需要用硬件作虚拟内存，这就要求硬盘必须保留一定的自由空间以保证程序的正常运行。一般而言，最低应保证 100MB 以上的空间，否则出现"蓝屏"很可能与硬盘剩余空间太小有关。另外，硬盘的碎片太多，也容易导致"蓝屏"的出现。因此，每隔一段时间进行一次碎片整理是必要的。

系统硬件冲突：这种现象导致"蓝屏"也比较常见。实际使用中经常遇到的是声卡或显卡的设置冲突。在"控制面板"→"系统"→"设备管理器"中检查是否存在带有黄色问号或感叹号的设备，如存在可试着先将其删除，并重新启动计算机，由 Windows 自动调整，一般可以解决问题。若还不行，可手工进行调整或升级相应的驱动程序。

（2）软件引起的死机

软件死机主要是由病毒破坏，应用程序中的 Bug 或操作不正确等原因造成的。

一旦计算机出现死机，可以先看看死机是在什么时候出现的，如果是在刚刚启动还没有自检就死机，或完全没有规律的随意性死机，则可能是由于硬件原因导致的；而如果每次死机都是在自检完成后，正在进行系统自举时发生，或在操作系统中进行某种操作时发生，则多次启动可执行文件时，或符合某种病毒的发作特征，则有可能是病毒所为（如进行 Word 操作时死机，就可以怀疑是 Word 宏病毒所致）。

对于软件死机，重要的是做好死机后的处理和恢复准备，如将重要文件和数据备份，对计算机进行杀毒等；对于硬件死机，可以采用前面介绍的替换法或逐步添加法来进行故障部位的判断。

2. 黑屏

显示器黑屏时，在显示器的屏幕上没有任何字符或图形，主机、显示器和电源出故障都有可能出现这种情况。所以，检查时可以根据现象来逐步缩小怀疑对象，最后找到故障部位。

首先应观察指示灯。黑屏时，观察主机、显示器的电源指示灯是否亮，如果都不亮，则有可能是电源线或是电源出了故障；若只是主机的指示灯亮而显示器的灯不亮，则可能是主机电源故障或是主板有故障。

如果主机和显示器的灯都亮，说明电源没有问题。这种情况下出现黑屏，故障多是显示信号不畅通所致，可检查显示器的信号电缆线插头是否插好，插头中是否有断针，显卡是否插好，以及内存条的插接是否有松动等。由于确定主板可以正常工作，所以在遇到这类黑屏故障时，还可以用开机时 BIOS 自检发声来判断故障部位。

主机与显示器的指示灯都亮，但是开机就黑屏的故障原因还有一个，就是 BIOS 遭到病毒（CIH）破坏，或是 BIOS 升级失败，这需要按相应的方法进行修复。

黑屏还有可能是无意中将显示器的亮度或对比度关到最小所致，也有可能是由病毒所致，需要在维护时考虑广一些。

3. 不能正常启动故障

不能正常启动故障可以分为两类：一是 BIOS 开机自检不能通过，二是自检能通过，但不能系统自检。

前一种情况主要是硬件的原因所致，这可以通过自检的发声和提示信息来判断故障部位。后一种情况有硬件和软件的原因。硬件原因一般是 CMOS 对硬盘的参数设置有不妥之处，接口有接触不良的情况，硬盘的"0"磁道遭到物理损坏，还有一种可能是内存匹配不好或内存损坏。造成不能正常启动的软件原因比较复杂，一般的可能有病毒破坏，FAT 系统被破坏，操作系统出现错误等都会出现不能启动。这需要根据实际情况进行处理。如无法有效恢复，可先将硬盘上的主要信息或数据备份，再重新对硬盘进行分区、格式化和重装系统，工作量比较大。

4. 速度变慢故障

这也是计算机常常遇到的故障之一。总的来说有设置不当、匹配不好、内存问题、电磁干扰、驱动程序未安装或驱动程序被破坏等几种原因。

设置不当主要是 CMOS 的参数设置与硬件性能匹配不好，没有充分发挥硬件的性能，或在操作中没有设置好相应的硬件参数。有时主板不支持一些最新的硬件，这时可以考虑对 BIOS 进行升级。

匹配不好是造成计算机速度不快的常见原因之一。如将高速度硬盘接到 Secondary IDE 口上或与光驱等低速设备公用一个接口。合理地组装计算机和配置计算机可以有效地提高计算机的运行速度。这需要对硬件进行深入的理解后才行。

机器内的电磁干扰是影响速度提高的重要因素。合理地机内布局，使用短的数据电缆，使用屏蔽线等措施都可以减小电磁干扰，提高速度。例如 UDMA66 硬盘线，就是在每两根数据线中间隔一根地线进行屏蔽。外置调制解调器比内置调制解调器的速度高的原因是在机外电磁干扰比在机内小一些。

5. CMOS RAM 中的信息丢失故障

每次开机时，都不能从硬盘启动，但能从软盘启动（有的甚至软盘也不能启动），软盘启动后不能进入硬盘，或能进入硬盘但不能显示和读出有关的数据、文件等。

该故障产生的主要原因是由于 CMOS RAM 的电池电压降低或失效，使 CMOS 中保存的系统信息丢失，导致不能进入硬盘和不能正常启动。如果开机时按相应的功能键进入 CMOS 设置程序，重新设置软、硬盘等参数值并正确设置启动顺序后，保存并退出 CMOS 设置程序，如发现能正常启动计算机系统，则可进一步确定电池失效，更换电池即可。

12.3.3　计算机维修案例分析

1. 故障现象描述：计算机中增加一条内存后无法开机且显示器无显示

计算机中增加一条内存后无法开机且显示器无显示，此故障很明显是由于增加的内存引起的，打开计算机主机箱，拆下增加的那条内存，开机测试计算机正常。将增加的那条内存重新装上，并拆下原来的内存，开机测试计算机正常。显然是这两条内存不兼容，更换一条与原内存同品牌且同规格的内存后故障排除。

故障分析：在升级计算机内存时，一定要注意内存的兼容性问题，如果两条内存的规格不同就很容易引起内存兼容性故障。

2．故障现象描述：开机自检通过，但进入不了系统，在启动画面处停止，或显示：The disk is error 等英文提示的现象

故障分析：此为系统故障，可由很多原因引起，比较常见的就是系统文件被修改、破坏，或是加载了不正常的命令行。

故障处理：首先要尝试能否进入安全模式，开机按 F8 键，选择启动菜单里的第三项：安全模式。进入安全模式后，可以通过设备管理器和系统文件检查器来寻找故障，遇到有"！"号的可以查明再确定是否删除或禁止，也可以重装驱动程序，系统文件受损可以从安装文件恢复。如果连安全模式都不能进入，就通过带启动系统的光盘或是软盘启动到 DOS，在 DOS 下先杀毒并且用 Dir 命令检查 C 盘内的系统文件是否完整，恢复相关的基本系统文件。如果 C 盘内没有发现文件，则只能重装系统。

3．故障现象描述：当系统正运行某些程序时，出现了死机

故障分析：这可能有以下几个原因：

（1）系统稳定性不好，存在 Bug，以至于运行部分要求严格的程序时，无法协调，出现死机，可采用安装补丁程序进行修正。

（2）系统内所安装的程序过于复杂，互相存在系统调配资源的竞争，造成系统响应不过来，最好把一些不用或很少用的程序删掉。

（3）系统的部分重要文件被无意间删除，引起系统调用程序无法读取，造成读取上的错误导致死机，对系统文件进行安装性修复。

（4）操作系统存在破坏性病毒，导致系统运行时被干扰，或文件已被病毒破坏，可采用杀毒软件如金山毒霸、360 等杀毒。

4．故障现象描述：计算机开机后，运行任何程序都死机

故障分析：此故障可能是感染计算机病毒引起的，用带杀毒软件的光盘启动计算机，并进行全面杀毒，发现计算机感染很多病毒，清除所有病毒后，启动计算机时按 F8 键，选择"最后一次正确的配置"，启动后故障依旧，重装操作系统，故障排除。感染计算机病毒后死机是最常见的故障现象之一，因此当计算机开机后出现死机故障时，可以先考虑是病毒方面的原因。

5．故障现象描述：计算机每次开机启动时都会出现设置 CMOS 提示信息，在设置完 CMOS 后提示信息依旧存在

故障分析：出现此故障一般是由于主板电池电压不足引起的，更换主板电池看故障是否消失；检查主板 CMOS 跳线设置是否有问题，重新设置 CMOS 跳线后看故障是否消失。另外，如果主板上的 CMOS 跳线错设成"清除选项"也会导致 CMOS 不能保存设置的故障。

6．故障现象描述：一张可以在其他光驱中识别的光盘在本光驱中无法读取数据

故障分析：此现象可能是光驱本身存在纠错能力差，光头的质量有问题，或光盘的质量不合要求，厚度不够，数据镀膜层穿孔等。如果是光驱本身问题，可以更换或对光驱的光头进行调节，增大光头发射功率。如果是光盘问题，如厚度不够，可采用贴上不干胶增加厚度；如果是光盘已被划花，则光盘只能废弃，不可再用，如果再使用，则将会损坏光驱；如果是镀膜层穿孔，可在其背面贴上光盘专用的增强镀膜纸。

7．故障现象描述：计算机上网时经常自动弹出广告页面

故障分析：此故障多数是由于计算机中安装了一些流氓软件引起的，用杀毒软件查杀病毒，没有发现病毒，安装清理流氓软件等网络安全工具来清理流氓软件后再上网测试，故障排除。

193

目前很多软件在安装时都会附带一些流氓软件。为了避免流氓软件的骚扰，建议安装一个网络安全类的上网辅助工具，如金山网镖、360 安全卫士等。

8．故障现象描述：Word 文档无法打开

故障分析：此故障可能是 Word 文档损坏或是与 Office 软件不兼容引起的，退出 Word，再运行 Word，在左边的对话框中选中损坏文档，然后选择恢复命令，将 Word 文档另存为一个文件，然后关闭，再次打开文档，故障排除。Office 2003/2007 版本都带有文件修复功能，因此当文件损坏时，可以使用此功能将文件恢复。

9．故障现象描述：U 盘连接到计算机后，系统提示"无法识别的设备"

故障分析：此故障可能是 U 盘故障或计算机中没有安装 USB 驱动程序引起的，用杀毒软件查杀病毒，没有发现病毒。将 U 盘连接到另一台计算机中测试，发现故障依旧。拆开 U 盘，检查 U 盘的接口电路，发现接口电路中与数据线连接处损坏，修复后再测试 U 盘，故障排除。U 盘摔到地上易造成接口电路损坏，因此在使用 U 盘或其他电子设备时一定要小心谨慎。

10．故障现象描述：计算机开机没反应，主板不启动，开机无显示，无报警声

故障分析：原因主要有以下几种。

（1）CPU 方面的问题

CPU 插座有缺针或松动。这类故障表现为点不亮或不定期死机。需要打开 CPU 插座表面上的上盖，仔细用眼睛观察是否有变形的插针。

CPU 插座的风扇固定卡子断裂。可考虑使用其他固定方法，一般不要更换 CPU 插座，因为手工焊接容易留下故障隐患。有的 CPU 其散热器的固定是通过 CPU 插座，如果固定的弹簧片太紧，拆卸时就一定要小心谨慎，否则就会造成塑料卡子断裂，没有办法固定 CPU 风扇，CPU 风扇工作不正常会造成 CPU 温度过高而死机。

（2）内存方面的问题

主板无法识别内存、内存损坏或者内存不匹配：某些老的主板的内存兼容性差，无法识别的内存，主板就无法启动，甚至某些主板还没有故障提示（鸣叫）。另外，如果插上不同品牌、类型的内存，有时也会导致此类故障。

（3）主板扩展槽或扩展卡有问题

因为主板扩展槽或扩展卡有问题，导致插上显卡、声卡等扩展卡后，主板没有响应，因此造成开机无显示。一般将这些卡拆下再小心插上即可解决此类故障。

（4）CMOS 里设置有问题

先将外接电源线拔掉，再将 CMOS 放电即可解决。清除 CMOS 的跳线一般在主板的锂电池附近，其默认位置一般为 1、2 短路，只要将其改跳为 2、3 短路几秒钟即可解决问题，或将电池取下，待开机显示进入 CMOS 设置后再关机，将电池安装上去。

11．故障现象描述：开机系统正常自检后计算机出现黑屏，一台计算机一直正常工作，但最近计算机出现黑屏故障。开机后，系统自检正常，小喇叭不报警，但屏幕上显示"No Signals"

故障分析：这种问题一般是由于时间长了，显卡的"金手指"部分因氧化而与插槽接触不良引起的，处理这种故障的方法是检查显卡是否接触不良或插槽内是否有异物影响接触。

故障处理：将显卡卸下后，先用刷子把显卡上的灰尘刷干净，再用橡皮把"金手指"擦几下。然后插上显卡，开机，正常进入系统。

12．故障现象描述：计算机开机后硬盘不能启动，开机后屏幕显示："Device error"，然后又显示："Non-System disk or disk error, Replace and strike any key when ready"

故障分析：说明硬盘不能启动，用软盘或光盘启动后，转到 C:盘，屏幕显示："Invalid drive specification"，系统不认硬盘。进入 CMOS，检查硬盘设置参数是否丢失或硬盘类型设置是否错误，如果确是该种故障，只需将硬盘设置参数恢复或修改即可，如果忘了硬盘参数，不会修改，可以用 CMOS 中的"HDD AUTO DETECTION"（硬盘自动检测）选项，自动检测出硬盘类型参数。正确设置硬盘参数后，重启计算机后正常进入系统。

故障处理：造成该故障的原因一般是 CMOS 中的硬盘设置参数丢失或硬盘类型设置错误造成的，正确设置硬盘参数即可解决。

13．故障现象描述：计算机非法关机后无法启动，指示灯亮，BIOS 有响铃声

故障处理：如果计算机发生故障时有 BIOS 响铃声，可以根据 BIOS 响铃声找出故障原因，将 BIOS 进行放电，即恢复 BIOS 到出厂默认值后，开机测试，故障排除。

14．故障现象描述：计算机总是出现没有规律的死机

故障分析：遇到此故障应该先查软件再查硬件，先卸载怀疑有问题的软件，故障依旧，重装操作系统，故障依旧，进入 BIOS 程序，检查 BIOS 的电源电压，发现电源的输出电压不稳定，更换电源后测试，故障排除，安装系统时没有出现兼容性问题，因此可能是硬件设备有问题。

故障处理：电源质量问题是造成计算机死机的一个重要原因，因此在组装计算机时切勿使用杂牌电源，以免使计算机出现死机等各种故障。

15．故障现象描述：计算机总是在使用一段时间后出现死机故障或突然自动重启

故障分析：根据此故障现象可以初步判断此故障是由于散热问题引起的，打开计算机主机箱，检查发现 CPU 风扇运行速度慢，上面有很多灰尘，再用手触摸 CPU 散热片，发现温度很高，关闭电源后清理机箱内灰尘，更换 CPU 风扇后故障排除。

故障分析：计算机出现规律性死机故障一般都是由于 CPU 散热问题引起的,现今的主板对 CPU 有温度监控功能，一旦 CPU 温度过高，超过了主板 BIOS 中所设定的温度，主板就会自动切断电源，以保护相关硬件，因此在维修时可以首先检查 CPU 风扇是否正常。

16．故障现象描述：计算机使用一段时间后出现死机现象，系统检查无错，没有病毒等，开机箱后发现，硬盘安装不到位，有松动，估计问题出在这里，固定好硬盘，再开机运行无死机现象

故障分析：硬件外设安装过程中的疏忽常常导致莫名其妙的死机，而且这一现象往往在计算机使用一段时间后才逐步显露出来，因而具有一定的迷惑性。部件安装不到位，插接松动，连线不正确会引起死机，显卡与 I/O 插槽接触不良常常引起显示方面的死机故障，如"黑屏"，内存条与插槽插接松动则常常引起程序运行中死机，甚至系统不能启动，其他板卡与插槽（插座）的接触问题也常常引起各种死机现象。要排除这些故障，只需将相应板卡、芯片用手摁紧，或从插槽（插座）安装以解决接触问题，硬盘、光驱等有马达，这类部件安装不牢会产生震动，也会出现死机现象。因此在安装部件时一定要将各部件安装到位并固定好。

17．故障现象描述：计算机使用时突然死机，再开机不能启动，重装系统能成功，但在设备管理器里有很多问号，如打印口、COM 口等都没有驱动

故障分析：打开机箱，发现有很多灰尘，取出主板，进行清理，在重装系统后正常。主板灰尘太多影响主板的性能，造成系统无法识别部件，无法加载驱动程序，因此要定期清理计算机的灰尘，保持清洁。

18．故障现象描述：一块硬盘在一次意外断电后，无法启动，提示无启动文件，但重新传输引导文件后仍无法启动

故障分析：这可能是硬盘无法读取分区表错误，因为有时系统意外断电会对硬盘造成很大的损伤，甚至是物理损伤。可以采用对硬盘进行重新分区，建立新的分区信息，当然硬盘原有的数据会丢失。

12.4　能力鉴定考核

考核以现场操作为主，知识测试（30%）+现场认知（70%）。

知识考核点：维护前的工具准备，维护与使用计算机的注意事项，计算机故障的基本检查步骤，计算机检修中的安全措施。

现场操作：具有掌握系统故障的常规检测方法的能力；具有计算机系统常见故障及分析和解决这几个方面的能力。

12.5　能力鉴定资源

多台已设了故障点的计算机，与故障点相对应的能正常使用的计算机组件，计算机维护必备的工具箱，计算机安装软件，包括系统软件、应用软件及各类工具软件。

参考文献

[1] 瓮正科. 计算机维护技术. 北京：清华大学出版社，2006.
[2] 陈小平，顾斌. 计算机组装与维护实训教程. 北京：中国科学技术大学出版社，2011.
[3] 杨智勇，吴明元. 计算机组装与维护. 成都：电子科技大学出版社，2009.
[4] 黄志辉. 计算机网络设备全攻略. 西安：西安电子科技大学出版社，2006.
[5] 袁启昌，倪震，杨章静. 计算机组装与维护教程. 北京：机械工业出版社，2011.
[6] 童世华，计算机硬件基础. 北京：中国水利水电出版社，2008.
[7] 百度百科：baike.baidu.com
[8] 百度知道：zhidao.baidu.com
[9] BIOS 之家：www.bios.net.com
[10] IT 主流资讯：www.it168.com
[11] Windows 7 之家：www.win7china.com
[12] 电脑之家：www.pchome.net